Altium Designer

電腦輔助電路設計－疫後拚經濟版

張義和 著

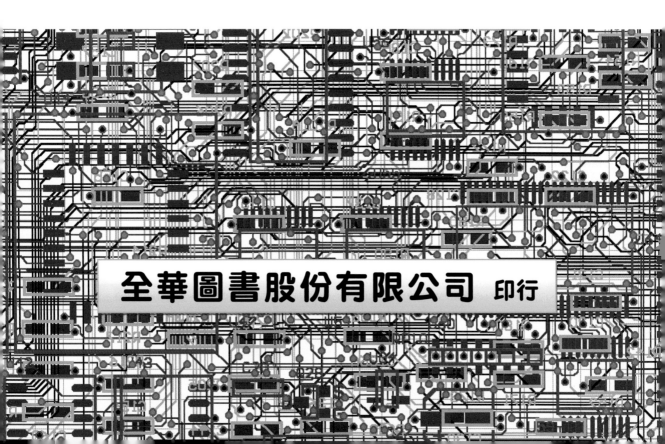

全華圖書股份有限公司 印行

國家圖書館出版品預行編目資料

Altium Designer 電腦輔助電路設計 / 張義和編著.
-- 初版. -- 新北市：全華圖書股份有限公司,
2021.12
　　面　；　公分
疫後拼經濟版
ISBN 978-626-328-032-8(平裝)
1.電路　2.電腦輔助設計　3.電腦程式
448.62029　　　　　　　　　　110021231

Altium Designer 電腦輔助電路設計－疫後拼經濟版

作者 / 張義和

發行人 / 陳本源

執行編輯 / 李孟霞

出版者 / 全華圖書股份有限公司

郵政帳號 / 0100836-1 號

印刷者 / 宏懋打字印刷股份有限公司

圖書編號 / 06490

初版一刷 / 2021 年 12 月

定價 / 新台幣 580 元

ISBN / 978-626-328-032-8

全華圖書 / www.chwa.com.tw

全華網路書店 Open Tech / www.opentech.com.tw

若您對本書有任何問題，歡迎來信指導 book@chwa.com.tw

臺北總公司(北區營業處)
地址：23671 新北市土城區忠義路 21 號
電話：(02) 2262-5666
傳真：(02) 6637-3695、6637-3696

南區營業處
地址：80769 高雄市三民區應安街 12 號
電話：(07) 381-1377
傳真：(07) 862-5562

中區營業處
地址：40256 臺中市南區樹義一巷 26 號
電話：(04) 2261-8485
傳真：(04) 3600-9806(高中職)
　　　(04) 3601-8600(大專)

序

張義和

「**拼**經濟」不能只是口號！特別是面對各種病毒的入侵，人們的生活受阻、經濟停滯，更需要積極尋找突破點。對於電機、電子科系的學生而言，升學絕對不是唯一的出路，若能擁有就業所需的能力，拼經濟就不再是口號了！何不先就業？從基層做起，帶著從本書習得之電路設計技巧，累積職場經驗，很快就可以在這個領域裡出人頭地。

電路板不僅是電機電子產業的基礎，更是許多行業的產品裡不可或缺的載體。因此，「電路板設計」是一項很有價值的能力！若提及電路板設計，第一個想到可能就是 Altium Designer！主要是 Altium Designer 平易近人，又提供完整的電路設計功能，不但可以設計電路板，還提供電路圖模擬、FPGA 設計、嵌入式系統設計、電路板信號完整性分析等，早就是主流的電路設計工具。在本書裡分為五部分，簡介如下：

基本教練篇

基本教練篇包括第 0 章與第 1 章，第 0 章介紹 Altium Designer 的安裝與設定，在新版本裡，其安裝程序有異於先前版本，必須正確安裝與設定，方能發揮其應有功能。另外，在此也介紹 Altium Designer 所提供的豐富網路資源，讓我們與世界連結，接觸更多設計方法與技巧。

在第 1 章裡，從專案管理開始，建立一個良好的開始與操作觀念，另外，也對於整個環境有通盤介紹，包括功能表列、慣用工具列、面板、滑鼠與快速鍵等。

電路繪圖技巧篇

電路繪圖技巧篇包括第 2 章到第 5 章，首先在第 2 章裡，以一個具有代表性的電路圖為例，快速穿越整個電路繪圖的操作，包括零件的應用、電源/接地符號的應用、線路連接技巧等，以快速建立電路繪圖的概念。

在第 3 章裡介紹實用的電氣圖件之操控技巧，包括網路名稱之應用、匯流排圖件

之應用、智慧型貼上之應用、標題欄之編輯等,讓電路繪圖更有效率。另外,也提供電路圖環境的設定,讓我們更能發揮 Altium Designer 的性能。

在第 4 章裡,以多張式電路圖設計為基礎的進階電路繪圖技巧,包括平坦式電路圖設計與階層式電路設計,還介紹電氣規則檢查,讓電路繪圖一路順暢。

在第 5 章裡,將介紹非電氣圖件之操作與應用,包括圖案與文字。另外,在此也介紹功能好操作的圖件排列與對齊功能,讓電路圖漂亮。

▶ 電路板設計技巧篇

電路板設計技巧篇包括第 6 章到第 8 章,在第 6 章裡,以一個具有代表性的範例,快速將電路圖資料,轉移到電路板編輯區,隨即按電路板設計程序,快速完成第一片電路板。其中包括設計資料同步化、電路板之零件佈置、板形設計、自動佈線等。

在第 7 章裡,從板層堆疊的認識與應用開始,然後探討網路與網路編輯,再深入介紹互動式佈線、互動式匯流排佈線、互動式差訊線對佈線、主動式佈線與佈線調整等技巧,其中包括分類、設計規則設定、設計規則檢查等,讓電路板設計發揮到極致。

在第 8 章裡,介紹如何將電路板設計輸出,包括以電路板製作所需的 CAM 輸出、3D PDF、輸出專案零件庫等,讓電路板設計有個完美的結束。

▶ 零件設計技巧篇

零件設計技巧篇包括第 9 章與第 10 章,其中第 9 章為電路圖之零件設計,如零件與零件庫結構的認識、電路圖零件符號的屬性、掛載零件模型與連結供貨廠商等,還以實例演練方塊式零件/非方塊式零件之設計、轉換圖之靈活運用、複合包裝零件設計(包括相同單元零件圖與相異單元零件圖)等。

第 10 章為電路板零件模型(Footprint)之設計,還包括零件包裝的屬性、銲點編輯、3D 零件的設計等,再以實例演練零件借用技巧、3D 實體設計、IPC 零件精靈之應用等,快速完成實用的 3D 零件包裝。最後再把電路圖之零件與電路板之零件整合,編譯成為整合式零件庫。

零件圖模擬分析篇

從 21 版起，Altium Designer 在電路模擬方面有許多突破，讓我們能夠更了解電路模擬與分析。藉由電路模擬，進一步了解電子電路的動作原理。許多很難從實際電路實驗量測的結果，可在電路模擬中，輕鬆取得。並可藉由電路模擬與分析，進行電路的最佳化設計。

每個單元都附有習作及練習範例，只要動手練習後，即可融會貫通。而相關教學輔助檔案，如投影片檔、相關範例、習作解答等，將放置在全華圖書的雲端資料庫(*https://pse.is/3sapeu*)。

儘管本書內容豐富，但不管是自學還是教學，都輕鬆愉快，只要循序漸進，即可培養深厚的功力。若有疑難，還可 mail 給張老師(*yiher.chang@msa.hinet.net*)，以獲得快速、有效的協助。本書的適用對象，除了高中職、技術學院或科技大學外，更適用於產業界，對於初次踏入這個領域的人，或想要體驗超實用電路設計軟體的工程師們，我們深信，本書將帶給您全新的感受。

張義和謹誌

編輯大意

　　「**系統編輯**」是我們的編輯方針，我們所提供給您的，絕對不只是一本書，而是關於這門學問的所有知識，以由淺入深、循序漸進的方式，讓您輕鬆學習。

　　本書所探討的「Altium Designer」電路設計軟體是一套既經濟又實用的全方位電路設計軟體，其中包含實用的**電路繪圖**、**電路板設計**、**電路圖模擬**、**電路圖零件設計**、**電路板零件設計**與**整合式零件庫設計**等工具，而其所提供的功能與操控順暢度，更是前所未有！本書除豐富的內容外，每章都提供習作，以驗證學習成效與練習之用。而適用對象，除高中職、技術學院或科技大學外，更適用於產業界，不管是初次踏入這個領域的人，還是電路設計工程師，都能深切感受其熱力。

　　為了使您能有系統且循序漸進研習相關的叢書，在此將以流程圖的方式，列出各相關書籍的閱讀順序，以減少您在研習此知識時的摸索時間，以快速擷取完整的專業知識。您若有這方面的任何問題，歡迎來函連繫，我們將竭誠地為您服務。

　　關於 **Altium** 軟體的相關訊息與服務，可洽台灣總代理光映科技公司，電話(02)29993788#318 張繼元先生。

相關叢書介紹

書號：05341027
書名：Protel DXP 電腦輔助電路設計
　　　快速入門(第三版)
　　　(附系統、範例光碟)
編著：張義和
16K/432 頁/480 元

書號：04F62
書名：Altium Designer 極致電路
　　　設計
編著：張義和.程兆龍
16K/568 頁/650 元

書號：06191017
書名：Allegro PCB Layout16.X 實務
　　　(第二版)(附試用版、教學影片
　　　光碟)
編著：王舒萱.申明智.普 羅
16K/416 頁/480 元

書號：10477
書名：PCB Layout 印刷電路板設計
　　　(基礎篇/進階篇)
編著：張志良
20K/224 頁/750 元

書號：06371
書名：電路板基礎技術手札
編著：林定皓
20K/120 頁/300 元

書號：06372
書名：電路板製造與應用問題改善
　　　指南
編著：林定皓
16K/336 頁/750 元

書號：06373
書名：電路板技術與應用彙編
編著：林定皓
16K/280 頁/490 元

◎上列書價若有變動，請以
　最新定價為準。

流程圖

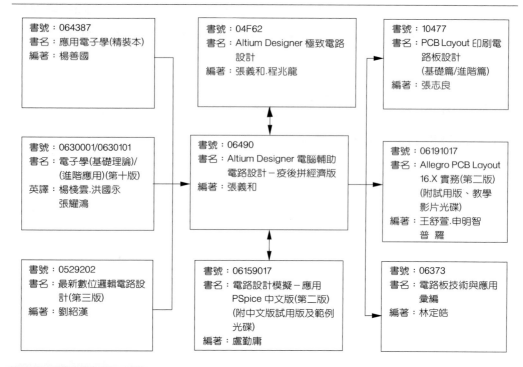

書號：064387
書名：應用電子學(精裝本)
編著：楊善國

書號：0630001/0630101
書名：電子學(基礎理論)/
　　　(進階應用)(第十版)
英譯：楊棧雲.洪國永
　　　張耀鴻

書號：0529202
書名：最新數位邏輯電路設
　　　計(第三版)
編著：劉紹漢

書號：04F62
書名：Altium Designer 極致電路
　　　設計
編著：張義和.程兆龍

書號：06490
書名：Altium Designer 電腦輔助
　　　電路設計－疫後拼經濟版
編著：張義和

書號：06159017
書名：電路設計模擬－應用
　　　PSpice 中文版(第二版)
　　　(附中文版試用版及範例
　　　光碟)
編著：盧勤庸

書號：10477
書名：PCB Layout 印刷電
　　　路板設計
　　　(基礎篇/進階篇)
編著：張志良

書號：06191017
書名：Allegro PCB Layout
　　　16.X 實務(第二版)
　　　(附試用版、教學
　　　影片光碟)
編著：王舒萱.申明智
　　　普 羅

書號：06373
書名：電路板技術與應用
　　　彙編
編著：林定皓

基本教練篇

第 0 章　前置作業

第 1 章　基本認識

電路繪圖技巧篇

第 2 章　快速電路圖設計

第 5 章　非電氣圖件之應用

電路板設計技巧篇

第 6 章　快速電路板設計

零件設計技巧篇

第 9 章　電路圖零件符號設計

第 10 章　電路板零件包裝圖設計

電路圖模擬與分析篇

第 11 章　電路圖模擬與分析

第 0 章

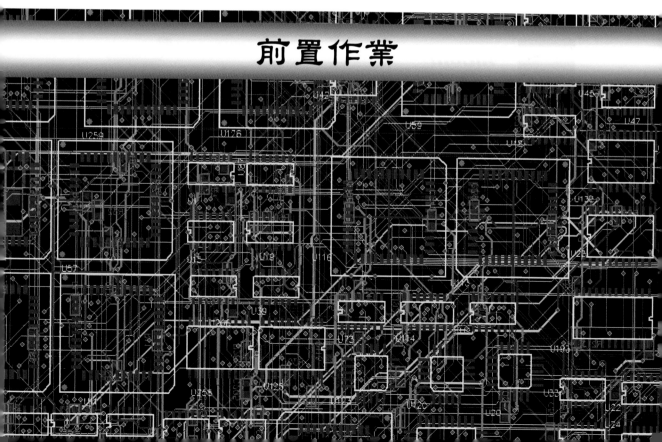

前置作業

0-1　快速安裝與 License 設定

在 202x 年代裡，不管是光碟機還是光碟片，早已成歷史名詞。而現在較具規模的軟體之安裝，大都追隨 Microsoft 公司的腳步，改採用網路安裝。若您的網路環境順暢、下載速度還可以，而且電腦的作業系統是 64 位元版(Altium Designer 程式不支援 32 位元版)，那就一起來安裝 Altium Designer 程式吧！

如同安裝 Microsoft Office 軟體一樣，Altium Designer 程式的安裝分為兩個階段，如下：

一、下載安裝程式

①　開啟瀏覽器(如 Chrome 等)，並前往下列網址(**❶**)。

https://www.altium.com/documentation/altium-designer/new-in-altium-designer

如圖(1)所示之頁面：

圖(1)　Altium Designer 服務視窗

②　在頁面右邊(**❷**)選定所要安裝的版本(21 版)，再按右上方的 FREE TRIAL 鈕 (**❸**)，頁面出現如圖(2)所示。

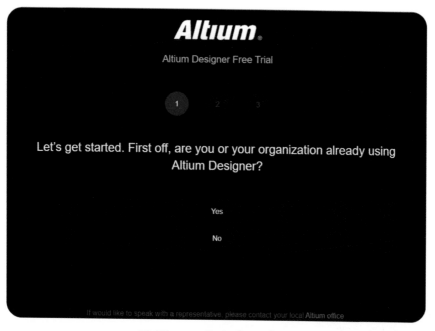

圖(2) 下載安裝程式之一

在此詢問是否已使用過 Altium Designer，按 Yes 或 No 鈕都可以，頁面隨即切換如圖(3)所示。

圖(3) 下載安裝程式之二

在此要安裝最新版本，因此按 I need the latest Altium Designer installer 鈕，頁面隨即切換如圖(4)所示。

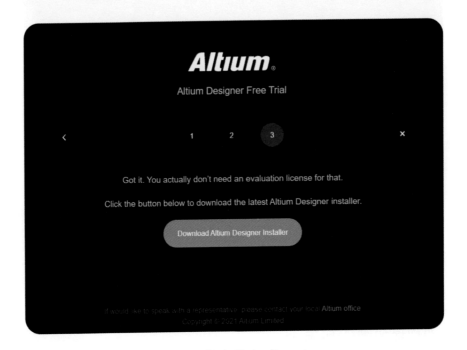

圖(4)　下載安裝程式之三

 按 Download Altium Designer Installer 鈕，即可開始下載，而下載的結果，可在本機(C 碟)下的下載資料夾找到(AltiumDesignerSetup_21_6_1.exe)。

二、安裝

 執行 AltiumDesignerSetup_21_6_1.exe 安裝程式，Windows 提出如圖(5)所示之確認對盒。

圖(5)　確認對話盒

2　按 ▢是▢ 鈕即可開啟如圖(6)所示之安裝精靈對話盒，按 ▢Next▢ 鈕(①)，切換到許可協議頁(License Agreement)。在此選取 I accept the agreement 選項(②)。

圖(6)　安裝精靈之安裝許可協議

③ 按 Next 鈕，跳出一個 Altium Designer 帳戶簽入對話盒，如圖(7)所示。

圖(7)　簽入(Login)對話盒

④ 若已有 Altium Designer 帳戶，則按 Login 鈕簽入該帳戶(若無帳戶，可在 Altium 官網申請一個帳戶)，切換到 Customer Experience Improvement Program 頁面(客戶體驗改善計畫)，如圖(8)所示。

若加入這個計畫，則有機會將您使用 Altium Designer 的經驗與需求，融入未來的 Altium Designer 版本。若要加入此計畫，可選取 Yes, I want to participate 選項(❶)；若不加入此計畫，可選取 Don't participate 選項 (❷)。然後按 Next 鈕(❸)，切換到通知準備開始安裝的頁面。同樣的，按 Next 鈕(❹)，切換到下一個頁面(指定安裝項目頁面)，如圖(9)所示。

圖(8)　安裝精靈之指定是否加入客戶體驗改善計畫

⑤　在圖(9)裡提供安裝項目頁面，在此可保持預設選項設定，直接按 Next 鈕，即開始下載後安裝，其中下載所需的時間較長(視網路狀況而定)，而下載完畢隨即安裝之。

圖(9)　安裝精靈之指定安裝項目

圖(10)　完成安裝

完成安裝後，將切換到下一個畫面，如圖(10)所示。若選擇其中的 Run Altium Designer 選項(❶)，則按 Finish 鈕關閉安裝精靈後，將隨即開啟新安裝的 Altium Designer，如圖(11)所示。

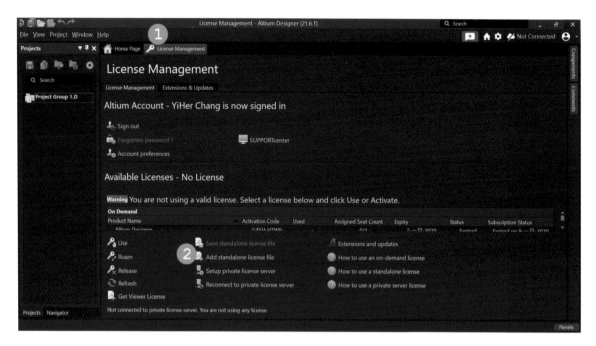

圖(11)　指定首次開啟 Altium Designer

 在圖(11)裡已開啟 License Management 頁面(❶)，讓我們設定 License(檔案)。當然，合法購買 Altium Designer 軟體，將隨附唯一的 License File。最好能在軟體安裝完成後，即設定 License，以後再開啟 Altium Designer 時，就不必再設定 License 了。

8 在 License Management 頁面裡，可設定網路版伺服器(詳洽光映科技公司)，也可設定單機版授權。以設定單機版授權為例，按 Add standalone license file 項(②)，在隨即開啟的開啟對話盒裡，指定所要加入的 license file，再按 開啟(O) 鈕，即可將該檔案加入 License Management 頁面裡，完成 License 的設定。

9 日後重新開啟 Altium Designer，將不直接顯示 License Management 頁面裡。若要再設定 License，可指向 Altium Designer 視窗右上角的 🔒 ，按滑鼠左鍵拉下選單，如圖(12)所示：

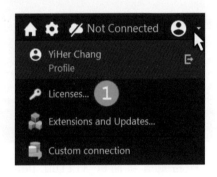

圖(12)　使用者資訊選單

10 選取 Licenses...選項(❶)，即可開啟 License Management 頁面，以設定 License。另外，我們也可應用其中的 Extensions and Updates...選項，以進行功能擴充與版本更新。

0-2　中文環境之切換

Altium Designer 是以英文版為基礎的多國語言軟體，就像大部分高級工程設計軟體一樣。在完成安裝後，初次開啟時，將以英文版呈現，如圖(11)所示(0-9 頁)。若要切換為中文環境，或切換為英文環境，則在 Altium Designer 視窗裡，按右上角的 🔧 鈕，開啟操控設定(Preferences)對話盒，如圖(13)所示。

圖(13)　操控設定對話盒

切換到 General 頁(❶)，再選取 Use localized resources 選項(❷)，再按 OK 鈕關閉對話盒。由於切換不同的語文環境，需要重新啟動 Altium Designer 才會生效，所以會出現如圖(14)所示之訊息對話盒，按 OK 鈕關閉之。

圖(14)　訊息對話盒

重新啟動 Altium Designer 後，即為中文環境，如圖(15)所示。

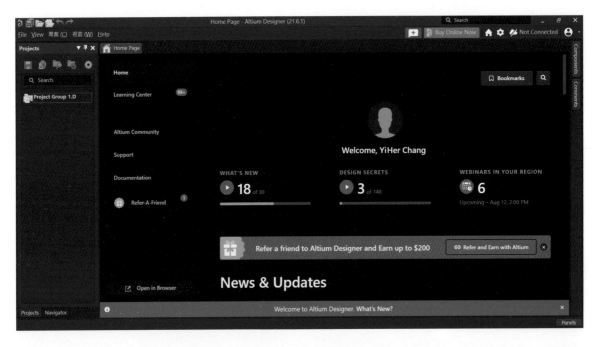

圖(15)　中文環境

　　由於還沒開啟任何設計環境，而此為 Home Page 頁面，其中提供非常豐富的網路相關資源(稍後在 0-3 節說明)，看起來還蠻原文的。首先開啟專案看看，啟動 File/開啟專案命令，或按視窗左上角的 🗁 鈕，螢幕出現如圖(16)所示之開啟專案(Open Project)對話盒，在對話盒左邊選取 Local Projects 項(❶)，然後在中間區塊中對 AD21 項(❷)快左鍵按兩下，切換到其下的 Examples 資料夾。同樣的操作，切換到 Examples\SpiritLevel-SL1 資料夾。最後選取 SL1 Xilinx Spartan-IIE PQ208 Rev1.02 項(❸)，再按 Open 鈕(❹)開啟之，如圖(17)所示。

圖(16)　開啟專案對話盒

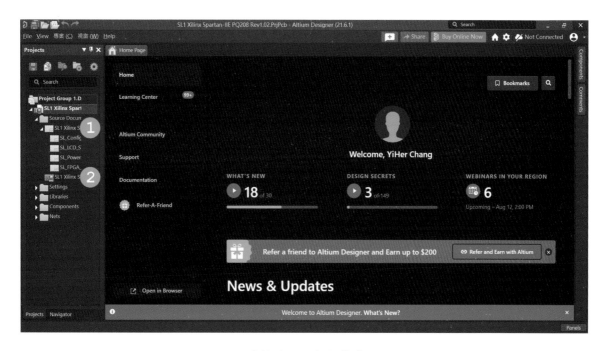

圖(17)　開啟專案

在圖(18)左邊為專案管理面板，若要開啟電路圖編輯環境，可指向 SL1 Xilinx Spartan-IIE PQ208 Rev1.02.SchDoc 項(❶)，快按滑鼠左鍵兩下，即可開啟電路圖編輯環境，如圖(18)所示。

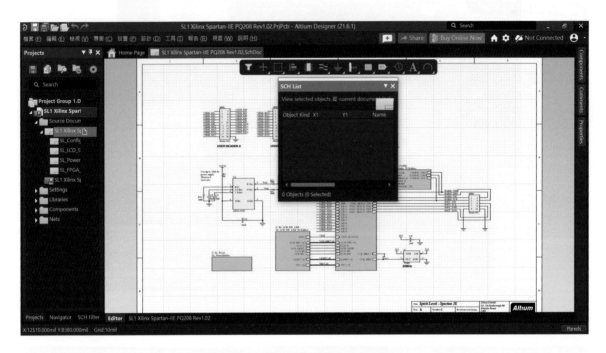

圖(18)　開啟電路圖編輯環境

在電路圖編輯器裡，大部分已呈現中文。不過，在預設狀態下，編輯區中間被一個 SCH List 面板擋住了，而此面板暫時用不到，可按其右上方的 ☒ 鈕關閉之。關於電路圖編輯環境，將在第 1 章中介紹。

若要開啟電路板編輯環境，可左邊專案管理面板裡，指向 SL1 Xilinx Spartan-IIE PQ208 Rev1.02.PcbDoc 項(圖(17)的❷)，快按滑鼠左鍵兩下，即可開啟電路板編輯環境，如圖(19)所示。

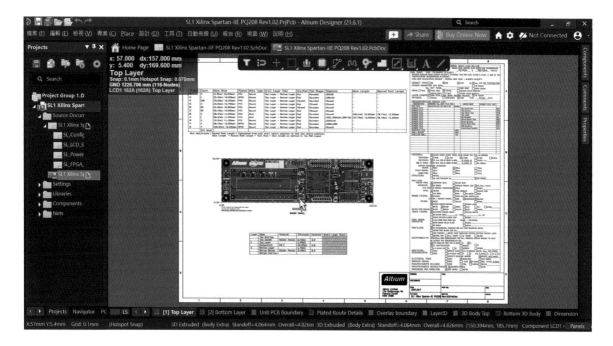

圖(19)　開啟電路板編輯環境

　　在電路板編輯環境，大部分已呈現中文。當然，若要進一步更新中文環境資料，可洽 Altium Designer 的台灣區總代理－光映科技公司(www.Stella.com.tw)。雖然電路板編輯環境裡，圖紙是白色的，但編輯區只是其中那塊電路板而已。若在設計電路板時，不想使用圖紙(通常不使用圖紙)，則整個編輯區還是黑底的。

　　關於電路板編輯環境，將在第 1 章中介紹。

0-3 欣賞 Altium Designer

Altium Designer 提供非常多的實用/豪華功能！我們可從 Altium Designer 環境裡的 Home Page 頁面(圖(17)，0-13 頁)找到許多相關網路資源。

如圖(20)所示，Home Page 頁面包括下列項目。

圖(20)　Altium Designer 環境裡的各項資源

1 左邊欄位：

1. Home：切換回首頁，如圖(20)所示。

2. Learning Center：切換到學習中心，其中提供許多教學視頻與相關文件。

3. Altium Community：切換到 Altium 社群，其中有許多 Altium Designer 相關技術論壇，不但可查詢我們的疑惑，更可發表意見。

4. Support：切換到 Altium 技術(知識)支援，可讓我們提出 Altium 技術問題，包括即時支援、用戶社群、綜合產品資料檔案、培訓視頻，以及針對常見用戶體驗的目標解決方案知識庫等。

5. Documentation：切換到 Altium 技術(知識)資料寶庫，將資料檔案分門別類，以易搜尋所要的資料，可說是一座現代化的線上 AD 圖書館。

6. Refer-A-Friend：切換推介頁面，而在其中若將朋友推介給 Altium Designer，最高可賺取 200 美元的 AD 軟體購物金(購買 AD 軟體即可折抵)。

7. ⬚ Open in Browser ：在瀏覽器裡，開啟此網站，而不必在 Altium Designer 系統環境裡，操作此網站。

❷ 中間項目：

1. WHAT'S NEW：按此項目下方的▶鈕，即可切換到新增功能(What's New)視頻頁，其中提供超過 18 個新功能展示視頻，而新功能展示視頻的數量還會繼續增加。

2. DESIGN SECRETS：按此項目下方的▶鈕，即可切換到獨門設計密技視頻頁，其中提供超過 3 個獨門設計密技視頻。當然，視頻的數量還會持續增加。

3. WEBINARS IN YOUR REGION：按此項目下方的🖥鈕，即可切換到網路研討會頁，讓我們參與設計技術的網路研討會，而且是免費的喔！

❸ 往下瀏覽即可看到較新的訊息，而分為 Updates(更新的訊息，包括視頻)、Blog(相關部落格)、Video(設計技術視頻)與 Webinar (網路研討會)等四部分。

Altium Designer 公司提供電路設計軟體服務，迄今(2021)已達 35 個年頭，一路走來都以功能先進及客戶服務優先為目標。而從上述的網路資源就可得知，有這麼多的輔助與服務，我們並不孤單，Altium Designer 用起來必定得心應手。

心得筆記

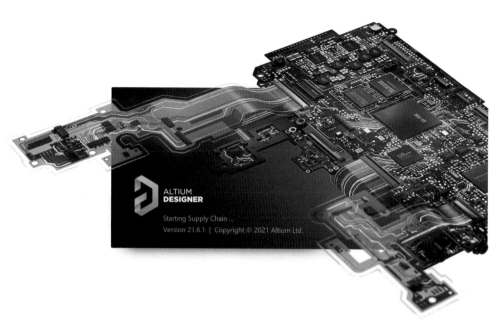

第 1 章

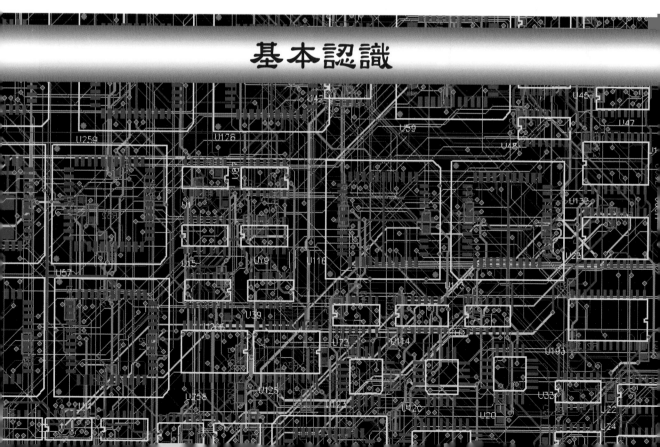

基本認識

1-1　專案管理

Altium Designer 採專案管理方式，任何設計都是從建立專案開始。

當我們要開啟 Altium Designer 時，可按 ⊞ 鈕，在隨即拉出的功能表上，選取 Altium Designer 項，即可開啟 Altium Designer 視窗。若前次關閉 Altium Designer 視窗時，沒有先關閉專案或檔案，則再次開啟 Altium Designer 視窗時，將開啟該專案或檔案。若前次關閉 Altium Designer 視窗時，已先關閉所有專案或檔案，則開啟 Altium Designer 視窗時，將是空白的 Altium Designer 視窗。

圖(1)　開新電路板專案

新建專案

新增專案的方法有兩種，第一種方法是啟動[File]/[新增]/[專案]命令，如圖(1)之左圖所示，即可開啟 Create Project 對話盒，如圖(2)所示。第二種方法是游標指向視窗左邊 Projects 面板裡的 Project Group 1.DsnWrk 項，按滑鼠右鍵拉

下選單，再選取 Add New Project 項，如圖(1)之右圖所示，一樣的可開啟 Create Project 對話盒，如圖(2)所示。

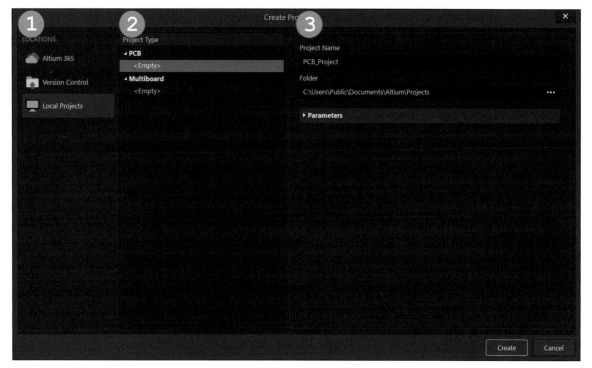

圖(2)　Create Project 對話盒

Open Project 對話盒裡包括三部分，如下說明：

❶ 對話盒左邊的 LOCATIONS 區塊提供專案所要儲存的位置之設定，其中包括三個選項，如下說明：

1. Altium 365 選項設定將專案儲存在 Altium 365 雲端硬碟，易於多人協同設計。當然，這主要是針對 Altium 365 使用者而設的。

2. Version Control 選項設定將此新專案，儲存在指定的位置，同時也啟用版本控制功能。

3. Local Projects 選項設定將此新專案，儲存在自己電腦的指定位置。

② 對話盒中間 Project Type 區塊可設定專案的種類，包括 PCB 選項與 Multiboard 選項，其中 PCB 選項設定新增單一個電路板的專案設計，也就是一般的電路板設計專案。Multiboard 選項設定新增多塊電路板組合的專案設計，可在專案中進行多塊電路板 3D 組合等特殊功能。

③ 對話盒右邊區塊指定所要儲存的位置與名稱。若在 LOCATIONS 區塊選取 Local Projects 選項，則可在此的 Project Name 欄位中，指定專案名稱；在 Folder 欄位中，指定專案所要儲存的磁碟路徑。另外也可在 Parameters 欄位裡，新增參數。

在此，保持預設的 Local Projects 選項、PCB 選項，而在 Project Name 欄位指定專案名稱為 CH1、在 Folder 欄位中，指定此專案儲存在 D:\，再按 Create 鈕，即可關閉此對話盒，並自動在 D:\碟裡新建一個 CH1 資料夾，其中將產生一個 CH1.PrjPcb 專案。而左邊的 Projects 面板裡，將出現一個 CH1.PrjPcb 項目。稍後所建立的電路圖檔案、電路板檔案等，也都會放入此資料夾。

▶ 新建電路圖檔案

若要新增電路圖檔案，則啟動 [檔案]/[新增]/[電路圖檔案] 命令，即可開啟*空的* 電路圖檔案，如圖(3)所示(待 1-2 節介紹)。若要存檔，可按 Ctrl + S 鍵，然後在隨即出現的對話盒裡，指定所要儲存的檔名，再按 存檔(S) 鈕關閉對話盒，即可將該檔案儲存到專案資料夾。

▶ 新建電路板檔案

若要新增電路板檔案，則啟動[檔案]/[新增]/[電路板檔案] 命令，即可開啟*空的* 電路板檔案，如圖(4)所示(待 1-3 節介紹)。若要存檔，可按 Ctrl + S 鍵，然後在隨即出現的對話盒裡，指定所要儲存的檔名，再按 存檔(S) 鈕關閉對話盒，即可將該檔案儲存到專案資料夾。

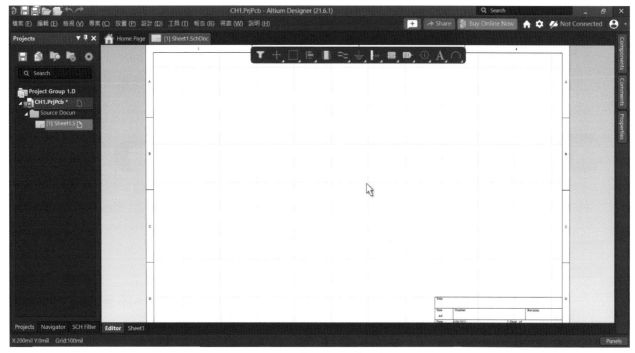

圖(3)　　電路圖編輯環境

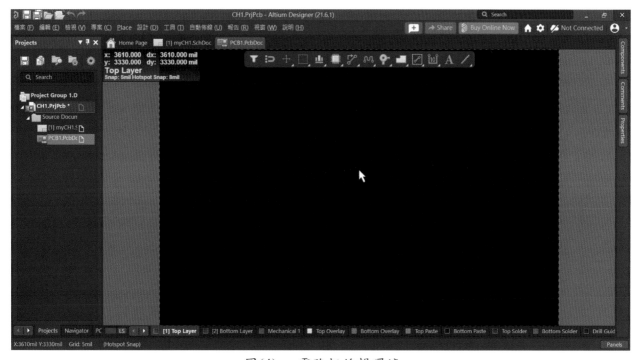

圖(4)　　電路板編輯環境

● 再存專案

專案已有變動(新增兩個設計檔案)，必須再存專案，指向 Projects 面板裡的 CH1.PrjPcb 專案，按滑鼠右鍵拉下選單，再選取 Save 項即可存檔。

1-2　電路繪圖環境簡介

如圖(3)所示(1-5頁)為電路圖編輯環境，其中各項如下說明：

視窗上方

在視窗上方包括左邊按鈕列、中間訊息列與右邊視窗操作鈕，不管是電路圖編輯環境與電路板編輯環境都一樣，如下說明：

● 左上角按鈕列，如圖(5)說明。

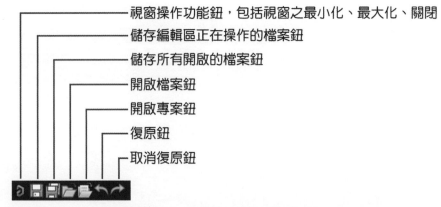

視窗操作功能鈕，包括視窗之最小化、最大化、關閉
儲存編輯區正在操作的檔案鈕
儲存所有開啟的檔案鈕
開啟檔案鈕
開啟專案鈕
復原鈕
取消復原鈕

圖(5)　視窗左上角之按鈕列

● 中間訊息列只是目前所編輯的檔案之名稱，以及 Altium Designer 之版本。
● 右上角視窗操作鈕如圖(6)說明。

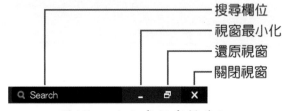

搜尋欄位
視窗最小化
還原視窗
關閉視窗

圖(6)　右上角視窗操作鈕

功能表列

在電路圖編輯環境裡，Altium Designer 提供非常完整的功能表列，幾乎包括所有操作命令，如圖(7)所示。

圖(7)　功能表列

功能表列提供 11 個功能表，每個功能表裡都有許多命令與次命令選單，這些功能表簡介於下：

🖋 <u>檔案</u>功能表提供基本檔案操作(如開檔、存檔、關檔及列印等)，還可匯出、匯入其它格式的檔案、輸出 PDF 檔。

🖋 <u>編輯</u>功能表提供編輯功能，如復原與取消復原、剪貼功能等視窗基本編輯功能，還有找尋字串、搬移、對齊與排列等編輯功能。

🖋 <u>檢視</u>功能表提供檢視功能，包括視窗縮放、開關視窗組件(面板)與工具列、設定格點、切換單位等。

- 專案管理功能表提供專案管理功能，包括開啟專案、編譯專案、改變專案內的檔案等，還有差異比對、零件組裝變量管理、版本管理功能。

- 放置功能表提供放置功能，包括在電路圖上放置零件、繪製導線、繪製匯流排等電氣圖件，以及其它非電氣圖件等。

- 設計功能表提供電路設計與整合功能，包括與電路板之間的同步操作、產生專案零件庫、電路圖樣板之操作、產生網路表等。

- 工具功能表提供各式工具，包括進出階層圖、參數管理器、零件包裝管理器、零件自動編序、信號完整性分析、交互追蹤、接腳互換設定，以及電路圖操控設定等。

- Simulate 功能表提供電路圖模擬之執行、設定、放置模擬電源/激勵信號、設置初始條件、產生電路模擬網路表等。

- 報告功能表提供報表服務，包括產生零件表、零件交互參考表、階層表等命令，還有量測間距功能。

- 視窗功能表提供視窗操作，包括視窗排列、切換操作視窗等。

- 說明功能表提供各式輔助說明，包括新增功能說明、線上輔助說明、License 說明、快速鍵、Altium 論壇，以及版本說明等。

使用者並不需要熟記其中每道命令，常用的功能大都在慣用工具列裡。當然，也可應用快速鍵。若一定要使用功能表列中的命令，我們將隨需要而說明，千萬不要看到龐大的功能表列與命令，而打退堂鼓。

工具列

在預設狀態下，全部都關閉，而最常用的工具按鈕分門別類，收集在上方中間的慣用工具列裡(不能關閉)，如圖(8)說明。

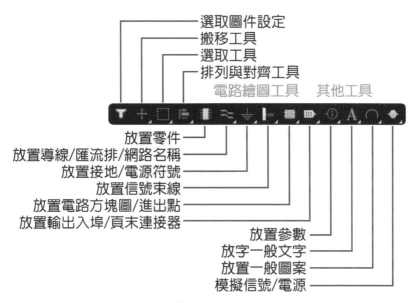

圖(8)　　電路繪圖慣用工具列

　　若要開啟其他工具列，可啟動 [檢視]/[工具列]命令，即可拉出選單，如圖(9)所示。其中的 Mixed Sim 選項為電路圖模擬的工具列，關於電路圖模擬詳見第 11 章。其他工具列有必要才打開，讓編輯區大又簡單。

圖(9)　　工具列選單

　　慣用工具列裡的按鈕很多，每個按鈕又有可能多種變化，所幸按鈕上的圖示大都能讓使用者猜到其功能。若看不出來其用途，只要指向按鈕一會兒，就會顯示小提示，例如指向 鈕(不要按) 如圖(10)所示。

圖(10)　　按鈕功能小提示

　　若按鈕右下方的小三角形，則指向該按鈕按住滑鼠左鍵一會兒，即可拉下其按鈕選單，如圖(11)所示，選取其中適用的按鈕，即可執行其功能；同時，慣用工具列上，將以該按鈕取代原本的按鈕。

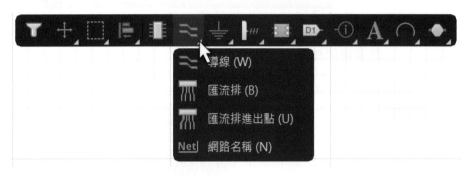

圖(11)　拉下按鈕選單

視窗左邊

　　在視窗左邊為面板區，可藉由下方的標籤切換所要呈現的面板頁，包括專案管理面板標籤(Projects)、導覽面板標籤(Navigator)與電路圖篩選面板標籤(SCH Filter)。在設計之初，大都是切換在專案管理面板標籤，如圖(12)所示，其中將列出所開啟的專案與其下的設計檔案。📇為專案的圖示，🔲為電路圖設計檔案的圖示，🖥️為電路板設計檔案的圖示。

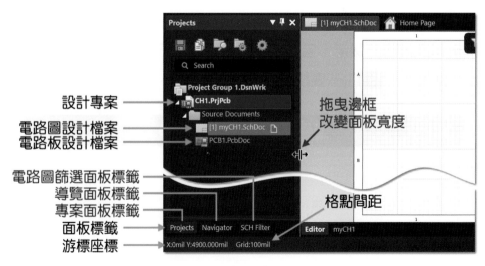

圖(12)　視窗左邊之面板區

視窗右邊

在預設狀態下，視窗右邊有三個彈出式面板，分別是零件面板(Components)、標註面板(Comments)與屬性面板(Properties)，可由右邊的標籤開關操作，如圖(13)所示。所謂「彈出式面板」是指可跳出，也可收回的面板。而操作彈出式面板的方式有兩種，如下說明：

零件面板標籤(Components) ▶

標註面板標籤(Comments) ▶

屬性面板標籤(Properties) ▶

圖(13) 彈出式面板之標籤

- 自動彈出式：游標指向右邊面板標籤，一會兒，該面板即跳出；當游標離開該面板一會兒，該面板即回收。千萬不要按面板右上方的 ✕ 鈕，以免該標籤也將隨之消失。

- 切換式：指向所要操作的標籤，按一下滑鼠左鍵，該面板隨即跳出，而不論游標有沒有在面板內，該面板都不會縮回去。若要回收面板，則再按一下該面板的標籤，或在編輯區之空白處按一下滑鼠左鍵即可。同樣的，不要按面板右上方的 ✕ 鈕。

零件面板

在繪製電路圖時，經常需要取用零件，則可透過零件面板取用零件。若要開啟零件面板的方法很多，如下任一種：

- 按 Components 標籤
- 啟動[放置]/[零件]命令
- 按 P 鍵兩下
- 按慣用工具列裡的 鈕

隨即跳出零件面板，如圖(14)所示，同樣的，拖曳面板的邊框，可改變面板的寬度。整個面板可分為 5 個部分，如下說明：

圖(14)　零件面板

① 操作按鈕區有四個按鈕，如下說明：

1. 🝙鈕屬於「廠商零件搜尋」的功能(稍後說明)，透過雲端資源進行零件篩選，以達到下列目的：

   ● 將零件統一存放在同一個雲端硬碟，以供整個設計團隊使用。

   ● 將零件連結到供應鏈，讓設計人員能即時存取最新的價格、可用性和生命週期狀態等資訊。

   ● 即時確定在設計中所使用的零件之狀態，不再因零件老舊或零件包裝過時，而進行最後一刻的變更設計，或導致設計瑕疵。

2. Miscellaneous Devices.Intl ▼ 鈕的功能是指定零件庫，按本按鈕即可拉下已掛載在系統的零件庫選單，選擇所要取用零件的零件庫，則該零件庫中的所有零件將條列在下面的零件區塊(**③**)裡，以供選用。

3. ▤鈕的功能是掛/卸零件庫、從零件庫中搜尋零件等功能，按本按鈕拉下選單，其中包括四個選項，如下說明：

- File-based Libraries Preferences…選項的功能是掛/卸零件庫,在預設狀態下,已掛載 Miscellaneous Devices.IntLib(提供一般常用的零件)、Miscellaneous Connectors.IntLib(提供連接器)等兩個零件庫。若在安裝 Altium Designer 程式後,有安裝 Mixed Simulation 系統擴充功能(System Extensions)時,則會自動掛載 Simulation Generic Components.IntLib 零件庫(提供電路圖模擬所用之零件)。待後續有需要掛/卸零件庫時,再詳細說明。

- File-based Libraries Search…選項的功能是從零件庫(包括已掛載零件庫與未掛載零件庫檔案)中,搜尋相近的零件。待後續若有需要搜尋零件時,再詳細說明。

- Refresh 選項的功能是刷新零件面板的顯示內容,與按 F5 鍵的作用相同。

- Footprints 選項的功能是顯示零件包裝。

4. ▣ 鈕提供切換零件符號(Symbol)的顯示模式功能,例如傳統的邏輯閘有一般圖(Normal)與第摩根(De Morgan's)轉換圖。在 Altium Designer 裡,零件符號可多種圖形模式。在編輯電路圖零件符號時,可隨需要在同一個零件裡可定義多個符號圖,按本按鈕即可順序切換其顯示模式。當然,若零件裡只定義一個符號圖,則按本按鈕將不會變化,詳見第 9 章。

❷ 篩選欄位的功能是在下面的零件區塊裡,過濾出零件名稱裡含有指定字的零件名稱。例如在本欄位裡輸入「re」,則零件區塊中將列出零件名稱含有 re 的零件名稱。在此也可應用萬用字元*,例如「r*s」,即可過濾出有 r 與 s 的零件名稱,而不管 r 與 s 之間的一個字為何?另外,在此不會區分字母大小寫。

❸ 零件區塊裡列出指定零件庫裡的所有零件,其中包括三個欄位:

- Design Item ID 欄位為零件名稱欄位。

- Description 欄位為零件描述欄位,用以簡介該零件。

- Value 欄位為零件值欄位。

若指向欄位名稱按滑鼠左鍵，則區塊裡的零件，將按該欄位排序方向(順向排序或逆向排序)；再按一次，則又改變其排序方向。

若要取用零件，可使用下列方法：

● 連續放置：在零件區塊裡指向所要取用的零件，快按滑鼠左鍵兩下，再將游標移出零件面板之外(編輯區)，該零件將附著於游標上，而呈現「浮動狀態」，隨游標而動。移至適切位置後，按一下滑鼠左鍵，即可在該位置放置一個零件。此時游標上仍附著浮動的零件，我們可連續放置下一個相同的零件。若不想繼續放置該零件，則按一下滑鼠右鍵，游標恢復成一般游標，浮動的零件也將消失。

● 另一種連續放置：在零件區塊裡指向所要取用的零件(以 2N3904 為例)，按滑鼠右鍵拉出選單，選取選單的第一個選項(Place 2N3904)，再將游標移出零件面板之外(編輯區)，該零件將附著於游標上，隨游標而動。移至適切位置後，按一下滑鼠左鍵，即可於該處放置一個零件。此時游標上仍附著浮動的零件，同樣的，可連續放置相同的零件；或按一下滑鼠右鍵，結束放置零件。

● 單一放置：在零件區塊裡指向所要取用的零件，按住滑鼠左鍵不放，再將游標拖曳出零件面板之外(編輯區)，而該零件呈現「浮動狀態」，隨游標動。拖曳到適切位置後，放開滑鼠左鍵，即可在該位置放置一個零件，游標恢復成一般游標，結束放置零件。

❹ 廠商零件搜尋：若將零件區塊右邊的垂直滑軸拖曳到最下面，即可看到 Manufacturer Part Search 項，指向這個項目按滑鼠左鍵，即可開啟廠商零件搜尋面板，如圖(15)所示，同時，視窗右邊標籤列裡將多出一個 Manufacturer Part Search 標籤。

廠商零件搜尋面板的功能是透過網路搜尋廠商的零件與零件相關資料，讓設計工程師不再侷限於 Altium Designer 所提供的零件，而可應用最新的零件，

並可得知零件的相關資料，包括 datasheet、報價等，還可直接下單購買。關
於廠商零件搜尋面板，待後續應用時再說明。

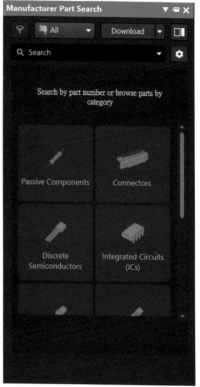

圖(15)　廠商零件搜尋面板

❺ 零件資料鈕(2N3904　　　　　　　　　　　　　 ⌃)提供開關零件資料區塊的功能，隨著
所選取的零件，在零件資料鈕上將顯示該零件的名稱。若零件資料鈕右邊顯
示 ⌃，表示零件資料區塊是關閉的；而按零件資料鈕後，右邊將顯示 ⌄ ，
表示零件資料區塊已開啟。在零件資料區塊由上而下，依序分為三部分，如
下說明：

1.　如圖(16)所示為該零件的基本資料，預設為簡要模式(左圖)，只顯示五項
　　零件資料，按 Show More 項，即可切換為完整模式(右圖)，顯示所有零件
　　資料。若要切換回簡要模式，則按 Show Less 項即可。

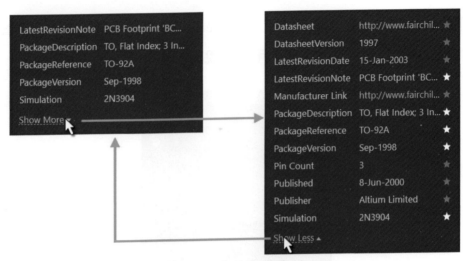

圖(16)　零件基本資料

2.　Models 項目為零件模型，包括零件符號、零件包裝、電路圖模擬模型、電路板信號完整性分析模型等，如圖(17)所示。若沒有顯示零件包裝圖，則可按 click to display preview 項以顯示之，並可切換 2D 或 3D 顯示。

圖(17)　零件模型資料

3. 其他參考資料包括零件參考資料、零件選用狀況資料、零件使用歷史等，如圖(18)所示。

圖(18)　其他參考資料

屬性面板

　　若要編輯圖件(零件、導線、文字等)的屬性(Properties)時，可選取該圖件，再按視窗右邊的 Properties 標籤，視窗右邊立即跳出該圖件的屬性面板。而不同的圖件，其屬性面板都不同，如圖(19)所示為導線(wire)的屬性面板。

圖(19)　導線之屬性面板

其中包括三個區塊，其功能如下說明：

- General (Net)區塊除顯示該導線的實體名稱與網路名稱外，還可以設定其顏色(■)。

- Parameters (Net)區塊提供編輯該導線的參數。

- Vertices 區塊提供編輯該導線的端點(節點或轉彎)，或刪除端點(🗑)。

視窗下方

Altium Designer

在視窗下方有三個欄位與一個按鈕，如下說明：

- 最左下欄位指示游標的 X 軸座標、Y 軸座標與格點間距(Grid)，預設的單位為 mil(即 1/1000 吋)，而預設的格點間距為 100mil。強烈建議不要更改格點間距，以免造成無謂的困擾。

- 第二個欄位顯示接下來所要操作的建議。

- 第三個欄位顯示操作的狀態與可用的快速鍵，蠻好的！

- 右下角按鈕(Panels)的功能是開/關面板，按此按鈕後，將拉出選單，如圖(20)說明。

圖(20)　面板選單

編輯區與操作快速鍵

不管是繪製電路圖，還是設計電路板，對於編輯區的操作格外重要，例如顯示比例的縮放、顯示位置的調整等，工程師們都會不假思索的應用快速鍵，或快速鍵配合滑鼠，高度掌握整個編輯區，常用的編輯區快速鍵如表(1)所示。這些快速鍵不只可在電路圖編輯區裡應用，也可在電路板編輯區裡應用。

表(1)　編輯區操控快速鍵

快 速 鍵	功 能
PgUp	放大顯示
PgDn	縮小顯示
按住 Ctrl 鍵，滑鼠滾輪往前推	放大顯示
按住 Ctrl 鍵，滑鼠滾輪往後拉	縮小顯示
滑鼠滾輪往前推	編輯區往上移
滑鼠滾輪往後拉	編輯區往下移
按住 ⇧Shift 鍵，滑鼠滾輪往前推	編輯區往左移
按住 ⇧Shift 鍵，滑鼠滾輪往後拉	編輯區往右移
按住滑鼠右鍵不放	抓住整張個編輯區，隨滑鼠而移動
按 Ctrl + PgDn 鍵	顯示所有圖件
按 Alt + F5 鍵	全螢幕顯示

1-3 電路板設計環境簡介

Altium Designer 的電路板設計環境，如圖(4)所示(1-5 頁)，其中大部分組件都與電路圖設計環境相同，操作方式也類似，可參閱 1-2 節，在此不贅述。以下僅介紹不同的部分。

功能表列

在電路板編輯環境裡的功能表列，如圖(21)所示。

圖(21)　電路板編輯環境的功能表列

功能表列提供 11 個功能表，每個功能表裡都有許多命令與次命令選單，這些功能表簡介於下：

- 檔案功能表提供檔案操作，如開檔、存檔、關檔及列印等。另外，還有匯入、匯出、輸出 PDF 檔、輔助製造輸出與輔助組裝輸出。

- 編輯功能表提供編輯功能，如復原與取消復原、剪貼功能等視窗基本編輯功能，還有找尋字串、搬移、對齊與排列等編輯功能。

- 檢視功能表提供檢視功能，包括切換電路板之 2D/3D 顯示模式、視窗縮放、全螢幕顯示模式、設定淡化顯示程度、開關視窗組件(面板)與工具列、設定格點、切換單位等。

- 專案功能表提供專案管理功能，包括專案內的檔案操作、差異比對、零件組裝變量管理、版本管理功能、共享、專案選項設定等。

- Place 功能表提供電路板上放置物件(電氣圖件與非電氣圖件)的功能，包括放置零件包裝、3D 模型、填滿矩形、填滿多邊形、弧線、線段、字串、銲點、導孔、導線、圖片、繪製禁置區、鋪銅、電路板排版、設計檢視、放置鑽孔表、放置板層堆疊圖，還可標示尺寸等。

- 設計功能表提供電路設計與整合功能，包括與電路圖之間的同步操作、制定設計規則、板形設計、編輯網路、xSignals 高速佈線設計、板層堆疊管理、設定分類、產生專案之零件庫等。

- 工具功能表提供各式工具，包括設計規則檢查、瀏覽違規與取消錯誤標記、編輯區裡的 3D 零件管理、鋪銅管理、內層分割、零件佈置、電路板零件重新編序、信號完整性分析、交互追蹤、接腳互換設定，物件轉換、設置導孔陣列、移除未使用銲點、補淚滴、自動等長佈線、包地、測試點管理，以及電路板操控設定等。

- 自動佈線功能表提供主動式佈線、互動式佈線、互動式差訊線對佈線、快速佈線、快速差訊線對佈線、互動式匯流排佈線、自動佈線調整、互動式等長佈線調整、互動式差訊線對等長佈線調整、扇出佈線、自動佈線、子網路連接器之操作、拆除佈線等。

- <u>報告</u>功能表提供報表服務，包括產生零件表、專案報告表、網路表狀態等命令，還有量測間距、物件長度，以及電路板相關資訊。

- <u>視窗</u>功能表提供視窗操作，包括視窗排列、切換操作視窗等。

- <u>說明</u>功能表提供各式輔助說明，包括新增功能說明、線上輔助說明、License 說明、快速鍵、Altium 論壇，以及版本說明等。

Altium Designer 是一套非常先進的電路板設計軟體，其所提供的各項功能與命令非常齊備，但並非每個電路板設計都需要用到，不同特性的電路板設計需求，使用不同的功能、命令或技巧。因此，初次見識這麼多的命令、功能與專有名詞，千萬不要慌張，也不必刻意熟記或了解每道命令。設計電路板常用的功能，大都列在慣用工具列裡，或直接應用快速鍵。

慣用工具列

傳統 Altium Designer 提供許多工具列，讓編輯環境有點複雜。現在在預設狀態下，只開啟慣用工具列，其中將常用的按鈕分門別類，放入慣用工具列裡的工具組按鈕，以簡化編輯環境，如圖(22)說明。

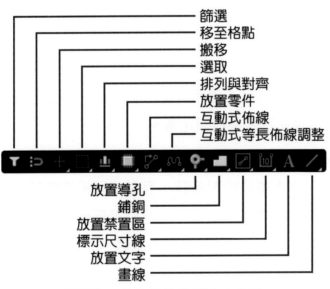

圖(22)　電路板設計慣用工具列

　　　若要開啟其他工具列，可啟動[檢
視]/[工具列]命令，即可拉出選單，如圖
(23)所示。當然，其中的工具列並非必
要，且都已融入慣用工具列裡，為保持編
輯區的簡潔，通常不會開啟。

圖(23)　工具列選單

　　同樣的，在慣用工具列裡，有些按鈕右下角有個小三角形，表示該按鈕為工
具組。可按住該按鈕一會兒，即可拉下該按鈕組選單，再選用其中所要使用的按
鈕即可，而選用的按鈕也將取代原本按鈕，列於慣用工具列。

　　Altium Designer 對於按鈕上的圖案，還蠻講究的，對於電路板設計師而言，
大都能一眼看出其功能。同樣的，這些按鈕都有小提示，若看不出來其用途時，
只要指向按鈕一會兒，就會顯示小提示，而得知該按鈕的功能。

視窗左邊

　　視窗左邊的面板區，除了專案面板(Projects)、導覽面板(Navigator)外，在電路
板編輯環境裡還提供 PCB 與 PCB Filter 面板，可由下方的標籤切換。其中的 PCB
面板提供快速找尋電路板物件的方法，而 PCB Filter 面板提供快速篩選電路板物件
的方法。

編輯區下方

　　在編輯區下方有一列各種顏色的板層標籤列，而其中除標示板層名稱，其顏
色就是該板層的顏色，如圖(24)所示。

圖(24)　板層標籤列

Altium Designer 所提供的板層非常多，包括電氣板層(最多 32 個信號佈線層、32 個內部電源層等)與非電氣板層(無限制的機構層數量與多個其他印刷層等)，使用到的板層，將顯示在板層標籤列裡，以供選用。

若板層標籤太多，編輯區不夠寬，無法完全顯示所有板層標籤時，可按左邊的 ◀▶ 鈕，以捲動板層標籤，以選取工作板層。也可按 ＋ 或 － 鍵切換選取工作板層，按 ＊ 鍵則是切換選取佈線的工作板層。在此的 ＊ 、 ＋ 或 － 鍵是指在鍵盤右邊數字鍵盤裡的按鍵，主鍵盤上方的 8 、 ＋ 或 － 鍵無效。而選取到的板層，除了在編輯區裡將該板層列於編輯的最上層外，其顏色也將出現在 LS 鈕左邊的色塊(即開關顯示組態面板鈕)。

若要設定編輯區的顯示組態，可按一下這個色塊，即可開啟顯示組態面板 (View Configuration)，即可在此面板中，設定顏色配置。而 LS 鈕用來切換顯示板層組，在編輯區裡不一定要顯示所有板層。板層組是按功能組合某些板層，以利某些特定編輯需求。按 LS 鈕拉出板層組的選單，如圖(25)所示，以選取所要展示的板層組。

圖(25)　板層組選單

Altium Designer

視窗下方

在視窗下方有三個欄位與一個按鈕，如下說明：

● 最左下欄位指示游標的 X 軸座標、Y 軸座標與格點間距(Grid)，預設的單位為 mm，而預設的格點間距為 0.1mm。在電路板設計裡，採用絕對的尺寸，較新的電路板設計都是採用 mm 為單位，機構部分也是採用 mm 為單位；若是針腳式零件(屬於較舊的零件)，則採用 mil 為單位。若要切換單位制，可按 Q 鍵(英數輸入狀態)。

● 左邊第二個欄位顯示所指物件的簡介等。

● 左邊第三個欄位顯示所指物件連接的網路等。

● 右下角的 Panels 鈕之功能是開/關面板，按此按鈕將拉出選單，即可指定所要開啟或關閉的面板。

抬頭顯示器

在編輯區左上方有個半透明的抬頭顯示器，如圖(26)所示，其中顯示游標位置的座標、工作板層、格點間距、游標所指位置所連接的網路與零件等，這些資料有助於電路板編輯。若要開/關抬頭顯示器，可按 ⇧Shift + H 鍵(非中文輸入狀態)。

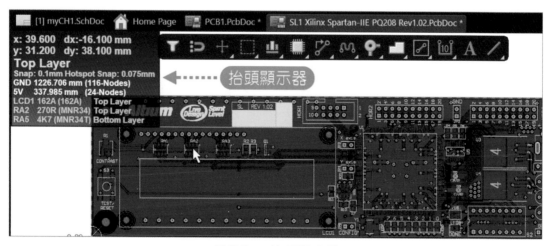

圖(26)　抬頭顯示器

在 Windows 裡，滑鼠是不可或缺的工具！特別是使用 CAD/CAM 軟體，更要仰賴滑鼠的操控，方能快速完成設計。滑鼠除了可以操控游標外，還具有左鍵、右鍵與滾輪，如圖(27)所示。

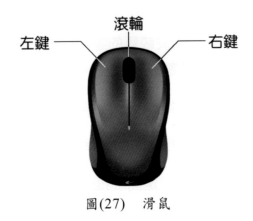

圖(27)　滑鼠

在 Altium Designer 裡，滑鼠的左、右鍵具有下列功能：

● 滑鼠左鍵具有選取、執行等功能，如下：

　■ 游標指向編輯區裡的圖件，再按一下滑鼠左鍵，即可選取該圖件。若在選取圖件時，同時按住 Ctrl 鍵，再指向圖件按一下左鍵，則可重複選取圖件。

　■ 若編輯區裡已選取圖件，再將游標指向編輯區裡的空白處，按一下滑鼠左鍵，即可取消圖件的選取。

　■ 游標指向編輯區裡的空白處，按住滑鼠左鍵不放，再移動滑鼠，即可拖曳出一個區塊，放開左鍵後，即可選取該區塊裡的所有圖件。

　■ 游標指向編輯區裡的圖件，按住滑鼠左鍵，移動滑鼠，即可拖曳移動該圖件。

　■ 游標指向編輯區裡的圖件，按住 ⇧Shift 鍵，再按住滑鼠左鍵，移動滑鼠，即可拖曳複製一個相同的圖件。

■　指向按鈕或工具鈕，再按一下滑鼠左鍵，即可啟動該按鈕或工具鈕的功能。而以指向　存檔(S)　鈕按滑鼠左鍵為例，以後就簡稱為按　存檔(S)　鈕。

■　若指向視窗組件的邊框，游標形狀改變為「⇕」或「⇔」，即可拖曳調整其大小。

●　滑鼠右鍵提供功能選單，指向不同位置，按滑鼠右鍵，可拉出不同的功能選單，也就是對於所指圖件的相關命令選單，如圖(28)之左圖所示是指向編輯區之空白處，按滑鼠右鍵，所拉出的功能選單；而圖(28)之右圖所示是指向零件按滑鼠右鍵，所拉出的功能選單，若所指之零件已被選取，則所拉出之功能選單還會有些許差異。

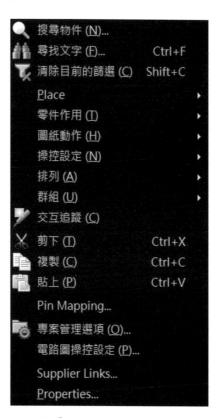

圖(28)　右鍵功能選單

- 滑鼠滾輪具有移動編輯區位置、縮放編輯區等功能，如下：

    - 滑鼠滾輪往上推，編輯區垂直往上移動；滑鼠滾輪往下拉，編輯區垂直往下移動。

    - 按住 ⇧Shift 鍵後，再將滑鼠滾輪往上推，編輯區水平往左移動；按住 ⇧Shift 鍵後，再將滑鼠滾輪往下拉，編輯區水平往右移動。

    - 按住 Ctrl 鍵後，再將滑鼠滾輪往上推，編輯區將放大顯示比例；按住 Ctrl 鍵後，再將滑鼠滾輪往下拉，編輯區將縮小顯示比例。

    - <u>按住滑鼠滾輪</u>，游標形狀將改變為「🔍」，滑鼠往上移動，編輯區將放大顯示比例；滑鼠往下移動，編輯區將縮小顯示比例。

1-5　常用快速鍵

Altium Designer 提供許多快速鍵，當然，不同地方的快速鍵，不盡相同，所以要確認是在哪個地方操作？在編輯區與面板裡，所使用的快速鍵有些不同。當在操作編輯區時，使用編輯區的快速鍵；而在操作面板時，使用的快速鍵，將是針對面板，對於編輯區不會有所作用。若要從操作面板切換成操作編輯區，只要指向編輯區空白處，按滑鼠左鍵，即可切回編輯區。同樣地，若要從編輯區切換到面板，則可直接指向面板，按滑鼠左鍵即可。如下所示為常用的快速鍵：

編輯區快速鍵

快速鍵	功能
Ctrl + N	開新檔案。
Ctrl + O	開啟舊案。
Ctrl + N	儲存檔案。
Ctrl + F4	關閉檔案。
Ctrl + P	列印。
Alt + F4	關閉程式。

按鍵	說明
`PgUp`	放大編輯區顯示比例，圖件將更清楚(更大)，但所能看到的圖面就比較少。
`PgDn`	縮小編輯區顯示比例，圖件將變小，而所能看到的圖面將更多。
`End`	刷新編輯區的顯示，編輯區裡的圖件將更正確。
`Ctrl` + `Home`	跳到絕對原點(左下角)。
`V` 、 `D`	顯示整張圖。
`V` 、 `F`	顯示所有圖件(同 `Ctrl` + `PgDn` 鍵)。
`Ctrl` + `PgDn`	顯示所有圖件(同 `V` 、 `F` 鍵)。
`V` 、 `A`	區塊顯示。
`F1`	開啟即時輔助說明系統。
`F11`	開啟屬性面板(Properties)。
`F12`	開啟篩選編輯器面板(SCH Filter)。
`⇧Shift` + `C`	清除選取、清除淡化顯示。
`Ctrl` + `Z`	復原前一次操作。
`Ctrl` + `Y`	取消前一次的復原。
`Del`	刪除所選取的圖件。
`Ctrl` + `Del`	刪除所選取的圖件(同 `Del` 鍵)。
`Ctrl` + `X`	剪下所選取的圖件。
`⇧Shift` + `Del`	剪下所選取的圖件(同 `Ctrl` + `X` 鍵)。
`Ctrl` + `C`	複製所選取的圖件。
`Ctrl` + `Ins`	複製所選取的圖件(同 `Ctrl` + `C` 鍵)。
`Ctrl` + `V`	將剪貼簿裡的圖件貼到編輯區。
`⇧Shift` + `Ins`	將剪貼簿裡的圖件貼到編輯區(同 `Ctrl` + `V` 鍵)。
`Ctrl` + `R`	連續複製圖件。
`S` 、 `I`	區塊內選取。
`S` 、 `O`	區塊外選取。
`S` 、 `A`	選取全部圖件。

按鍵	說明
`S` 、 `C`	選取相連接的物件。
`S` 、 `T`	進入切換選取狀態(同 `X` 、 `T` 鍵)。
`X` 、 `T`	進入切換選取狀態(同 `S` 、 `T` 鍵)。
`X` 、 `I`	取消區塊內的選取。
`X` 、 `O`	取消區塊外的選取。
`X` 、 `A`	全部取消選取。
`X` 、 `D`	取消所有開取檔案裡，所有選取圖件的選取狀態。
`P` 、 `P`	進入取用零件狀態。
`P` 、 `W`	進入連接線路狀態(同 `Ctrl` + `W` 鍵)。
`P` 、 `N`	進入放置網路名稱。
`P` 、 `B`	進入繪製匯流排狀態。
`P` 、 `U`	進入繪製匯流排進出點狀態。
`P` 、 `O`	進入放置電源符號狀態。
`P` 、 `C`	進入放置頁末連接器狀態。
`P` 、 `R`	進入放置輸出入埠狀態。
`P` 、 `S`	進入放置電路方塊圖狀態。
`P` 、 `A`	進入放置電路方塊圖進出點狀態。
`P` 、 `I`	進入放置裝置電路方塊圖狀態。
`P` 、 `H`	進入放置功能束線狀態。
`P` 、 `V`	進入放置指示性符號狀態。
`P` 、 `T`	進入放置文字列狀態。
`P` 、 `F`	進入放置文字框狀態。
`P` 、 `O`	進入放置備註狀態。
`Ctrl` + `F`	找尋文字。
`Ctrl` + `H`	找尋並取代文字。
`Ctrl` + `G`	找尋並取代文字(同 `Ctrl` + `H` 鍵)。
`F3`	尋找下一個文字。
`Ctrl` + `B`	將選取的圖件向下靠齊。
`Ctrl` + `T`	將選取的圖件向上靠齊。

⇧Shift + Ctrl + L	將選取的圖件向左靠齊。
⇧Shift + Ctrl + R	將選取的圖件向右靠齊。
⇧Shift + Ctrl + H	對選取的圖件進行水平等距排列。
⬚ (空白鍵)	將浮動的圖件逆時針旋轉 90 度。
X	將浮動的圖件左右翻轉。
Y	將浮動的圖件上下翻轉。
Tab	開啟浮動圖件的屬性對話盒。
Esc	取消浮動圖件。

面板區快速鍵

Altium Designer

PgUp	將所操作欄位內的選項，往上捲一頁。
PgDn	將所操作欄位內的選項，往下捲一頁。
↑	將所操作欄位內的選項，往上移一項。
↓	將所操作欄位內的選項，往下移一項。
Tab	切換所操作的欄位、區塊或選項。

注意，鍵盤不是在中文輸入狀態下，才能正常使用上述快速鍵！

1-6　本章習作

1　在 Altium Designer 裡，如何切換中文編輯環境？

2　Altium Designer 的專案、電路圖檔案、電路板檔案之延伸檔名各為何？

3　在 Altium Designer 的編輯環境裡，在預設狀態下，右邊提供哪些彈出式面板的標籤？

4　試問彈出式面板有哪些操作模式？

5　在 Altium Designer 的電路圖編輯環境裡，有哪幾種開啟零件面板的方法？

6　在 Altium Designer 的電路圖編輯環境裡，預設狀態下，左邊面板區提供哪些面板的標籤？

7　在 Altium Designer 的電路板編輯環境裡，預設狀態下，左邊面板區提供哪些面板的標籤？

8　試說明 Altium Designer 視窗左上方工具列裡，各按鈕的功能為何？

9　試問如何開啟或關閉指定的面板？

10　在 Altium Designer 的編輯環境裡，若要開啟未出現的工具列，應如何操作？

11　試述 Altium Designer 裡，可使用哪些快速鍵來操控編輯區的顯示？

12　在 Altium Designer 電路板編輯環境裡，抬頭顯示器提供哪些資訊？如何開啟/關閉抬頭顯示器？

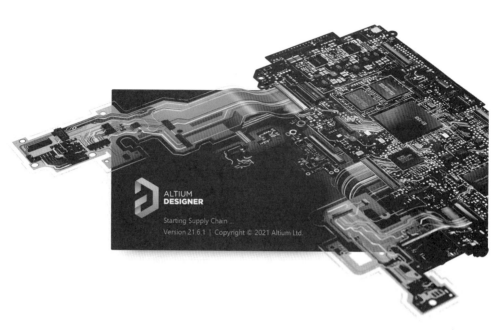

第 2 章

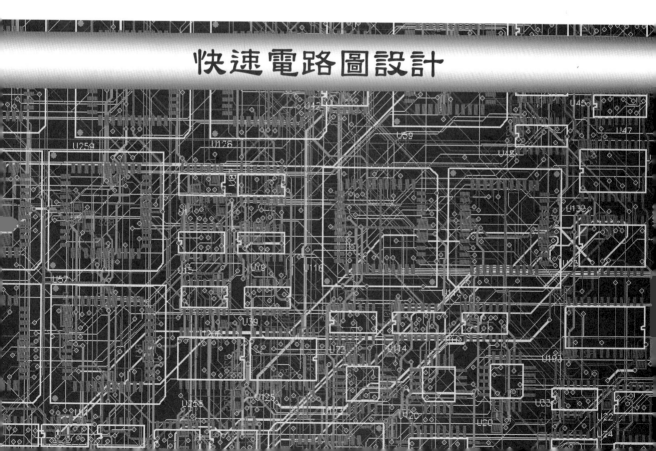

快速電路圖設計

2-1　電路繪圖概念

電路繪圖是一件簡單但又很重要的工作！電路設計工程師將電路的概念，透過電路繪圖的方式，將概念變成大家看得懂的電路圖，且能進一步變成電路板設計的依據。因此，電路圖可不能隨便畫一畫，而是要遵守電氣設計規則，才能實現該電路的目的。

基本上，電路繪圖包括**取用零件**與**連接線路**兩個動作，如下說明：

- **取用零件**就是從零件庫裡，找出所要使用的零件，將它取出後，放置在圖紙之中，並進行其屬性編輯，以符合電路需求。

- **連接線路**就是建構零件與零件之間的連接關係，將不同的零件接腳相連接，即可形成網路(Net)，電氣信號就是透過網路來傳遞，讓信號能順利遊走於零件之間。

除了上述兩個動作外，在電路圖裡可能還需要電源符號與接地符號，所以還必須取用或放置電源/接地符號，而其動作與取用零件的動作類似，但簡單一點而已。如此一來，電路圖以具有傳達電氣信號與工作能力。

不過，電路圖必須兼具製作實際電路板與讓人們理解電路動作的功能。如何讓人們看得懂？就是電路繪圖工程師必須下工夫的地方。因此，我們可透過一些非電氣圖件，如線條、文字等，對電路圖下註解與說明，讓電路圖更容易看得懂。至於較複雜、較龐大的電路，則可採用多張式電路圖結構，讓整個電路更有系統。在設計電路板時，不管有多少張電路圖，在專案裡的所有電路圖，其中所有資料，將轉入同一塊電路板。

2-2　取用零件與屬性編輯

基本上，「取用零件」只是從零件庫裡，指定所要用的零件，將他取出並放置在電路圖的編輯區裡。

取用零件

Altium Designer

若要取用一個電晶體(2N3906)，其步驟如下：

1. 按 [P] 鍵兩下(注意是在非中文輸入模式下)，視窗右邊跳出零件面板。

2. 在零件面板裡，按上方的零件庫按鈕，拉出零件庫選單，選取 Miscellaneous Devices.IntLib 選項(2N3906 在這個零件庫裡)。

3. 在零件區塊裡，找到 2N3906 項，指向此項，快按滑鼠左鍵兩下，再將由標移出零件面板，即可看到游標上有個浮動的 2N3906 符號。在浮動狀態下，可應用下列快速鍵操作：

    ● 按 [＿＿＿＿] 鍵可將零件逆時針旋轉，每按一下 [＿＿＿＿] 鍵零件將逆時針旋轉 90 度。

    ● 按 [x] 鍵可將零件左右翻轉。

    ● 按 [Y] 鍵可將零件上下翻轉。

    ● 按 [Tab↹] 鍵可將開啟屬性面板，我們就可在其中編輯該零件的屬性，如圖(1)所示，稍後說明。零件屬性編輯完成後，按編輯區裡的暫停鈕(⏸)，即可將屬性反應到該零件，同時恢復為浮動狀態。

    ● 按 [Enter] 鍵或滑鼠左鍵，即可將該零件放置於游標處。

    ● 按 [Esc] 鍵或滑鼠右鍵，即可放棄該零件，並結束取用零件狀態。

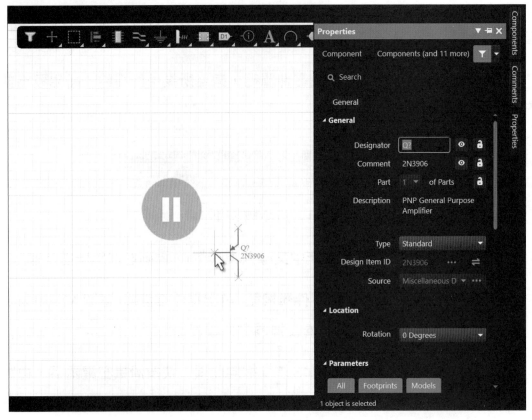

圖(1)　2N3906 之屬性面板

零件屬性編輯

不同的零件，其屬性面板大同小異，以 2N3906 電晶體為例，如圖(1)所示，其中包括五個部分，如下說明：

▶ General 區塊

本區塊提供零件的一般屬性之設定功能，如圖(1)所示，其中包括 7 個項目，如下說明：

● Designer 欄位為零件序號欄位，在電路圖中零件序號是零件的身分證，必須是唯一的(不可重複)。通常電晶體類以 Q 開頭、電阻器類以 R 開頭、電容器類以 C 開頭、電感器類以 L 開頭、IC 類以 U 開頭。Q?代表尚未編序，可依序編為 Q1、Q2...，以此類推。也可以保持為 Q?，待完成電

路圖設計後，再應用程式提供的自動編序功能，進行整體編序。在本欄位右邊有兩個按鈕選項，如下說明：

- ■　◉鈕設定顯示零件序號，按一下可切換為 ◎，表示不顯示零件序號；再按一下又恢復為 ◉。通常在電路圖上，都會顯示零件序號。

- ■　🔓鈕設定不鎖住，而可以編輯/搬移零件序號。按一下可切換為 🔒，表示鎖住零件序號，而不可再編輯/搬移。

● Comment 欄位為註解欄位，用以標註該零件，並沒有電氣意義，只是給人看的。所以，此欄位經常被放置零件值、零件編號等，讓我們更容易解讀。同樣的，在其右邊的兩個按鈕，分別提供顯示/不顯示標註，以及鎖住/不鎖住標註。

● Part 欄位設定零件序號對於複合式包裝零件(一個零件之中包含多個單元零件)，如圖(2)所示之 7400 為典型的複合式包裝零件。按右邊的 🔽 鈕即可拉下單元零件選單，以選擇要用哪個單元零件；而在 of Parts 右邊欄位裡，指示該零件裡有多少個單元零件。

 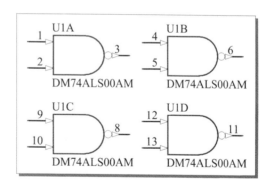

圖(2)　單元零件範例(7400)

● Description 欄位設定為零件描述欄位，以作為該零件的簡介，而沒有電氣作用，我們可在其中編輯之，也可不管它。

● Type 右邊的 Standard 鈕為該零件的類別，按此鈕即可拉下零件類別選單，以指定其零件類別，如下：

- ■ Standard：標準零件，可作為電路板設計、電路模擬之用。
- ■ Mechanical：機構零件，如螺絲孔等。
- ■ Graphical：圖形零件，如公司 Logo 等。
- ■ Net Tie (In BOM)：網路連接零件，而會被收集到零件表裡。
- ■ Net Tie (No BOM)：網路連接零件，但不會放入零件表裡。
- ■ Standard (No BOM)：標準零件，但不會放入零件表裡。
- ■ Jumper：跳線。

- ● Design Item ID 欄位為該零件在零件庫裡的名稱，也就是取用該零件所指定的名稱。

- ● Source 欄位為該零件取自哪個零件庫。

Location 區塊

本區塊提供零件的放置角度，其中只有一個 `0 Degrees ▼` 鈕 (Rotation 按鈕)，按此鈕即可拉下角度選單，以供我們指定，如下說明：

- ● 0 Degrees 選項設定該零件採 0 度擺放。
- ● 90 Degrees 選項設定該零件採 90 度擺放。
- ● 180 Degrees 選項設定該零件採 180 度擺放。
- ● 270 Degrees 選項設定該零件採 270 度擺放。

Parameters 區塊

本區塊提供零件的參數設定，而零件的參數很多，如圖(3)所示，可應用下列按鈕來切換顯示在其下區塊中，如下說明：

- ● `All` 鈕設定在區塊中顯示所有參數。

- ● `Footprints` 鈕設定在區塊中顯示電路板設計所使用的零件包裝(Footprint)。

- ● `Models` 鈕設定在區塊中顯示電路模擬所使用的 Simulation 模組，以及電路板信號完整性分析所使用的 Signal Integrity 模組。

- ● 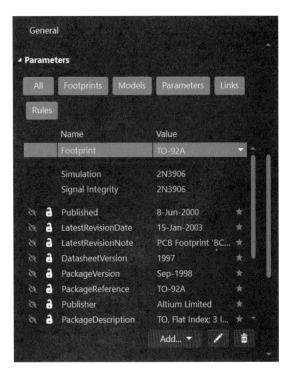 Parameters 鈕設定在區塊中顯示說明性的參數(無電氣作用)或電路模擬參數等，而這類參數左邊，有設定是否顯示的按鈕(👁/👁̸)與設定是否鎖住的按鈕(🔒/🔓)，以供選擇。

- ● Links 鈕設定在區塊中顯示與廠商連結的網址，以及可連結到 datasheet 的網址等。

- ● Rules 鈕設定在區塊中顯示與此零件相關的設計規則(Design Rules)，而設計規則用於規範/限制電路板設計。

圖(3)　Parameters 區塊

此外，我們還可應用區塊下方的按鈕以管理/編輯這些參數，如下說明：

- ● Add... 鈕的功能是新增參數，按本按鈕即可拉下參數種類的選單，如下說明：

  - ■ Footprint 項為新增零件包裝，屬於電路板設計常用的項目。

  - ■ Pin Info 項為新增 FPGA 接腳資訊說明檔案。

- ■ Simulation 項為新增電路模擬的參數，如電阻值(Value)等。

- ■ Ibis Model 項為新增接腳輸入/輸出緩衝器資訊標準(I/O Buffer Information Specification)的模型，這類模型用於信號完整性分析。

- ■ Signal Integrity 項為新增信號完整性分析的模型。

- ■ Parameter 項為新增訊息說明參數，如成本、庫存等。

- ■ Link 項為新增網際網路的連結。

- ■ Rule 項為新增設計規則。

- ● ✎鈕的功能是編輯區塊中所選取的參數。

- ● 🗑鈕的功能是刪除區塊中所選取的參數。

▶ Graphical 區塊

本區塊提供零件圖的相關設定，如圖(4)所示，如下說明：

圖(4)　Graphical 與 Part Choices 區塊

- ● Mode 右邊的 `Normal` 下拉鈕的功能是設定零件符號圖模式(一般符號或第摩根轉換圖)。當然，不是每個零件都具有不同符號圖模式。

- ● Mirror 左邊的 ■ 選項設定將零件左右翻轉，如圖(5)所示，分別為 2N3906 的翻轉與各角度的符號圖。

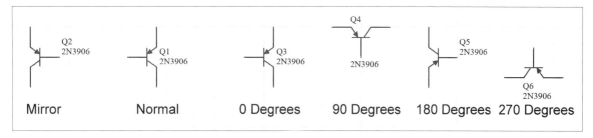

圖(5) 零件翻轉與各角度

● Local Colors 左邊的 ■ 選項可設定是否自定零件顏色,若選取此選項,則可按 Fills 右邊的顏色鈕,在隨即出現的色盤裡,指定此零件內部填入的顏色。按 Lines 右邊的顏色鈕,在隨即出現的色盤裡,指定此零件外框顏色。按 Pins 右邊的顏色鈕,在隨即出現的色盤裡,指定此零件接腳顏色。

Part Choices 區塊

本區塊提供設定零件的供應鏈,如圖(6)所示,其中只有 Edit Supplier Links... 鈕,按此鈕即可在隨即出現的對話盒裡新增/編輯該零件的供應商連結資料。

圖(6) Part Choices 區塊

接腳編輯

在屬性面板的 Pins 頁裡,列出該零件的接腳,以 2N3906 為例,如圖(7)所示。區塊裡包括兩個欄位,Pins 欄位為接腳編號,Name 欄位為接腳名稱,而這兩個欄位的右邊各有一個設定是否顯示的按鈕(⊙/◎),可切換是否在編輯區裡顯示該接腳的編號/名稱。若要操作/編輯接腳,可指向其中的接腳,按滑鼠右鍵拉下選單,其中包括下列操作選項:

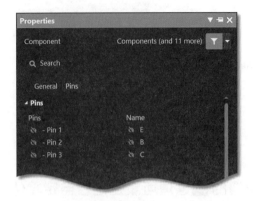

圖(7)　Pins 頁

- Jump 選項的功能是定在編輯區裡，跳到該接腳，並放大顯示之。

- Add Pin 選項的功能是在該零件裡，新增一支接腳，除了在區塊裡多一支接腳外，新增的接腳也出現在編輯區裡。

- Edit Pin 選項的功能是開啟接腳編輯器，如圖(8)所示，我們就可在其中編輯所有接腳。

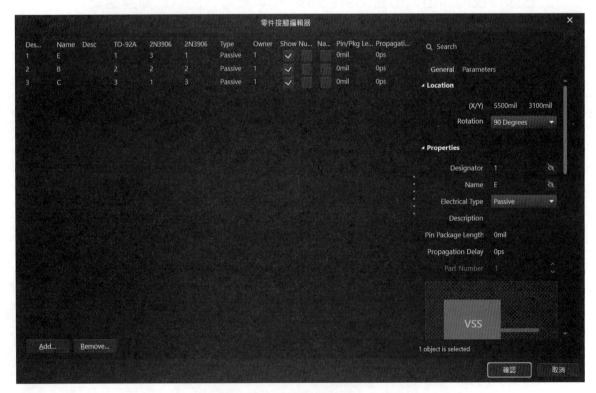

圖(8)　接腳編輯器

- Lock 選項的功能是鎖住接腳,讓接腳固定不能搬移。若沒有設定本選項,則可將接腳在零件內部移動。

- Show All Pins 選項的功能是在編輯區裡,顯示所有接腳。

即時練習

請按圖(9)取用零件,並編輯其屬性。其中零件接取自 Miscellaneous Devices.IntLib 零件庫,而電阻器的取用名稱為 Res1、蜂鳴器的取用名稱為 Buzzer。

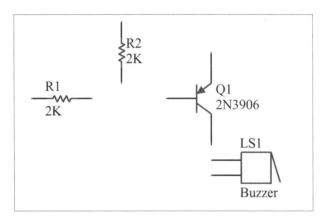

圖(9) 取用零件及其屬性編輯練習

2-3 零件庫操作

對於初學者而言,在前面的練習裡,取用零件並不難,因為我們已提示了取用零件名稱,以及取自哪個零件庫。問題是,如果沒有提示,怎知零件名稱為何?在哪個零件庫?Altium Designer 有哪些零件庫?

零件名稱為何?

基本上,這並沒有確切的答案。不過,可將零件粗略分為主動零件與被動零件,如下說明:

- 主動零件如 IC、各式電晶體等，其零件名稱大多是其零件編號，在 2-2 節所使用的 2N3906 電晶體，其零件名稱就是此電晶體的零件編號。

- 被動零件如電阻器(**Res**istor)、電容器(**Cap**acitor)、電感器(**Inductor**)等，在 Miscellaneous Devices.IntLib 裡，電阻類的零件名稱大多以 Res 開頭，電容類的零件名稱大多以 Cap 開頭，電感類的零件名稱大多以 Inductor 開頭，所以，英文好一點比較佔便宜。

零件在哪個零件庫？

這也是沒有確切的答案，不過，在 Altium Designer 預設的零件庫裡，可以確定的是非連接器類的常用零件，可在 Miscellaneous Devices.IntLib 找尋；而連接器類的零件，可在 Miscellaneous Connectors.IntLib 找尋。

Altium Designer 有哪些零件庫？

除了 Miscellaneous Devices.IntLib 與 Miscellaneous Connectors.IntLib 外，Altium Designer 將先前的零件庫壓縮為 Libraries.zip，存放在網路上。將 Libraries.zip 解壓縮後，可以得到 107 個以廠商名稱命名的資料夾，每個資料夾中包含該廠商的零件庫(數個到數十個)，而每個零件庫裡提供多個零件，總共數萬個零件。

上述零件雖多，但稍嫌老舊，我們可應用 Altium Designer 的廠商零件搜尋功能，連結到雲端，找尋最新、最合用的零件，並可取得其相關資料(datasheet)與單價等，讓我們的設計又快又時髦。

2-3-1　掛/卸零件庫

當我們要掛載零件庫或卸除零件庫時，則在零件庫面板上方，按 ▤ 鈕拉下選單，再選取 File-based Libraries Preferences…選項，即可開啟如圖(10)所示之對話盒。

圖(10)　掛/卸零件庫對話盒

其中包括三頁，**專案頁**與**系統頁**都是提供掛/卸零件庫的功能，操作方式類似，所不同的是：

- 在**專案頁**是所掛/卸該專案的零件庫，只針對該專案，而對其他專案沒有作用。

- 在**系統頁**是掛/卸整個系統適用的零件庫，所有設計專案都可取用。

以**系統頁**為例，在區塊裡所條列的是已掛載的零件庫，其中使用欄位的選項，可設定要不要使用該零件庫。若不勾選該選項，則該零件庫將不出現在零件面板裡。在對話盒下方的按鈕，如下說明：

- 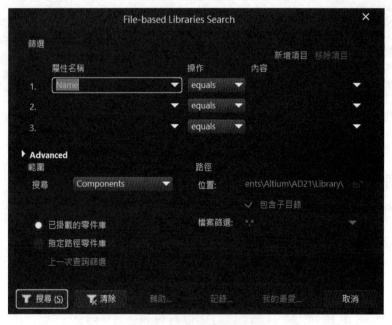上移(U)鈕的功能是將區塊中選取的零件庫往上移。

- 下移(D)鈕的功能是將區塊中選取的零件庫往下移。

- 掛載(I)...鈕的功能是掛載零件庫,按本按鈕後,在隨即出現的對話盒裡,指定所要掛載的零件庫即可。

- 卸除(R)鈕的功能是將區塊中選取的零件庫卸除,而其中的 Simulation Generic Components 零件庫屬於系統內部的,無法卸除。

搜尋路徑頁的功能是設定預設的零件庫搜尋路徑。

2-3-2　搜尋零件

當我們要搜尋零件時,則在零件庫面板上方,按■鈕拉下選單,再選取 File-based Libraries Search…選項,開啟如圖(11)所示之對話盒,其中包括三個區塊,如下說明:

圖(11)　搜尋對話盒

▶ 篩選區塊

本區塊提供篩選條件的設定，在預設狀態下，最多可設定三個篩選條件，若不夠，還可按 新增項目 項以新增篩選條件設定項目。每組篩選條件包括三個欄位，如下說明：

- 屬性名稱欄位設定所要篩選的屬性，最常用的是 Name 項，以零件名稱為篩選的關鍵；而 Footprint 項是以零件包裝名稱為篩選的關鍵等。

- 操作欄位設定搜尋的方法，按 equals ▼ 鈕拉下選單，其中包括下列選項：

  - equals 選項設定屬性名稱一定要與內容欄位所指定的名稱完全一樣，才符合搜尋條件。

  - contains 選項設定屬性名稱包含內容欄位所指定的名稱即符合搜尋條件。

  - starts with 選項設定只要屬性名稱的開頭與內容欄位所指定一樣，就符合搜尋條件。

  - ends with 選項設定只要屬性名稱的結尾與內容欄位所指定一樣，就符合搜尋條件。

- 內容欄位設定搜尋的關鍵字，其中可應用萬用字元 *、?。

▶ 範圍區塊

本區塊的功能是設定搜尋的對象與零件庫，其中各項如下說明：

- 搜尋右邊的 Components ▼ 鈕欄位設定所要搜尋的對象，按此鈕即可拉下選單，其中包括下列選項：

  - Components 選項設定搜尋一般的零件。

  - Footprints 選項設定搜尋 PCB 的零件包裝。

  - 3D Models 選項設定搜尋 PCB 的 3D 零件模型。

  - Database Components 選項設定搜尋專案資料庫裡的零件。

- 已掛載的零件庫選項設定從已掛載的零件庫中搜尋。

- 指定路徑零件庫選項設定從右邊路徑區塊中所設定的路徑搜尋。
- 上一次查詢篩選選項設定按前一次的搜尋條件，進行搜尋。

路徑區塊

本區塊的功能是指定篩選的路徑，不過，必須在範圍區塊裡選取指定路徑零件庫選項，本區塊才可設定。其中可在位置欄位中指定所要搜尋的路徑，而且可選取包含子目錄選項，以搜尋指定路徑及其下子目錄。另外，也可在檔案篩選欄位中，指定所要搜尋的檔案名稱。

搜尋零件實例演練

Altium Designer 提供的搜尋功能很好用，雖然預設三個篩選條件，但不一定要全部指定。在此將進行幾個練習。

在已掛載零件庫中搜尋

在此要在已掛載零件庫中搜尋含有 Footprint 的 IGBT 零件，在搜尋對話盒裡，按下列設定與操作：

- 第一個篩選條件：屬性名稱欄位設定為 Name，操作欄位設定為 contains，內容欄位設定為 IGBT。
- 第二個篩選條件：屬性名稱欄位設定為 Footprint，操作欄位設定為 starts with，內容欄位設定為 TO，也就是 TO 開頭的零件包裝。
- 範圍區塊裡保持搜尋 Components，並選取已掛載的零件庫選項。
- 按 搜尋(S) 鈕即進行搜尋，並將符合條件的零件，列於零件面板的 File Search 頁，如圖(12)所示，其中列出兩個符合條件的零件，我們可選取其中一個即可在其下區塊中，查看其 Footprint 是否符合需求？另外，也可直接取用其中的零件。

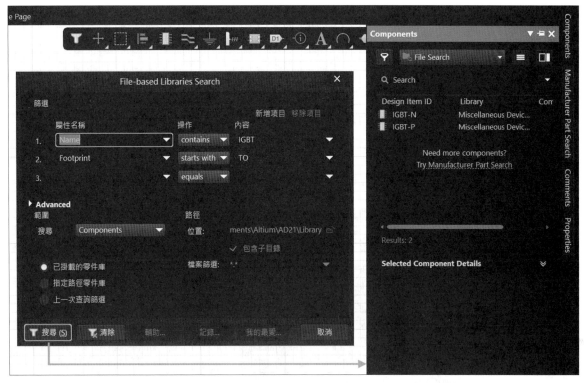

圖(12)　零件搜尋結果

搜尋指定零件庫

在此先將 Altium Designer 先前的零件庫(Libraries.zip)解壓縮，放置在 D:\Libraries 資料夾裡(尚未掛載)，然後搜尋含有電路模擬模組的 LM358 運算放大器(一個包裝裡含兩個運算放大器)。在搜尋對話盒裡，按下列設定與操作：

● 按 [🝖清除] 鈕清除先前的設定。

● 第一個篩選條件：屬性名稱欄位設定為 Name，操作欄位設定為 contains，內容欄位設定為 LM358。

● 第二個篩選條件：屬性名稱欄位設定為 Simulation，操作欄位設定為 contains，內容欄位設定為 LM358。

● 範圍區塊裡保持搜尋 Components，並選取指定路徑零件庫選項。

- 路徑區塊裡，將位置欄位設定為 D:\Librsries，也就是剛才 Libraries.zip 解壓縮後的位置。

- 按 ▼搜尋(S) 鈕即進行搜尋，並將符合條件的零件，列於零件面板的 File Search 頁，如圖(13)所示，其中列出兩個符合條件的零件。由於所搜尋的零件庫有數百個，要花一點點時間。若要中斷搜尋，可按零件面板的 Stop Search 鈕(搜尋中才會出現此按鈕)。

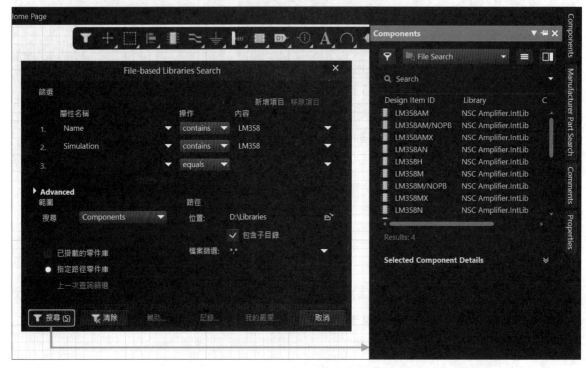

圖(13)　零件搜尋結果

2-3-3　搜尋廠商零件之一

搜尋廠商的零件之步驟如下：

1. 確定可以順暢連接網際網路。

2. 可在零件面板裡，選取任一個零件庫(包含 File Search)，在零件區塊裡
   拖曳到最下面，即可看到 Manufacturer Part Search 項，

3. 按 Manufacturer Part Search 項，即可開啟廠商零件搜尋(Manufacturer
   Part Search)面板，如圖(14)所示。

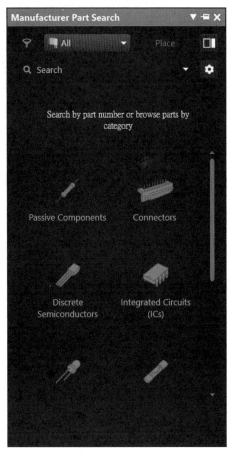

圖(14)　廠商零件搜尋面板

4. 在面板裡將零件區分為十類，以圖示化按鈕放置在中間，我們可依所需零件的種類，按其中的按鈕，以搜尋該類零件。若要細分類，可按上方的 ▣ All ▾ 鈕，拉下選單，其中各項如圖(15)說明。

圖(15) 零件分類選單

5. 若項目右邊有個 ▶，表示其下有細分類，按 ▶ 即可展開細分類，如圖(16)之左圖所示，展開 Discrete Semiconductors 類，再展開其下的 Thyristors 細分類。

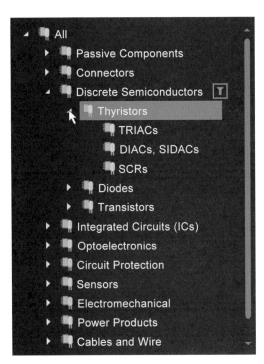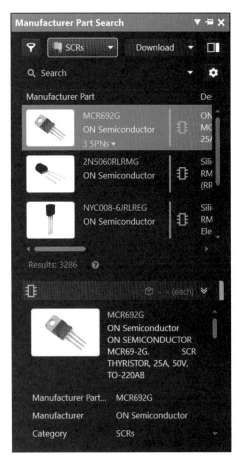

圖(16)　展開細分類(左)、搜尋到的零件(零件面板)

6. 例如要搜尋 SCR 零件,則選取 SCRs 項,即反應到面板,如圖(16)之右圖所示。上半部分為搜尋到的零件區塊,這個區塊以多個欄位的方式提供製造商零件資料(Manufacturer Part 欄位)、零件說明(Description 欄位)、零件分類(Category 欄位)、供應商資訊(Supply Info 欄位),我們可按 Manufacturer Part 欄位下方的 SPNs,以查詢有哪些供應商可供貨,及其庫存量與單價等。而在其中所選取的零件,其資料將顯示在下半部分,包括零件基本資料、零件符號圖、零件包裝圖、Datasheet 的連結、其他可替換的零件等。

7. 選定零件後，即可直接將他拖曳到編輯區，即可取用該零件。當然，最好要把他下載到我們的系統裡。只要按 Download ▾ 鈕，然後在隨即出現的另存新檔對話盒，指定檔名(即該零件名稱)，再按 存檔(S) 鈕關閉對話盒。

8. 完成下載後，將出現一個訊息對話盒，按 OK 鈕關閉之。而所下載的是個壓縮檔，若沒有指定存檔路徑，預設存放在 C:\使用者\公用\公用文件\Altium\AD21\Library\ExportIntLib 路徑。

9. 將此壓縮檔解壓縮，即可產生一個資料夾，其中包括零件庫專案(*.LibPkg)、電路圖零件庫檔案(*.SchLib)與電路板零件庫檔案(*.PcbLib)等三個檔案，詳見 9-1 節。

2-3-4　搜尋廠商零件之二

廠商零件搜尋面板上方的 Search 欄位(Q Search ▾)裡，可快速廠商零件搜尋，其操作步驟如下：

1. 在廠商零件搜尋面板上方按 All ▾ 鈕，指定所要搜尋零件的類別，若不知道所要搜尋的零件屬於哪一類，則選取 All 項。

2. 在 Search 欄位裡輸入所要搜尋的零件名稱，隨即搜尋該零件，並將搜尋到的零件，列在面板裡，以供後續應用。

2-4　電源符號與接地符號

電子電路需要連接電源，才能動作！在 Altium Designer 裡，很容易取用與放置電源符號或接地符號。

取用/放置電源符號

Altium Designer

　　電源符號與接地符號類似，都是連接特定網路名稱的符號。在 Altium Designer 裡，對於電源符號與接地符號的操作，幾乎完全一樣！而電源符號與接地符號各有多種不同的符號，以及操作的按鈕。按住慣用工具列裡的 鈕，即可拉下按鈕選單，其中為 Altium Designer 的電源符號與接地符號按鈕，如圖(17)所示，以供選用。

圖(17)　電源符號與接地符號按鈕選單

　　在電子電路上，常用的電源符號為 $\overset{\text{VCC}}{\top}$、接地符號為 $\underset{\text{GND}}{\perp}$。若要放置電源符號，可在慣用工具列裡按住 鈕拉下選單，再選取 鈕，則游標上將出現一個浮動的 $\overset{\text{VCC}}{\top}$，隨游標而動。此時可使用下列快速鍵：

- 按 ⬚⬚⬚⬚⬚ 鍵即可旋轉電源符號，每按一下 ⬚⬚⬚⬚⬚ 鍵，電源符號逆時針旋轉 90 度。

- 按 Tab↹ 鍵即可開啟此電源符號的屬性面板，如圖(18)所示。

- 按 Enter 鍵或滑鼠左鍵，即可於游標處放置一個電源符號。

- 按 Esc 鍵或滑鼠右鍵，結束放置電源符號。

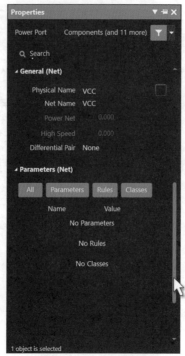

圖(18)　電源符號之屬性面板

其中包括四個區塊，如下說明：

Location 區塊

本區塊裡包括兩部分，如下說明：

- (X/Y)欄位為此電源符號的參考點座標，可直接修改之。

- Rotation 右邊的 `90 Degrees` 下拉鈕可設定電源符號的放置角度，可選擇 0 Degrees、90 Degrees、180 Degrees 或 270 Degrees。

Properties 區塊

本區塊裡包括四部分，如下說明：

- Name 欄位為此電源符號/接地符號的名稱(即網路名稱)，而欄位右邊的 鈕可設定是否在符號上顯示之。

- 預覽區塊的功能是顯示此電源符號。

- Styles 右邊的 Bar 下拉鈕提供電源符號/接地符號樣式的選擇，其中包括下列選項，如圖(19)所示。而在下拉鈕右邊的■鈕，可設定電源符號/接地符號的顏色。
    - Circle 選項設定採用圓頭電源符號。
    - Arrow 選項設定採用箭頭電源符號。
    - Bar 選項設定採用 T 型電源符號。
    - Wave 選項設定採用波浪狀電源符號。
    - Power Ground 選項設定採用電源接地符號。
    - Signal Ground 選項設定採用信號接地符號。
    - Earth 選項設定採用機殼接地符號。
    - GOST Arrow 選項設定採用 GOST 標準(俄羅斯國家標準)的箭頭電源符號。
    - GOST Power Ground 選項設定採用 GOST 標準的電源接地符號。
    - GOST Earth 選項設定採用 GOST 標準的機殼接地符號。
    - GOST Bar 選項設定採用 GOST 標準的 T 型電源符號。

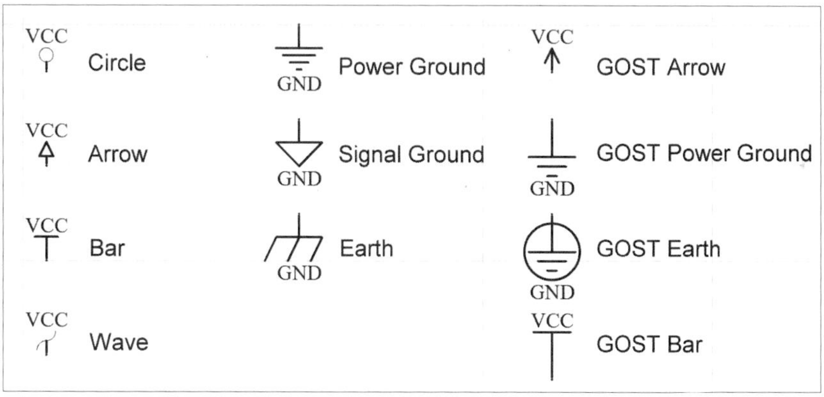

圖(19) 電源符號與接地符號

- Font 欄位為此電源符號/接地符號的名稱之樣式，其中各項如下說明：
    - T 鈕的功能是設定名稱之字型。
    - 10 鈕的功能是設定名稱之大小。

- ■ ▇鈕的功能是設定名稱之顏色。

- ■ B 鈕的功能是設定名稱採用粗體字。

- ■ I 鈕的功能是設定名稱採用斜體字。

- ■ U 鈕的功能是設定名稱加上字底線。

- ■ T 鈕的功能是設定名稱加上刪除線。

▶ General (Net)區塊

本區塊顯示為網路內容，實體名稱(Physical Name)、網路名稱(Net Name)、電源網路(Power Net)、高速線(High Speed)、差訊線對(Differential Pair)的設置狀態等，必須等待連接完成，構成網路，才會正確顯示。

▶ Parameters 區塊

本區塊的功能是為此電源符號設置/編輯參數，與零件參數裡的 Parameters 區塊一樣，可參考 2-6 頁，在此不贅述。

即時練習

接續圖(9)的即時練習(2-11 頁)，在其中放置電源符號與接地符號，如圖(20)所示：

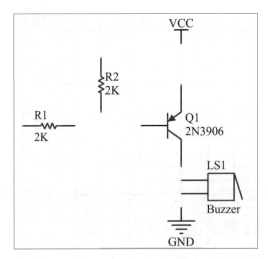

圖(20)　放置電源符號/接地符號練習範例

2-5　線路連接

在電路圖裡，導線(Wire)具有信號連接與傳遞的功能。當零件放置妥當，甚至電源/接地符號也都放好了，即可進行線路連接。而線路連接時，必須掌握一個重要的準則，就是「頭對頭」，也就是導線的端點一定要對準接腳的端點。當我們要連接線路時，可按 Ctrl + W 鍵或按 P 、 W 鍵，進入連接線路狀態，則游標的形狀改變為十字形上，稱為動作游標。指向接腳的**端點**，游標中間，接觸接腳**端點**位置的「×」變成紅色，表示可以正確連接，如圖(21)所示。按一下滑鼠左鍵，再移動游標，即可拉出線。

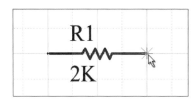

圖(21)　開始走線

支援多種轉角模式，而其 Altium Designer 預設的轉角模式為 90 度轉角，換言之，只能 90 度走線。每次轉彎時，按一下滑鼠左鍵，固定前一段線。

新增英文輸入法

在 Altium Designer 裡，有許多快速鍵的操作，與中文語言衝突，必須在英文語言模式才能運作。因此，我們必須在 Windows 系統裡，安裝英文語言，才能順利使用某些快速鍵。以 Windows 10 (21H1 版)為例，安裝英文語言的步驟如下：

1. 按 ⊞ 鈕拉出選單，選取其中的 ⚙ 項，開啟設定面板，如圖(22)所示。

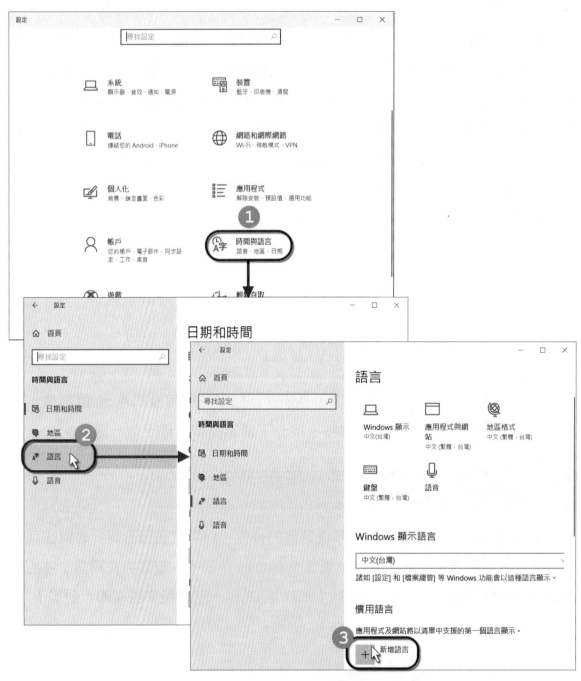

圖(22)　切換到語言頁

2. 選取時間與語言項(❶)，切換到時間與語言頁，然後在左邊選取語言項(❷)，切換到語言頁。再按新增語言項(❸)，開啟如圖(23)之左圖所示之對話盒。

圖(23) 進行安裝

3. 在上方欄位裡輸入英文(❶)，然後在其下選擇任一個國家的選項(❷)，再按 ┃ 下一步 ┃ 鈕(❸)切換到安裝語言功能對話盒，如圖(23)之右圖所示。

4. 在安裝語言功能對話盒裡按 ┃ 安裝 ┃ 鈕(❹)，即進行安裝，很快就安裝完成，並關閉對話盒，退回設定面板，如圖(24)所示。同時，螢幕右下方也多出一個 🔲 圖示，按此圖示拉出選單，即可選擇所要用的語言，如圖(25)所示。

圖(24) 安裝完成

圖(25) 切換語言

轉角模式

Altium Designer 提供四種轉角模式，如圖(26)所示。

直角轉角模式　　　45-90度轉角模式　　　任意角度模式　　　自動連接模式

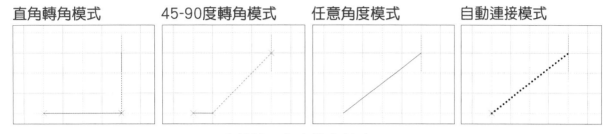

圖(26)　走線轉角模式

在連接線路時，確定已切換為英文語言模式，即可按 ⇧Shift + ⟨　　　⟩ 鍵改變走線之轉角模式，其切換順序，如圖(26)所示，由左到右(循環)。當然，連接線路時，若非必要，最好不要改變走線轉角模式保持為預設的 90 度轉角。而線路連接的原則是「轉角按一下滑鼠左鍵」。

若走線連接到另一個零件接腳的端點，或另一條導線上，按一下滑鼠左鍵，即可完成該線路，並自動結束該線路的連接，但仍在連接線路的狀態。我們可另尋新的起點，重新連接另一條線路，或按滑鼠右鍵結束線路連接。在線路「T」型連接處，將自動產生接點。

對於導線的粗細、顏色等屬性，都可以在其屬性面板裡修改。若要編輯其粗細、顏色，則指向該導線，快按滑鼠左鍵兩下，即可開啟其屬性面板，我們就可在其中的 Vertices 區塊裡，按 Small ▾ 鈕拉下選單選擇其線寬。雖然 Altium Designer 提供 4 種線寬(Smallest、Small、Medium 與 Large)，但強烈建議不要改變線寬，以免造成電路圖的混淆。而在 Small ▾ 鈕右邊的顏色鈕，可用來設定導線的顏色。

調整走線

　　若要調整走線，則先點選該線路，走線的各端點與轉角處，將出現控點，如圖(27)所示。

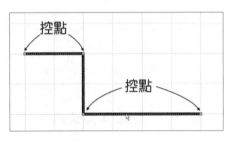

圖(27)　走線之控點

● **調整長度**：指向導線的端點控點，按住滑鼠左鍵不放，再以走線同方向移動，即可改變其長度。當長度適切後，放開滑鼠左鍵，即可完成調整。

● **調整轉角**：指向導線的轉角控點，按住滑鼠左鍵不放，再移動滑鼠，即可改變該轉角所連接之兩線段，而放開滑鼠左鍵，走線即為新的轉角方式，如圖(28)所示。

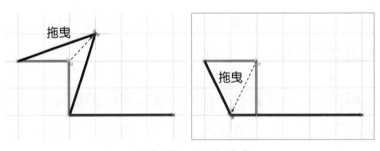

圖(28)　調整轉角

● **平移**：指向導線的<u>非</u>控點處，按住滑鼠左鍵不放，再移動滑鼠，即可平移該段線。

● **刪除走線**：若要刪除走線，則先點選該線路，再按 Del 鍵即可刪除之。

Altium Designer

即時練習

接續圖(20)的即時練習(2-26 頁)，按圖(29)所示連接線路：

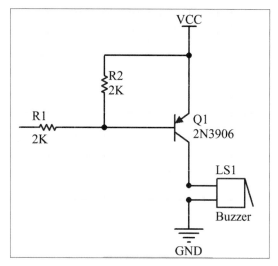

圖(29)　連接線路練習

在圖(29)裡的蜂鳴器(LS1)，為何其接腳上會出現接點？

請跟我這樣做：

1. 指向蜂鳴器，快按滑鼠左鍵兩下開啟其屬性面板。再按切換到 Pins 頁，
   如圖(30)所示。

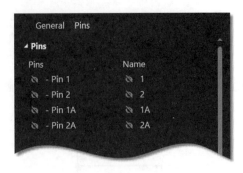

圖(30)　接腳頁

2. 在編輯區裡，LS1 蜂鳴器只有兩支接腳，而在 Pins 頁裡，出現 4 支接腳，
   分別是 1、1A、2、2A，這是專為表面黏著式與針腳式包裝通用的蜂鳴器
   而設計，1 與 1A 是同一支接腳(重疊在一起)、2 與 2A 是同一支接腳(重
   疊在一起)，1 與 2 是表面黏著式包裝的接腳，1A 與 2A 是針腳式包裝的
   接腳。

3. 指向 Pins 頁裡的區塊之任一支接腳，按滑鼠右鍵拉下選單，再選取 Edit
   Pins 選項，即可開啟接腳編輯器，如圖(31)所示。

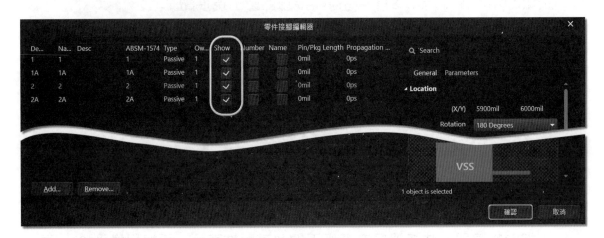

圖(31)　接腳編輯器

4. 若在此要使用針腳式包裝，則在 Show 欄位裡取消 1 與 2 接腳選項。然
   後在按　確認　鈕關閉接腳編輯器，則在編輯區裡，該零件接腳上的接點
   也將消失。

2-6 基本編輯技巧

Altium Designer 提供許多編輯技巧，以提昇編輯效率，在此收集幾個常用的編輯技巧。

復原與取消復原

操作難免有錯！若要取消前次的操作，也就是復原(Undo)，可按視窗左上方的 ⬅ 鈕或按 Ctrl + Z 鍵，即可取消前次操作。相對於復原，則為恢復前次的操作，即取消復原(Redo)，可直接按視窗左上方的 ➡ 鈕或按 Ctrl + Y 鍵。

選取與取消選取

對於電路設計或一般 CAD 的操作而言，「選取」是很重要的動作，若要對某圖件操作，必先選取該圖件。而選取的方法很多，如下說明：

- 點選：當我們要選取圖件時，最簡單的方法是「點取」，指向所要選取的圖件主體，按一下滑鼠左鍵，即可選取之，而該圖件將出現選取線。而點選下一個圖件時，先前選取圖件將自動取消選取狀態。
若要點選多個圖件，可按住 ⇧Shift 鍵，再一一點選所要的圖件。

- 拖曳選取：拖曳選取的方向將影響選取結果！若由右而左拖曳，則只要有涵蓋的圖件，不必完全包含整個圖件，都將被選取。若由左而右拖曳，範圍必須完整包含圖件主體。若主體未被完整包含將無法被選取，如圖(19)所示，左圖未完整包含零件接腳，所以選取失敗；中間圖未完整包含零件接腳，但完整包含零件序號，所以只有零件序號被選取。右圖則包含完整圖件主體，屬於成功的選取。

- 取消選取：指向編輯區的空白處，按滑鼠左鍵即可。

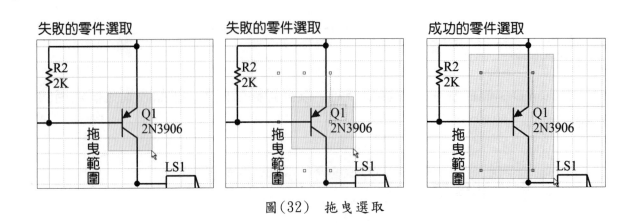

圖(32) 拖曳選取

簡單連接線路

雖然 Altium Designer 提供的正規連接線路方法，已經很簡單了。但還有其他更好用的方法，如下：

● **接觸拖曳法**：將其中一個零件拖曳到另一個零件旁邊，讓它們的接腳頭對頭接觸後放開左鍵；再重新將零件拖曳開，兩接腳間即可連接線路，如圖(33)所示。

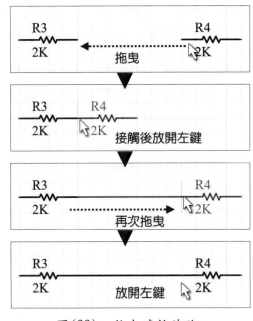

圖(33) 拖曳連接線路

● 零件切開線路法：在一條線路上要插入一個零件，形成串聯電路。如圖
　(33)所示，將 R5 電阻器拖曳到線路上，放開滑鼠左鍵後，R5 電阻器將
　切除其下線路而形成串聯。

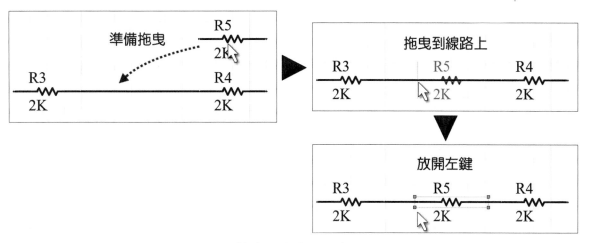

圖(34)　零件切除線路

搬移零件

若要搬移零件，直覺地就以拖曳的方式搬移之。若零件接腳已連接其他線
路，拖曳搬移零件時，仍會保持連接，而看起來有點亂，如圖(35)所示。

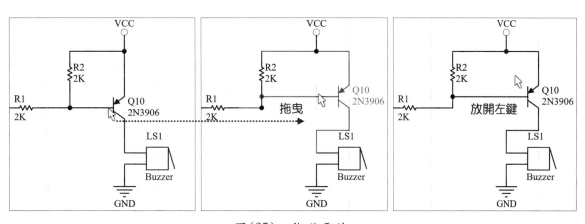

圖(35)　搬移零件

若要搬移零件，而希望斷開原本的連接，則必須先按住 Ctrl 鍵不放，再拖
曳零件。

簡單複製

在 2-2 節的即時練習裡，取用兩個電阻器。對於 Miscellaneous Devices.IntLib 零件庫所提供的電阻器、電容器、電感器等，預設同時顯示零件序號、Value 與 Comment，如圖(36)所示。其中 Value 是用在電路模擬的零件值參數，而 Comment 常被作為零件值之標註(沒有電氣作用)。如此將很容易搞混，若非電路模擬，Value 常設定為不顯示。如果每次取用這類零件(非連續取用)的話，每次都要關閉 Value、設定 Comment 的內容，就很麻煩！

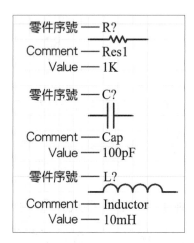

圖(36)　Miscellaneous Devices.IntLib 零件庫裡的被動零件

我們可從零件庫取用並編輯其屬性，之後若還要使用相同的零件，就直接在編輯區裡，快速複製其中的零件。如圖(37)所示，若要快速複製其中的 R5 電阻器，則先按住 ⇧Shift 鍵，再拖曳 R5 電阻器，即可複製一個電阻器，這個電阻器的零件序號，可能是 R6，也可能是 R?。這與設定有關，啟動[工具]/[電路圖操控設定]命令開啟操控對話盒，如圖 2-38 所示。在 Graphical Editing 頁裡，若選取貼上的時候重置零件序號選項，則複製的結果零件序號將是 R?；若沒有選取貼上的時候重置零件序號選項，則複製的結果零件序號將是 R6。

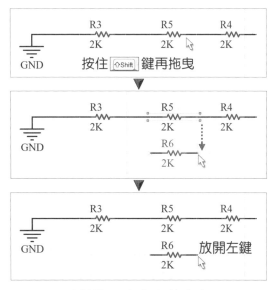

圖(37)　快速複製零件

圖(38)　操控設定

2-7 後續作業

當線路連接完成後，電路圖也逐漸成形。不過，在剛接觸 Altium Designer 之際，電路也不要太複雜，而把重點要放在整個操作程序。若電路繪製完成後，緊接著下列後續作業：

存檔與編譯

「存檔」是一件直覺的反射動作，隨時隨地按 Ctrl + S 鍵即可存檔。至於「編譯」，就像是在寫程式一樣，「編譯」動作就是將編輯區裡的資料、符號等，轉譯成程式看得懂的碼。若有不符合規則之處，程式將提出警告或錯誤訊息。對於電路圖設計而言，「編譯」動作所進行的規則檢查，就是電氣設計規則檢查(Electrical Rule Chech，簡稱 ERC)，若符合電氣設計規則，該電路圖不見得可以做為後續設計之用；但不符合電氣設計規則，該電路圖將不可以做為後續設計之用。Altium Designer 提供即時 ERC，隨時檢查電路有沒有錯誤，例如有重複的零件序號(包括未編序)，則標示紅色的波浪線，表示有問題！如圖(39)所示。

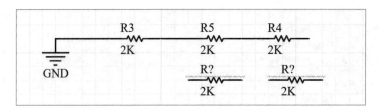

圖(39) ERC 即時電氣檢查錯誤

改變圖紙大小

相對於整張圖紙，在此所繪製的電路很小，如圖(40)所示。若要列印電路圖，則電路圖的部分將會很小，所以必須改變圖紙的大小，讓電路圖成為圖紙裡的大部分，印出的電路圖，電路的部分才會變大。

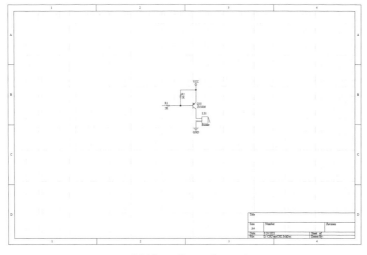

圖（40）　整張電路圖紙

若要設定圖紙大小時，先按 [Ctrl] + [A] 鍵選取所有圖件，在指向其中任一個圖件，按住滑鼠左鍵不放，將他拖曳到圖紙的**左下方**。指向編輯區之空白處，按滑鼠左鍵，取消選取(相當於選取圖紙)，然後按視窗右邊的 Properties 標籤，開啟屬性面板，其中的 Page Options 區塊，並按 [Custom] 鈕切換到自定頁，如圖(41)所示，其中各項如下說明：

圖（41）　圖紙屬性面板之 Page Options 區塊

- [Template] 鈕的功能是切換到樣板頁，後續製作圖紙樣板時再介紹。

- [Standard] 鈕的功能是切換到標準圖紙頁。

- [Custom] 鈕的功能是切換到自定圖紙頁，如圖(41)所示。

- Width 欄位為圖紙寬度，在此將設定為 3000mil。

- Height 欄位為圖紙高度，在此將設定為 2500mil。

- Orientation 右邊的 [Landscape ▼] 下拉鈕可選擇橫向圖紙(Landscape) 或直向圖紙(Portrait)，在此保持不變。

- Title Block 選項設定是否使用標準的標題欄，在此不使用標題欄，所以取消此選項。

- [Standard ▼] 鈕為標準標題欄的選擇欄位，在此不使用標題欄，所以不必選擇。

隨著設定，即時反應到編輯區，如圖(42)所示。

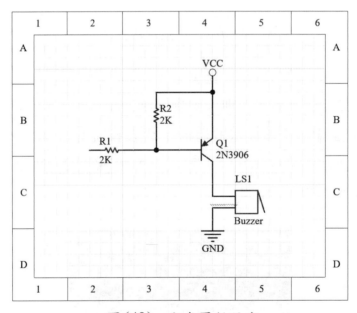

圖(42) 完成圖紙設定

在電路圖中，Buzzer 的一支接腳連接接地符號，但出現紅色波浪線，表示有錯誤。由於接地符號不是零件，只是一個具有 GND 網路名稱的符號，而整張電路圖裡並沒有出現其他接地符號。因此 Buzzer 的這支接腳並沒有連接到任何地方，也就是單支接腳的網路，在電氣規則上，視為錯誤。在本電路只是為了練習繪製電路圖，而不深入探討此電路的可行性，所以可忽略這個錯誤訊息。

為了解決這個問題，我們可在這支接腳上放置不檢查符號(✕)，即可消除錯誤記號。按住慣用工具列裡的 ⊙ 鈕拉下選單，再選取 ✕ 通用不檢查符號 (N) 項，則游標上將出現浮動的不檢查符號(✕)，指向 Buzzer 的這一支接腳之端點，按滑鼠左鍵，即可放置一個不檢查符號，如圖(43)所示，再按滑鼠右鍵結束放置不檢查符號。

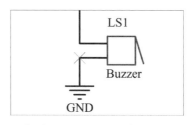

圖(43)　放置不檢查符號

列印

Altium Designer

若要列印電路圖，最簡單的方法是啟動[檔案]/[列印]命令或 Ctrl + P 鍵，開啟如圖(44)所示之列印對話盒，再按 確認 鈕即可列印。

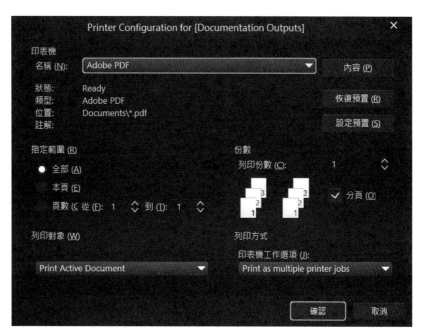

圖(44)　列印對話盒

產生零件表

在電路設計之中，零件表(Bill of Materials，簡稱 **BOM**)是很重要的資料。在 Altium Designer 裡，若要產生零件表，最簡單的方法是啟動[報告]/[Bill of Materials]命令，開啟如圖(45)所示之對話盒。選取右下方的 Add to Project 選項，再按 Export... 鈕輸出零件表，最後按 OK 鈕關閉對話盒。

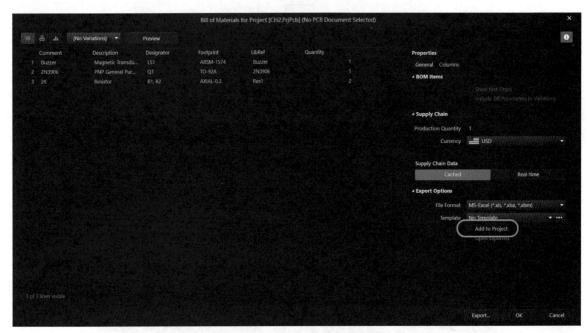

圖(45) 零件表對話盒

在專案資料夾裡的 Project Outputs for CH2 資料夾，即可找到 CH2.xlsx 零件表檔案(Excel 檔)。

2-8　本章習作

1　試述最基本的電路繪圖包括哪些動作？

2　試述如何從視窗右邊的標籤列中，打開零件庫面板？萬一視窗右邊的標籤列中，零件庫標籤消失了，應如何處理？

3　試說明如何掛/卸零件庫？

4　試述取出零件後，在浮動狀態下，如何旋轉、翻轉該零件？

5　試述如何放置電源符號？而 Altium Designer 提供哪幾種電源符號接地符號？

6　試說明在 Altium Designer 裡導線的轉角模式有哪幾種？

7　在連接線路時，若要切換轉角模式，應如何操作？

8　在 Altium Designer 裡，若要復原前一次操作，應如何操作？

9　試說明如何改變 Altium Designer 的電路圖圖紙設定？

10　試說明在 Altium Designer 裡，如何列印電路圖？

11　請按圖(46)～(50)練習繪製電路圖。

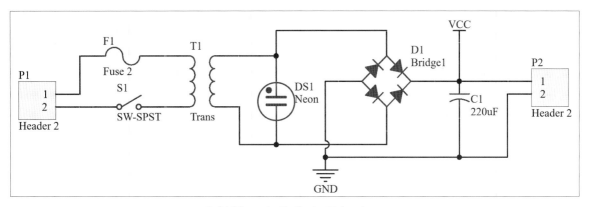

圖（46）　練習電路圖（一）

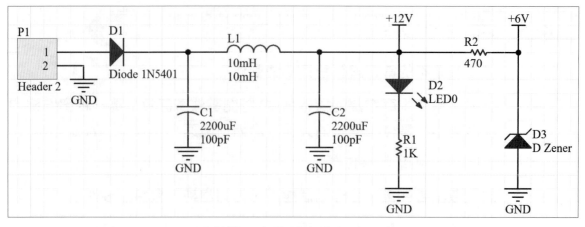

圖(47) 練習電路圖(二)

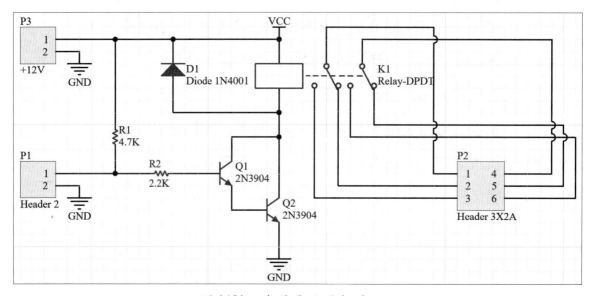

圖(48) 練習電路圖(三)

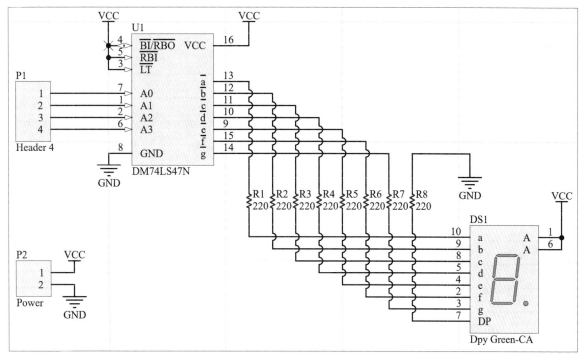

圖(49)　練習電路圖(四)

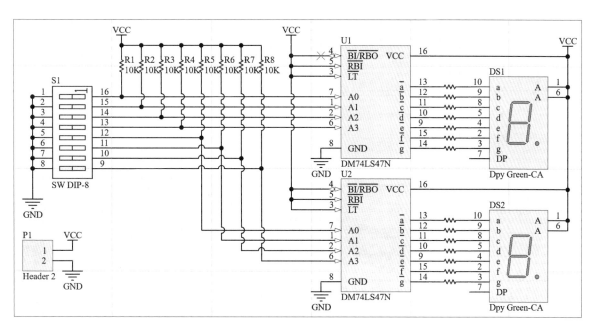

圖(50)　練習電路圖(五)

心得筆記

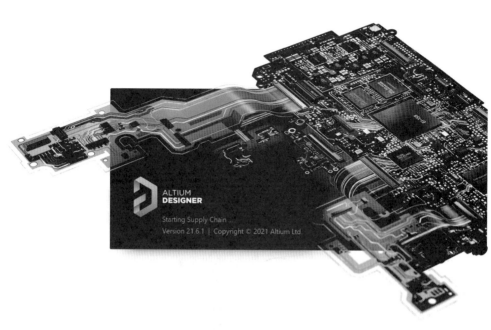

第 3 章

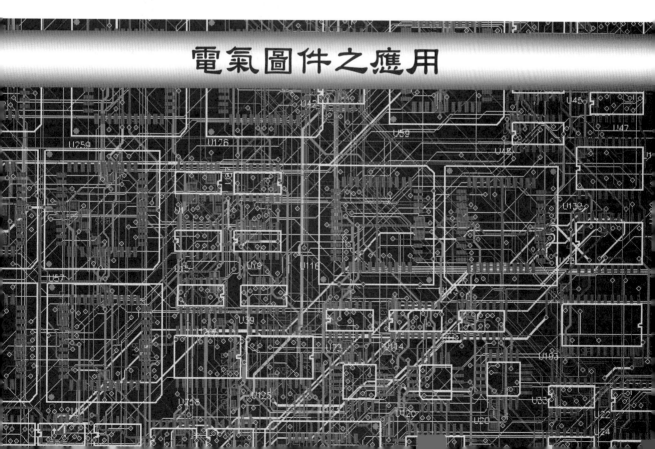

電氣圖件之應用

3-1　網路名稱之應用

在 Altium Designer 裡，建構電氣連接關係的方法很多，例如在第 2 章裡，以導線連接線路的方法，就是最常用的方法。另外，電源符號、接地符號等則是以圖形(符號)來代表網路(net)，只要網路名稱相同的兩個端點(導線)，就代表其間的電氣相連，而不管是否有實際的導線連接存在。所以，利用相同的網路名稱做為線路連接之用，就像是「無線連接」，讓電路圖更簡潔、更易懂。

當我們要放置網路名稱(Net Label)時，則按慣用工具列上的 Net 鈕或按 P 、 N 鍵，游標上將出現一個浮動的網路名稱。這個網路名稱可能不是我們所要的，可按 Tab 鍵開啟其屬性面板，如圖(1)所示，如下說明：

圖(1)　網路名稱屬性面板

- Rotation 右邊的下拉鈕可設定該網路名稱擺置的方向，其中包括 4 個選項，分別是 0 Degrees、90 Degrees、180 Degrees 及 270 Degrees。

- Net Name 欄位為該網路名稱的名稱，我們可直接輸入/修改，若要選用編輯區裡已存在的網路名稱，可按右邊的 ▼ 鈕拉下選單，以選取之。

- ⬛▼ 鈕的功能是設定網路名稱的字型。

- 10 ▼ 鈕的功能是設定網路名稱的文字大小，並可按其右邊的色塊，以設定文字顏色。

- ● ⓑ鈕的功能是設定網路名稱採用粗體字。

- ● ⓘ鈕的功能是設定網路名稱採用斜體字。

- ● ⓤ鈕的功能是設定網路名稱加底線。

- ● ⓣ鈕的功能是設定網路名稱加刪除線。

- ● Justification 右邊的位置按鈕群，可設定該網路名稱對齊的位置。

完成編輯後，按⏸鈕關閉屬性面板，再移至所要放置的位置，按滑鼠左鍵即可固定於該處，而游標上仍有一個浮動的網路名稱。我們可繼續放置網路名稱，或按滑鼠右鍵，即可結束放置網路名稱。

請特別注意，網路名稱必須放置在導線上，或接腳端點上，不可單獨存在！

3-2　匯流排圖件之應用

匯流排(Bus)是將多條信號性質相似的信號線，結合在一起，以執行某一個目的的信號線集，例如 8 位元的資料匯流排，就是傳遞 8 位元資料信號；而 16 位元的位址匯流排，就是傳遞 16 位元位址信號。

在電路圖裡，匯流排是一個系統，由多個組件所構成的系統，用於快速、簡化電路圖意的表達，不但可使我們能一眼看懂電路圖。繪製時，也使電路簡明扼要。如圖(2)所示為簡單的 8 位元匯流排，不過，看起來眼花撩亂，繪製時，更是大費周章！

在圖(2)裡，從 U1 的 P00～P07 等 8 條線，連接到 U3 的 Q0 到 Q7，就是 8 位元匯流排；而看似壯觀的線路，畫起來可費力、看起來也費神！若改採用匯流排系統的方式，如圖(3)所示，很明顯地，簡單明瞭多了！

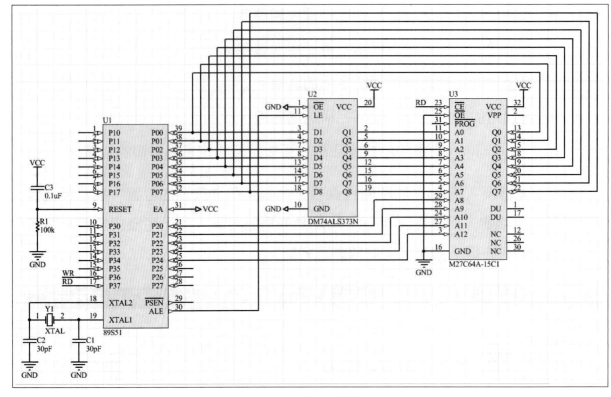

圖(2) 傳統繪製法

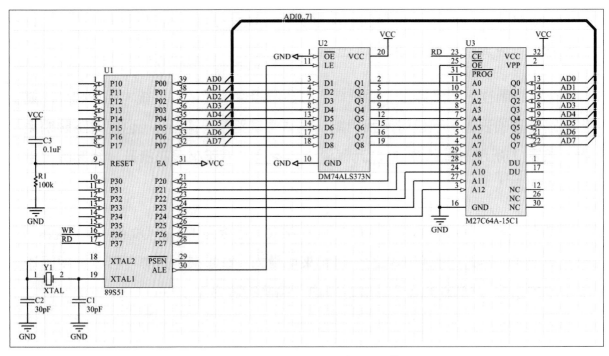

圖(3) 應用匯流排系統繪製

如圖(4)所示之匯流排系統，包含下列組件：

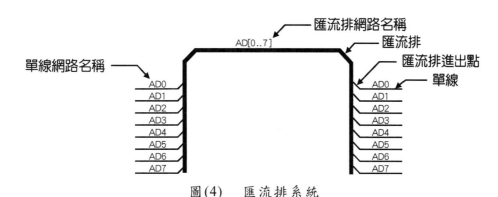

圖 (4)　匯 流 排 系 統

匯流排與單線

繪製匯流排的方法與繪製導線的方法一樣，只是匯流排比較粗。而在匯流排系統裡的單線，就是導線 Wire。當我們要繪製匯流排時，可按慣用工具列上的 鈕或按 P 、 B 鍵，然後指向所要繪製匯流排的起點，按滑鼠左鍵，即可開始走線，轉彎之前，按一下滑鼠左鍵；到達終點後，先按一下滑鼠左鍵，再按一下滑鼠右鍵，即完成該匯流排。

匯流排進出點

單線進入匯流排的端點，就是匯流排進出點。當我們要放置匯流排進出點時，可按慣用工具列上的 鈕或按 P 、 U 鍵，游標上將出現一個浮動的匯流排進出點。這時候，可按 鍵改變匯流排進出點的方向，然後指向所要放置匯流排進出點的位置，按滑鼠左鍵，即可於該處放置一個匯流排進出點。我們可繼續放置匯流排進出點，或按滑鼠右鍵，即可結束放置匯流排進出點。

匯流排網路名稱與單線網路名稱

不管是匯流排還是單線，在其上放置網路名稱的方式完全一樣。不過，匯流排上的網路名稱，與單線上的網路名稱有相對關係。匯流排上的網路名稱包括名稱與範圍兩部分，如下：

AD[0..7]

匯流排名稱　　範圍

單線上的網路名稱則包括也有名稱與序號兩部分，名稱必須與匯流排名稱一樣，序號則須在匯流排網路名稱裡所指定範圍之內。

即時練習

Altium Designer

請按圖(5)繪製匯流排系統。

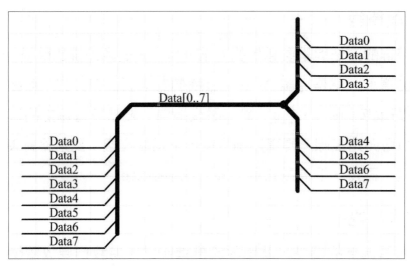

圖(5)　　匯流排系統繪製練習範例

3-3 智慧型貼上之應用

對於重複性較高的操作，Altium Designer 提供較有效率的工具，以剛才的匯流排系統而言，Data0～Data7 等 8 條單線、8 個匯流排進出點及 8 個網路名稱，有點麻煩！若使用智慧型貼上功能，則可快速達成目的，如下操作：

1. 在編輯區裡繪製一條導線，並在導線上，放置一個 Data0 網路名稱。最後，在導線右端，放置一個匯流排進出點。

2. 拖曳選取這一組圖件(完整包含導線、網路名稱與匯流排進出點)，再按 Ctrl + X 鍵剪下這組圖件。

3. 啟動[編輯]/[智慧型貼上]命令，或按 ⌨Ctrl + ⇧Shift + V 鍵，開啟如圖(6) 所示之對話盒，其中各項如下說明：

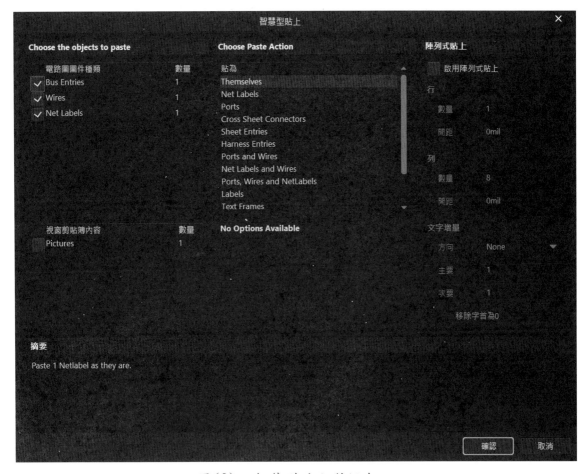

圖(6)　智慧型貼上對話盒

- 在對話盒左邊的 Choose the objects to paste 區塊，其中為剛才剪下/ 複製的圖件，我們可設定是否全部都貼上，或將取消部分圖件。

- 在對話盒中間的 Choose paste Action 區塊裡列出「如何貼」的選項， 其中各選項如下說明：

  ■ Themselves 選項設定貼上原本圖件，而不改變圖件類型。

  ■ Net Labels 選項設定貼為網路名稱，也就是改變為網路名稱。

- Ports 選項設定貼為輸出入埠，也就是改變為輸出入埠。而輸出入埠提供電路的輸出入端點，若把電路圖視為一個零件，則輸出入埠就是其接腳，待第 4 章再詳細說明。

- Cross Sheet Connectors 選項設定貼為頁末連接器，也就是改變為頁末連接器。頁末連接器提供電路圖頁之間的信號連接關係，待第 4 章再詳細說明。

- Sheet Entries 選項設定貼為電路方塊圖進出點，也就是改變為電路方塊圖進出點。

- Harness Entries 選項設定貼為功能束線進出點，也就是改變為功能束線進出點。

- Ports and Wires 選項設定貼為輸出入埠與導線，也就是改變為輸出入埠與導線。

- Net Labels and Wires 選項設定貼為網路名稱與導線之組合，也就是改變為網路名稱與導線之組合。

- Ports, Wires and NetLabels 選項設定貼為輸出入埠、導線與網路名稱之組合，也就是改變為輸出入埠、導線與網路名稱之組合。

- Labels 選項設定貼為文字列，也就是改變為文字列。

- Text Frames 選項設定貼為文字框，也就是改變為文字框。

- Notes 選項設定貼為備註，也就是改變為備註。

- Harness Connector 選項設定貼為功能束線連接器，也就是改變為功能束線連接器。

- Harness Connector and Port 選項設定貼為功能束線連接器與輸出入埠，也就是改變為功能束線連接器與輸出入埠。

- Code Entries 選項設定貼為程式碼區塊的進出點，也就是改變為程式碼區塊的進出點。

● 在對話盒右邊的陣列式貼上區塊的功能是設定陣列式貼上的參數，選取最上面的陣列式貼上選項，才能進行陣列式貼上的動作，其下選項才能設定，如下說明：

- 行區塊提供 X 軸方向的參數定義，其中包括**數量**欄位與**間距**欄位，**數量**欄位定義 X 軸方向貼上幾組圖件，而**間距**欄位則定義 X 軸方向各組圖件之間距，由左而右為正、由右而左為負。

- 列區塊提供 Y 軸方向的參數定義，其中包括**數量**欄位與**間距**欄位，**數量**欄位定義 Y 軸方向貼上幾組圖件，而**間距**欄位則定義 Y 軸方向各組圖件之間距，由下而上為正、由上而下為負。

- **文字增量**區塊提供所要貼上圖件中的數字安排方式，如下說明：

  - 方向欄位提供每組之間的數字自動遞增方式，其中包括三個選項，**None** 選項設定不遞增。Horizontal First 選項設定先水平方向遞增，在垂直方向遞增，以 4 行 2 列的陣列式貼上為例，其遞增方式如圖(7)之左圖所示。Vertical First 選項設定先垂直方向遞增，在水平方向遞增，以 4 行 2 列的陣列式貼上為例，其遞增方式如圖(7)之右圖所示。

  - 主要欄位提供每組之間的主要數字自動遞增量，在電路繪圖裡，通常用在零件序號上的遞增。

  - 次要欄位提供每組之間的次要數字自動遞增量，在電路繪圖裡不會被用到，通常用在零件編輯上，如接腳序號與接腳名稱上，而數字同時需要遞增。

  - 移除字首為 0 選項設定當數字字首為 0 時，將自動移除之。

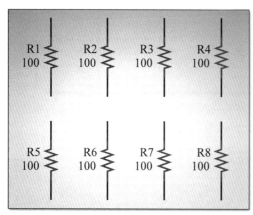
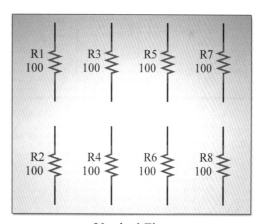

圖(7)　遞增順序圖例

在本範例裡，只要設定下項目即可：

1. 在對話盒中間的 Choose paste Action 區塊裡，保持選取 Themselves 選項。

2. 選取陣列式貼上選項。

3. 在行區塊裡，數量欄位保持為 **1**、間距欄位保持為 **0**。

4. 在列區塊裡，數量欄位改為 **8**、間距欄位保持為 **-10**。

5. 在文字增量區塊裡，方向欄位指定為 Horizontal First 選項或 Vertical First 選項都可以。而在主要欄位保持為 **1**。

完成設定後，按 ▇確認▇ 鈕關閉對話盒，則游標上將出現這 8 組圖件，並隨游標而浮動。移至適切位置，按滑鼠左鍵即可固定於該處。

即時練習

請應用智慧型貼上的技巧，繪製圖(8)之電路。

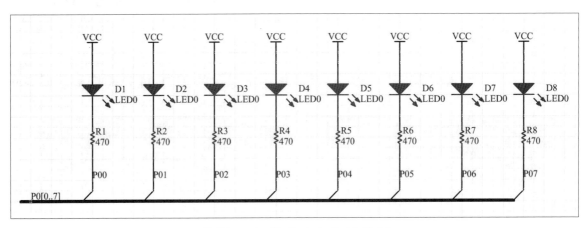

圖(8)　智慧型貼上練習範例

3-4　標題欄之應用

標題欄(Title Block)的功能是記載該電路圖的相關資料，如圖(9)所示為 Altium Designer 預設的標題欄(空的)，其中各項如下說明：

Title		
Size A4	Number	Revision
Date:	8/21/2021	Sheet of
File:	D:\CH3\myCh3.SchDoc	Drawn By:

圖(9)　　標題欄

- Title 欄位為圖名欄位，其中記載此電路圖的圖名(中英文皆可)。

- Size 欄位為圖紙尺寸，程式自動依據實際圖紙尺寸而設置的。當然，必須使用標準圖紙，才會正確顯示。

- Number 欄位為文件號碼欄位，通常是公司登錄的文件號碼。

- Revision 欄位為版本欄位，其中記載該電路圖的版本。

- Date 欄位為日期欄位，程式自動填入當天的日期。

- Sheet 欄位為第幾張圖號欄位，其右邊的 of 欄位為圖之總數量。

- File 欄位為檔名欄位，程式自動依據該電路圖圖檔所在路徑與檔名所填入的。

- Drawn By 欄位為繪圖者欄位，其中記錄是由何人所繪製的。

當我們要填入其中的資料時，可有兩種方式，如下說明：

格點切換

Altium Designer

在編輯區裡，格點間距影響圖件擺放的位置與流暢度。在預設狀態下，單位為 mil，格點間距為 100mil。放置物件時，每移動一格就是移動 100mil，適合於

電氣圖件的操作。由於零件上的接腳按 100mil 的格點放置,只有將格點間距設定為 100mil,才能快速有效的進行電氣連接。

對於非電氣圖件的擺放,100mil 的格點間距似乎大了一點,擺放非電氣圖件時,特別是在填寫標題欄的內容,感覺卡卡的。若要切換格點間距時,可直接按 G 鍵,每按一次 G 鍵,格點間距按 100mil➔50mil➔10mil 的順序循環切換。當格點間距為 10mil 時,填寫標題欄的內容,就順暢多了!另外,在放置或搬移時,按住 Ctrl 鍵,可暫時脫離格點的束縛,也是蠻好用的。

注意:記得,填寫完畢後,請將格點間距恢復為 100mil,才不會造成困擾!

放置文字列

基本上,文字列與網路名稱在屬性與操作方式,都非常類似,唯一不同的是網路名稱具有電氣功能,但文字列沒有電氣功能。若要在編輯區裡放置文字列,可按慣用工具列上的 **A** 鈕或按 P 、 T 鍵進入放置文字列狀態,游標上附上一個浮動的文字列。這時候,可按 Tab 鍵開啟其屬性面板,而其屬性面板與網路名稱的屬性面板類似,詳見 3-2 頁。而在 Properties 區塊裡,有兩個欄位:

● Text 欄位為此文字列的內容,包括自行輸入的文字(可使用中文)或特殊字串,按右邊的 ▼ 下拉鈕,即可拉出內建的特殊字串之選單,這些特殊字串以「=」為開頭,如表(1)所示。

表(1) 特殊字串

特殊字串	說明
=Address1	地址欄 1
=Address2	地址欄 2
=Address3	地址欄 3
=Address4	地址欄 4
=Application_BuildNumber	Altium Designer 建構號碼
=ApprovedBy	認證者
=Author	作者(設計者)

表(1)　特殊字串(續)

特殊字串	說明
=CheckedBy	檢查者
=CompanyName	公司名稱
=CurrentDate	目前的日期(列印日期)(自動取自電腦系統)
=CurrentTime	目前的時間(列印時間)(自動取自電腦系統)
=Date	日期
=DocumentFullPathAndName	檔案名稱與路徑(自動取自專案)
=DocumentName	文件名稱(檔案名稱)(自動取自專案)
=DocumentNumber	文件號碼
=DrawnBy	繪圖者
=Engineer	設計工程師
=ImagePath	圖檔路徑
=Item	項目
=ItemAndRevision	項目與版本
=ItemRevision	項目版本
=ItemRevisionBase	項目版本 Base
=ItemRevisionLevel1	項目版本 Level1
=ItemRevisionLevel1AndBase	項目版本 Level1 與 Base
=ItemRevisionLevel2	項目版本 Level2
=ItemRevisionLevel2AndLevel1	項目版本 Level1 與 Level2
=ModifiedDate	修改日期(自動取自專案)
=Organization	組織(單位)
=PCBConfigurationName	電路板組態名稱
=ProjectName	專案名稱(自動取自專案)
=Revision	電路圖之版本
=SheetNumber	第幾張圖(自動取自專案)
=SheetTotal	圖之總數(自動取自專案)
=Time	時間
=Title	圖名
=VariantName	變異名稱
=VersionControl_ProjFolderRevNumber	版本控制之專案資料夾版本編號
=VersionControl_RevNumber	版本控制之版本編號

● URL 欄位可為此文字列設置連結的網址，讓此文字列可連結該網址。

完成文字列內容之編輯後，按⏸鈕關閉屬性面板，再移至所要放置的位置，按滑鼠左鍵即可固定於該處，而游標上仍有一個浮動的文字列。我們可繼續放置文字列，或按滑鼠右鍵，即可結束放置文字列。

參數式填寫標題欄

參數式填寫標題欄的操作分為兩個階段：

- 在編輯區的標題欄裡，放置特殊字串，如圖(10)所示，並設定其文字字型、大小與顏色。

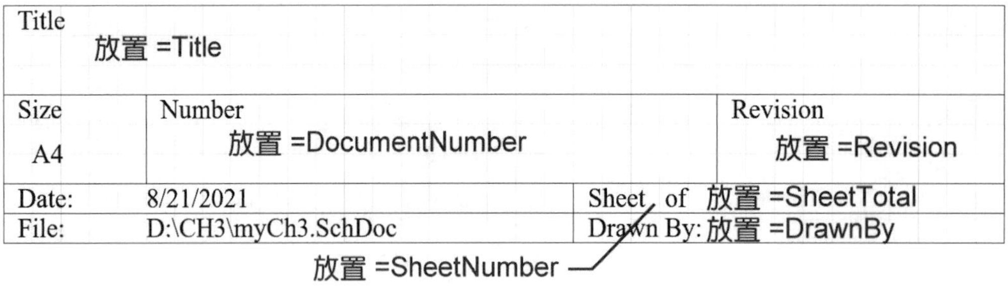

Title 放置 =Title		
Size A4	Number 放置 =DocumentNumber	Revision 放置 =Revision
Date: 8/21/2021		Sheet of 放置 =SheetTotal
File: D:\CH3\myCh3.SchDoc		Drawn By: 放置 =DrawnBy

放置 =SheetNumber

圖(10) 標題欄內的特殊字串

- 在圖紙屬性面板的 Parameters 頁裡，設定特殊字串的內容。以圖(10)為例，將 Title 參數的 Value 定義為「天啊！我的測試電路」，DocumentNumber 參數的 Value 定義為「天字第 101 號」，Revision 參數的 Value 定義為「A」，DrawnBy 參數的 Value 定義為「王小明」。而其他參數都不必輸入或修改，即可立即反應到編輯區上的標題欄，如圖(11)所示。

Title 天啊！我的測試電路		
Size A4	Number 天字第101號	Revision A
Date: 8/21/2021		Sheet 1 of 1
File: D:\CH3\myCh3.SchDoc		Drawn By: 王小明

圖(11) 完成標題欄的填寫

　　或許有人會覺得「面板」有點大、有點死板！還好，對於已放置好的圖件，只要指向該圖件主體，快按滑鼠左鍵兩下，即可開啟其屬性對話盒，以文字列為例，其屬性對話盒，如圖(10)所示，先前版本的方便與手感又回來了！我們又可在熟悉的屬性對話盒裡編輯其屬性。

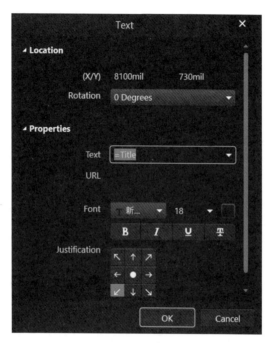

圖(12)　文字列屬性對話盒

非參數式的填寫標題欄

　　非參數式的填寫標題欄的操作，就是以文字列填寫標題欄，而不透過參數。整個操作與參數式填寫標題欄一樣，但所填入的是文字而非參數。如此一來，就可省略在圖紙屬性面板的 Parameters 頁裡輸入參數內容的操作。

3-5   實用的操控設定

截至目前，我們都是在 Altium Designer 預設的狀態下操作，實際上，針對不同設計需求、不同操作習慣，Altium Designer 提供難以數計的功能設定！雖然設定項目很多，但千萬不要造成負擔，只要對我們有幫助的功能設定，或常用的功能設定，才認真研究，其他的設定，暫時當它不存在。

3-5-1   一般設定頁－General

圖(13)   操控設定對話盒-General 頁

當我們要進行電路圖相關的操控設定時，則啟動[工具]/[電路圖操控設定]命令，開啟操控設定對話盒，在左邊區塊裡，選取 General 選項，如圖(14)所示。

在 General 頁裡，分為八個部分，如下說明：

Units

在此提供兩種單位選項，分別是 Mils、Millimeters，我們可直接選取所要使用的單位。通常是採用預設的 Mils 即可。

選項

在此提供電路繪圖時之選項，可讓電路圖更精緻，並可提升繪圖效率。其中各選項如下說明：

- 啟用可切除自動接點間導線選項的功能是在自動接點(Autojunction)處斷開導線。這項功能沒什麼用途，有沒有選取本選項，看不出有何差異。

- 最佳化導線及匯流排選項的功能是在自動刪除重疊的導線或匯流排，如圖(14)所示，有一條已存在的導線，我們在繪製另一條導線，且有部分與原本的導線重疊。若選取本選項，則在按下滑鼠左鍵完成該段導線時，自動將重疊部分刪除，而成為單獨一條導線。若沒有選取本選項，則在按下滑鼠左鍵完成該段導線時，並不會刪除重疊部分，且自動於兩個端點上產生為接點。

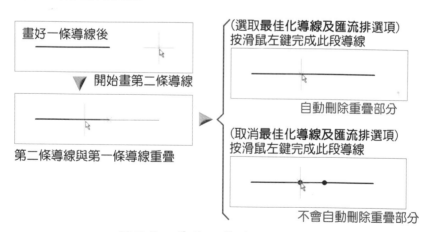

圖(14)　最佳化導線及匯流排

● 零件切除導線選項的功能是零件移入導線上時，該導線將自動被截斷，而變成兩條獨立的導線，分別連接在這個零件的兩支接腳上。若取消本選項，則零件移入導線上時，該導線將此零件支兩支接腳短路，此零件形同虛設。如圖(15)所示：

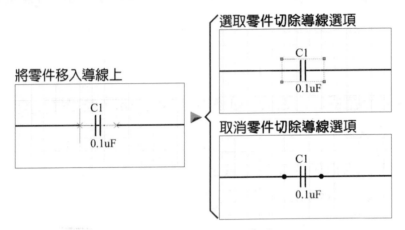

圖(15) 零件切除導線

● 啟用圖上編輯選項的功能是啟用直接在編輯區裡，對於文字類(如零件上的文字、文字列、網路名稱等)進行編輯，如圖(16)所示，遠比在面板或對話盒裡編輯，方便又有效率！

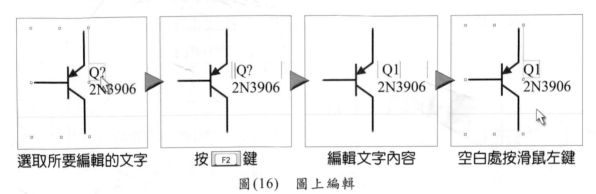

選取所要編輯的文字　　　按 F2 鍵　　　編輯文字內容　　　空白處按滑鼠左鍵

圖(16) 圖上編輯

● 轉換交叉接點選項設定兩條導線交叉且連接時，自動產生交叉接點。若不選取本選項，則自動產生一個接點，如圖(17)所示。

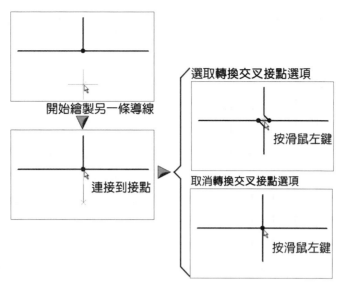

圖(17)　轉換交叉接點

● 顯示跨線選項設定兩線交叉但不連接時，自動產生跨線，如圖(18)所示。

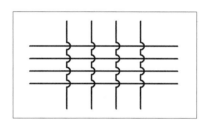

圖(18)　顯示跨線

● 接腳方向選項的功能是設定零件上的接腳都標示信號方向，除了無方向性接腳、被動式接腳及電源接腳外，都會自動標示信號方向。若選取本選項，零件接腳上將顯示信號方向，如圖(19)之左圖所示；若取消本選項，則零件接腳上將不會顯示信號方向，如圖(19)之右圖所示。

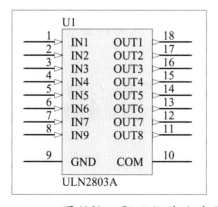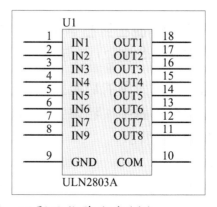

圖(19)　顯示信號方向(左)、不顯示信號方向(右)

- 電路方塊圖進出點方向選項的功能是在電路圖上顯示電路方塊圖進出點的方向，如圖(20)所示。

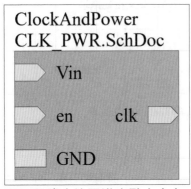
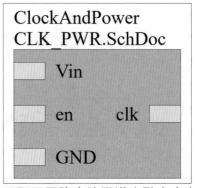

顯示電路方塊圖進出點之方向　　　　不顯示電路方塊圖進出點之方向

圖(20)　電路方塊圖進出點方向

- 輸出入埠方向選項的功能是設定顯示輸出入埠符號的箭頭，如圖(21)所示。

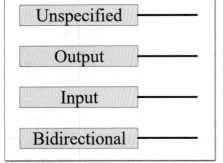
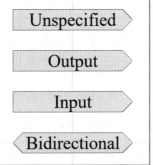
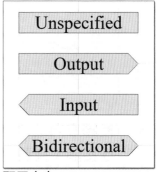

不顯示方向　　　　　　　　顯示方向　　　　　　　　顯示方向
　　　　　　　　　　　　　選取未連接的從左到右選項　不選取未連接的從左到右選項

圖(21)　輸出入埠方向的設定

- 未連接的從左到右選項的功能是設定輸出入埠符號在尚未連接時之箭頭方向，如圖(21)所示。

- 直角拖曳選項的功能是設定在編輯區裡拖曳圖件時，與之連接的導線將呈現直角連接；若埠選取本選項，則與之連接的導線將呈現斜線連接，如圖(22)所示。

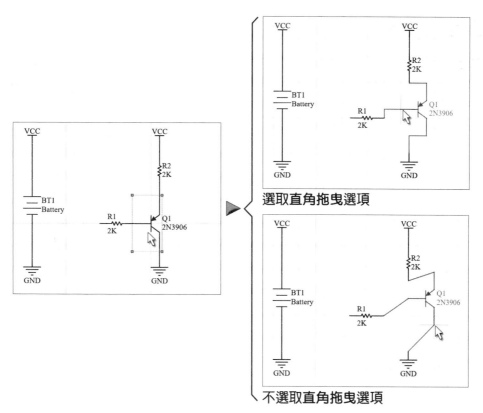

圖(22)　直角拖曳之功能

● 拖曳步伐右邊的 [Medium ▼] 下拉鈕之功能是設定拖曳時之步伐間
距，其中有 Smallest、Small、Medium 與 Large 三種刻度，而以 Smallest
最細。

在剪貼簿裡顯示

在電路圖設計環境裡所複製的圖件，大多會放入 Windows 的剪貼簿(還是會
放入 Altium Designer 內部的剪貼簿)，而其他 Windows 軟體再從 Windows
的剪貼簿裡將該圖件取用。其中的不檢查符號、參數符號、附註(即備註)等
三種圖件可設定其被複製或剪下時，是否放入 Windows 的剪貼簿。若不選
取不檢查符號選項，複製或剪下不檢查符號時，就不會被放入 Windows 的
剪貼簿。若不選取參數符號選項，複製或剪下參數符號時，就不會被放入
Windows 的剪貼簿。若不選取附註選項，複製或剪下附註時，就不會被放入
Windows 的剪貼簿。

◉ 英數字元尾碼

在電路圖設計環境裡，對於複合式包裝零件，如 74 系列的邏輯閘 IC、電阻排等，其中每個單位零件的編號，可按 `Alpha ▼` 鈕拉下選單，其中提供三種方式，如下說明：

- Alpha 選項設定單元零件的編號字尾以字母區分，例如 U1A、U1B 等。
- Numeric, separated by a dot '.' 選項設定單元零件的編號字尾以點數字區分，例如 R1.1、R1.2 等。
- Numeric, separated by a colon ':' 選項設定單元零件的編號字尾以冒號點數字區分，例如 R1:1、R1:2 等。

◉ 接腳邊界

在零件接腳上的接腳名稱與零件邊緣之距離，如圖(23)中之 A。接腳編號與零件邊緣之距離，如圖(23)中之 B。我們可在名稱欄位可指定圖中 A 的間距，而編號欄位可指定圖中 B 的間距。

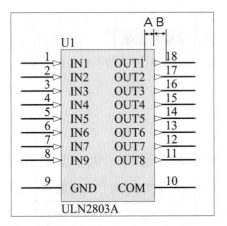

圖(23)　接腳名稱/編號與零件邊框之距離

◉ 放置零件接腳時自動遞增

在此針對電路圖之零件編輯的設定，其中各項如下說明：

- 主增量欄位設定放置接腳時，接腳序號的增量，例如在欄位裡設定為 1，則每放置一支接腳，接腳序號將自動增加。

- 次增量欄位設定放置接腳時，接腳名稱的增量，例如在欄位裡設定為 -1，而第一支接腳的接腳名稱為 C7，則放置第二支接腳時，接腳名稱為 C6；放置第三支接腳時，接腳名稱為 C5 序號，以此類推。

- 移除字首為 0 選項設定自動刪除數字串中前置 0，例如 001201 將自動變 為 1201。

▶ 輸出入埠交互參考

在此針對階層式電路圖裡，輸出入埠與所連接之上層電路方塊圖進出點之交 互參考設定，其中各項如下說明：

- 圖紙樣式選項的功能是選擇圖紙樣式，以交叉參考專案中電路圖圖紙或 電路圖圖紙上的輸出入埠。按 Name ▼ 鈕即可拉下選單，其 中各項如下說明：

  - None 選項設定所有輸出入埠的交叉參考字串中，都不要添加圖紙 樣式(圖紙名稱或圖紙編號)。

  - Name 選項設定將輸出入埠連接到的電路圖紙名稱(sheet name)添加 到交叉參考字串中。

  - Number 選項設定將輸出入埠連接到的電路圖紙編號(sheet number) 添加到交叉參考字串中。

- 位置樣式選項的功能是選擇位置樣式，以交叉參考專案中電路圖圖紙或 電路圖圖紙上的輸出入埠。按 Zone ▼ 鈕即可拉下選單，其 中各項如下說明：

  - None 選項設定所有輸出入埠的交叉參考字串中，都不要添加位置 樣式(圖紙名稱或圖紙編號)。

  - Zone 選項設定將圖邊參考區域編號(即圖紙的位置)添加到與上層電 路方塊圖的所有進出點之交叉參考字串中。

  - Location X,Y 選項設定輸出入埠的位置在與上層電路方塊圖關聯的 所有進出點之交叉參考字串中，添加以括號中發布的圖紙符號的座 標位置。

為了產生有效的交互參考字串，請啟動[設計]/[電路方塊圖進出點與輸出入埠一致]命令，讓整個階層設計同步。

▶ Default Blank Sheet Size

在此設定預設電路圖圖紙尺寸，如下說明：

- Sheet Size A4 ▼ 下拉鈕的功能是設定預設的圖紙尺寸。
- 繪圖區域顯示在 Sheet Size 欄位中所選擇的圖紙尺寸之尺寸。

3-5-2 圖形編輯設定頁－Graphical Editing

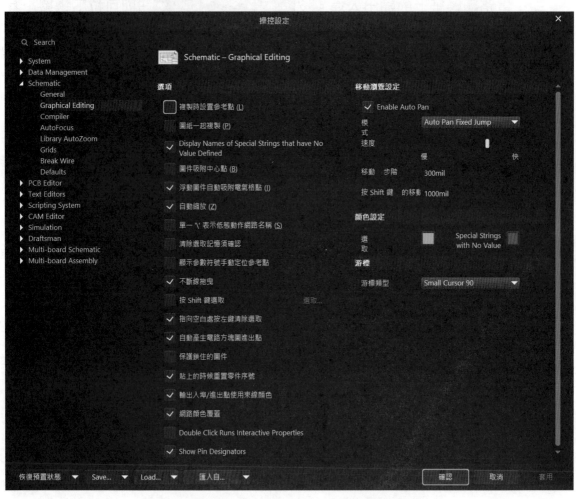

圖(24) 操控設定對話盒-Graphical Editing 頁

當我們要進行電路圖相關的操控設定時，則啟動[工具]/[電路圖操控設定]命令，開啟**操控設定**對話盒，在左邊區塊裡，選取 Graphical Editing 選項，如圖(24)所示。其中分為四個部分，如下說明：

🔵 選項

在此提供許多編輯選項，如下說明：

- 複製時設置參考點選項設定進行複製或剪下時，將要求指定參考點，也就是指向選取圖件(可能是多個圖件)裡，按滑鼠左鍵，作為參考點。而進行貼上時，將可以該點為抓取點，以操作這些圖件。

- 圖紙一起複製選項設定進行複製時，連同圖紙一併被複製。

- Display Names of Special Strings that have No Value Defined 選項設定當特殊字串尚未被設定值時(空白，連 * 都沒有)，將顯示該特殊字串的名稱。

- 圖件吸附中心點選項設定搬移或拖曳圖件時，將抓取其參考點，若沒有參考點的圖件(如矩形)，則抓取其中心點。

- 浮動圖件自動吸附電氣格點選項設定當搬移或拖曳的圖件時，會將所要貼上的圖件之剪貼簿參考點移至到最近的電氣熱點。

- 自動縮放選項設定找尋指定零件時(使用[編輯]/[跳躍]/[移至指定零件位置]命令)，將自動將找到的零件自動縮放到一定大小。

- 單一 '\' 表示低態動作網路名稱選項設定在網路名稱的開頭放置一個「\」，則可使此網路名稱上方多一條線，表示低態動作信號，例如「\RESET」，則編輯區上此網路名稱將顯示 $\overline{\text{RESET}}$。不管有沒有選取本選項，在每個字母右邊各放置一個「\」，例如「R\E\S\E\T\」，也可以顯示 $\overline{\text{RESET}}$。

- 清除選取記憶須確認選項設定清除選取記憶狀態時，將要求確認。Altium Designer 提供選取記憶狀態的功能([編輯]/[記憶選取狀態]命令)，可記憶八組選取記憶狀態，若要清除選取記憶狀態，則使用[編輯]/[記憶選取狀態]/[清除記憶選取狀態]命令。

● 顯示參數符號手動定位參考點選項，設定關閉圖件上的參數自動定位功能。若選取本選項，參數將多出現一個圓點，表示已關閉其自動定位功能，同時該參數可隨其上層圖件而移動或旋轉，例如零件裡的參數。若不選取本選項，參數將不出現此圓點，而會自動定位。

● 不斷線拖曳選項設定在電路圖裡，拖曳零件時，與該零件連接的線路將保持連接。

● 按 Shift 鍵選取選項設定按住 ⇧Shift 鍵才能點選圖件(拖曳選取不必按住 ⇧Shift 鍵)，沒有按住 ⇧Shift 鍵不能點選圖件。若選取本選項，則可按右邊的 ▊選取...▊ 鈕，然後在其中指定可以選取哪些圖件，而拖曳選取時，也只能選取這裡指定的圖件。

● 指向空白處按左鍵清除選取選項設定游標指向編輯區裡的空白處，按滑鼠左鍵，即可取消選取。這種情況下，若要取消選取，可啟動[編輯]/[取消選取]命令。

● 自動產生電路方塊圖進出點選項的功能是根據連入電路方塊圖的導線之網路名稱，在電路方塊圖上自動產生相符合網路名稱的電路方塊圖進出點。若連接到電路方塊圖的導線沒有網路名稱，將產生一個由系統自動產生沒有網路名稱的電路方塊圖進出點。若連接到電路方塊圖的是電源符號或接地符號，則產生的電路方塊圖進出點將不會正確的網路名稱。

● 保護鎖住圖件選項的功能是對於鎖住(Lock 屬性)的圖件之保護，若選取本選項，則無法選取鎖住的圖件，若要搬移鎖住的圖件，將會先出現確認對話盒，確認之後才可搬移。不過，從 18 版起，電路圖的圖件不在提供 Lock 屬性，本選項形同虛設。

● 貼上的時候重置零件序號選項的功能是在複製零件後，貼上所複製的零件，將會重置零件序號，例如原本零件序號為 R1，貼上所複製的零件，將變成 R?；若沒選取本選項，則會遞增原本的零件序號。

● 輸出入埠/進出點使用束線顏色選項的功能是將輸出入埠和電路方塊圖進出點更改顏色，以符合信號線束的顏色。若沒有選取本選項，則輸出入埠和電路方塊圖進出點保持其預設的顏色。

- 網路顏色覆蓋選項的功能是查看網路高亮度顯示。

- Double Click Runs Interactive Properties 選項的功能是指向所要編輯的圖件，快按滑鼠左鍵兩下，即可開啟其屬性面板。若不選取本選項，則指向所要編輯的圖件，快按滑鼠左鍵兩下，將開啟其屬性對話盒。基本上，屬性面板與屬性對話盒的內容一樣，可視個人喜好而設定之。

- Show Pin Designators 選項的功能是在編輯區裡顯示零件接腳的序號，主要是針對電路圖零件編輯環境的設定，而在電路圖編輯環境沒有作用。

移動瀏覽設定

在此提供動作游標的自動邊移設定，在介紹之前，需先認識「動作游標」與「自動邊移」。

動作游標

當進入操作圖件時，例如取出零件時的浮動狀態，當時附著浮動零件的游標，就是動作游標。又如繪製圖件，如連接線路、畫線、畫矩形等，游標上多出十字符號或、45 度交叉符號時，就是動作游標。而最簡單的叫出動作游標之方式，就是在編輯區空白處，按住滑鼠左鍵不放，即進入動作游標模式。

自動邊移

當動作游標靠近螢幕邊緣時，若尚未到達編輯區的邊界，則編輯區自動往未顯示的部分移動。

在此所包含的項目，如下說明：

- Enable Auto Pan 選項設定啟用自動邊移功能，若不選取本選項，則動作游標將無法驅動邊移。

- 模式 `Auto Pan Fixed Jump` 下拉鈕提供自動邊移模式的設定，其中包括下列選項：

  - Auto Pan Fixed Jump 選項設定採用固定間距的邊移，而邊移的速度與邊移量，可於下面的滑軸與欄位中設定之。

- ■ Auto Pan ReCenter 選項設定每次邊移半個螢幕的量，算是最穩定、最可靠的自動邊移模式。

- ● 速度滑軸的功能是設定在 Auto Pan Fixed Jump 模式下之邊移速度。

- ● 移動步階欄位的功能是設定在 Auto Pan Fixed Jump 模式下之每次的邊移量。

- ● 按 Shift 鍵的移動欄位是設定在 Auto Pan Fixed Jump 模式下，按住 ⇧Shift 鍵時的邊移量。

顏色設定

在此提供兩種特殊狀況的顏色設定，如下說明：

- ● 選取右邊的色塊可設定選取圖件的標示線/框之顏色。

- ● Special Strings with No Value 右邊的色塊空白的特殊字串(若是預設的 *，並非空白)，所顯示的特殊字串名稱之顏色。

游標

在此設定動作游標的類型，如下說明：

- ● 游標類型右邊的 Small Cursor 90 ▼ 下拉鈕，其中包括下列四種動作游標：

  - ■ Large Cursor 90 選項設定動作游標為與編輯區等高的垂直線，以及與編輯區等寬水平線交叉的大型游標。

  - ■ Small Cursor 90 選項設定動作游標為小型十字線的游標。

  - ■ Small Cursor 90 選項設定動作游標為小型 45 度交叉線的游標。

  - ■ Tiny Cursor 90 選項設定動作游標為超小型 45 度交叉線的游標。

3-6　本章習作

1　試述在 Altium Designer 裡，網路名稱的功能為何？試列舉兩項具有網路名稱的圖件？而放置網路名稱時，有何注意事項？

2　在 Altium Designer 裡，匯流排系統有哪些圖件？

3　若要放置匯流排進出點，應如何處理？

4　在匯流排上標示網路名稱，其格式為何？

5　若要使用智慧型貼上的功能，其快速鍵為何？

6　在電路圖編輯區裡，若要放置低態動作的網路名稱，應如何操作？

7　在 Altium Designer 電路圖編輯區裡提供哪幾種動作游標？

8　試述在編輯區裡如何切換格點間距？

9　試述在編輯區裡，填寫標題欄的方法？

10　若要放置文字列，有何快速鍵？

11　請按圖(25)～(29)練習繪製電路圖。

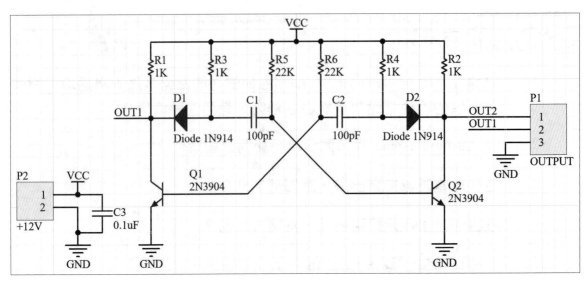

圖(25) 練習電路圖(一)

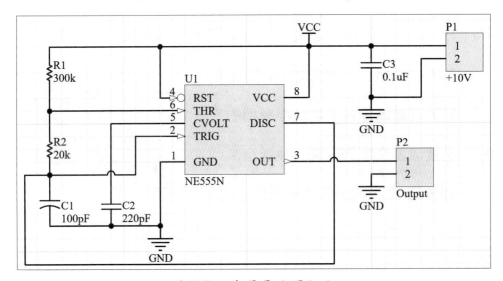

圖(26) 練習電路圖(二)

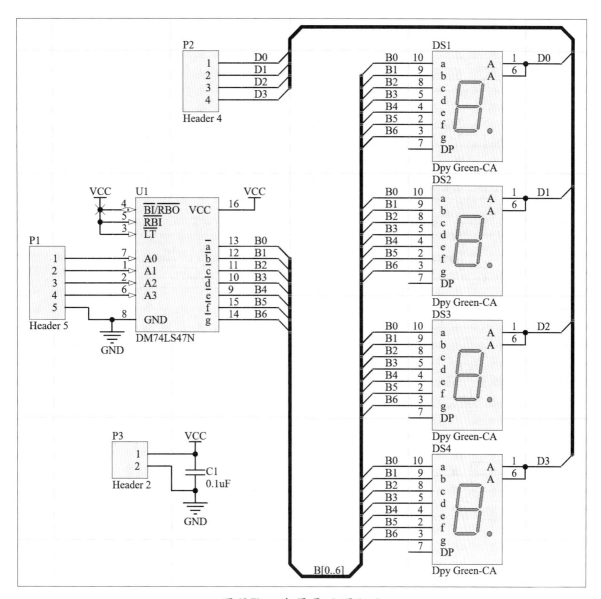

圖(27)　練習電路圖(三)

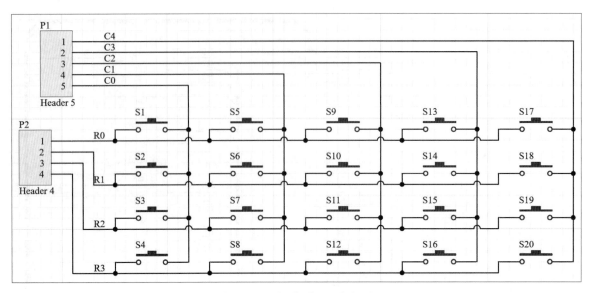

圖(28) 練習電路圖(四)

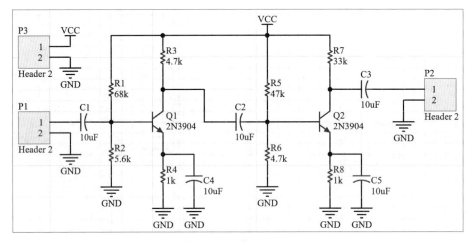

圖(29) 練習電路圖(五)

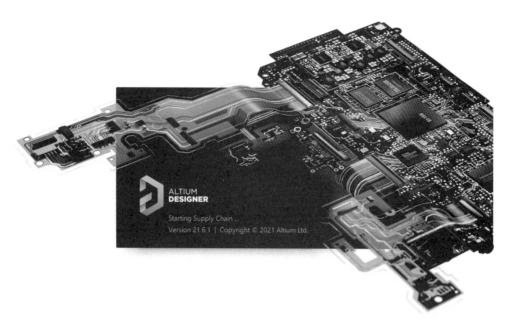

第 4 章

進階電路繪圖技巧

4-1　認識多張式電路圖設計

當電路圖較複雜時，很難在一張圖紙裡，將電路有條理地表現出來。這時候，就得將電路圖分散在不同的圖紙裡。而使用多張圖紙時，就需要良好的管理！在 Altium Designer 裡，對於多張式圖紙的管理，包括平坦式電路圖與階層式電路圖。如圖(1)所示，在專案裡的所有電路圖皆為同一個電路，而電路圖紙之間的信號，可以頁末連接器(Off Sheet Connector)或輸出入埠(Port)連接，但最簡單的方法是使用相同網路名稱就可以相連接。表面上，這種電路圖的結構很簡單，但讀圖與追蹤信號時，就要多費點力氣！

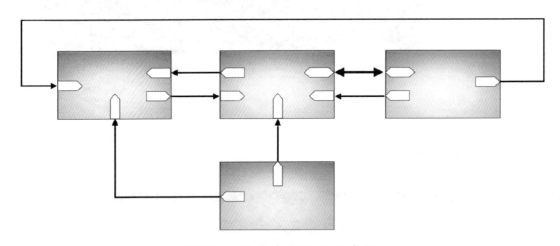

圖(1)　平坦式電路圖示意圖

相對於平坦式電路圖，階層式電路圖對於信號的管理比較有系統！如圖(2)所示，階層式電路圖利用電路方塊圖做為內層電路圖的縮影，將不同的功能區分放入電路圖之中。因此，在最上層的電路圖裡，就可以很容易看出整套電路圖的架構；若需要進一步了解某一部分電路，則由該電路方塊圖進入其中電路，即可較詳細展現其中電路。當然，該層電路圖裡，還是可以應用電路方塊圖，如此一層一層地往內延伸，形成階層式架構。

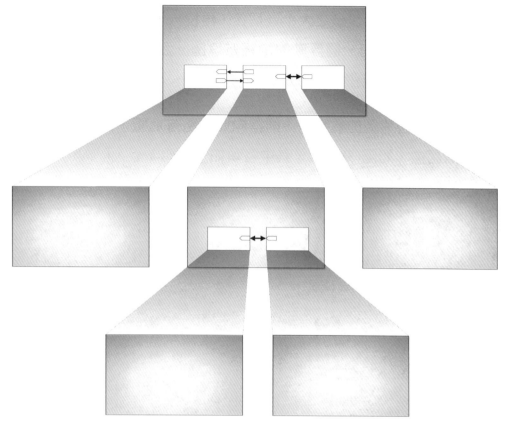

圖(2)　　階層式電路圖示意圖

4-2　特殊圖件編輯與應用

在 4-1 節裡，在多張式電路圖裡出現幾個特殊圖件，做為信號傳遞之用，包括電路方塊圖(Sheet Symbol)、電路方塊圖進出點(Sheet Entry)、輸出入埠(Port)、頁末連接器(Off Sheet Connector)等，在本單元裡，將詳細介紹這些圖件的操作。

電路方塊圖

Altium Designer

電路方塊圖的用途是做為連結內層電路圖檔的管道，當我們要放置電路方塊圖時，則按 ■ 鈕或按 P 、 S 鍵，游標上出現一個十字線及浮動的電路方塊圖，指向所要放置電路方塊圖的一角，按一下滑鼠左鍵，移動滑鼠即可拉出一

個電路方塊圖。當電路方塊圖之大小適切後，再按一下滑鼠左鍵，即可完成該電路方塊圖，而游標上仍有一個浮動的電路方塊圖。我們可以繼續放置電路方塊圖，或按滑鼠右鍵結束放置電路方塊圖。

若要編輯電路方塊圖的屬性時，則指向此電路方塊圖，快按滑鼠左鍵兩下，開啟其屬性對話盒，如圖(3)所示，其中各項如下說明：

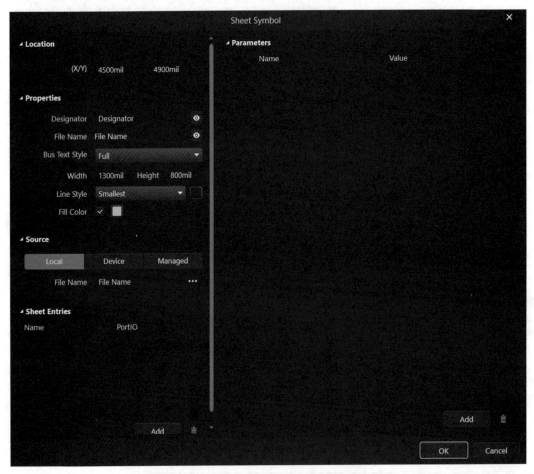

圖(3)　電路方塊圖屬性對話盒

◗ Location

在此顯示此電路方塊圖的位置座標。

◗ Properties

在此顯示此電路方塊圖的屬性，如下說明：

- Designator 欄位為此電路方塊圖的名稱，可使用中文，且可以重複。而其右邊的 ◎ 鈕，可設定是否顯示此電路方塊圖的名稱。

- File Name 欄位顯示此電路方塊圖所連結的電路圖檔案。同樣的，可使用其右邊的 ◎ 鈕，可設定是否顯示電路圖檔案名稱。

- Bus Text Style 右邊的 Full 下拉鈕設定匯流排連接到此電路方塊圖的進出點，所要顯示的名稱樣式，如下說明：

  - Full 選項設定顯示完整的匯流排網路名稱，例如 Data[7..0]等。

  - Prefix 選項設定只顯示匯流排網路名稱，而不顯示其範圍，例如 Data 等。

- Width 欄位裡可以設定/修改此電路方塊圖的寬度。

- Height 欄位裡可以設定/修改此電路方塊圖的高度。

- Line Style 右邊的 Smallest 下拉鈕設定此電路方塊圖的外框線之粗細。也可在其右邊的色塊裡，設定外框線的顏色。

- Fill Color 選項設定此電路方塊圖是否填滿顏色，而可在其右邊的色塊裡，設定填滿的顏色。

▶ Source

在此為電路方塊圖的檔案來源，我們可直接在 File Name 欄位中指定此電路方塊圖的檔案名稱，或按右邊的 ⋯ 鈕，以指定在專案內的電路圖檔案。

▶ Sheet Entries

在此為電路方塊圖裡所建立的進出點，我們可直接在 Name 欄位修改進出點的名稱，在 PortIO 欄位修改進出點的輸出入類型。而按 Add 鈕可新增進出點，按 🗑 鈕可刪除進出點。

▶ Parameters

在此可編輯參數，與其他圖件的參數編輯類似。

完成編輯後，按 OK 鈕關閉對話盒，即可反應到此電路方塊圖。

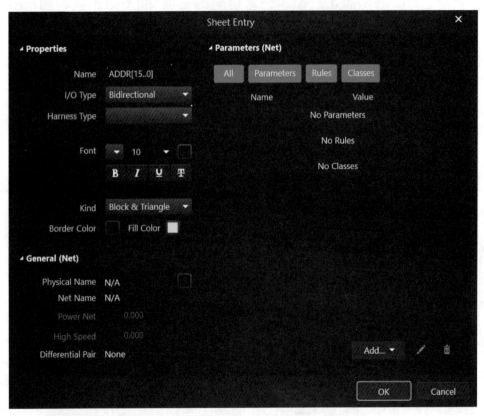

電路方塊圖進出點

電路方塊圖進出點的用途是做為信號進出內層電路圖檔的管道，當我們要放置電路方塊圖進出點時，則按 ▶ 鈕或按 P 、 A 鍵，游標上出現一個十字線及浮動的進出點，指向所要放置進出點的電路方塊圖，則游標將貼附在此電路方塊圖的四周。若按滑鼠左鍵，即可固定於該處，而游標上仍有一個浮動的進出點。我們可以繼續放置進出點，或按滑鼠右鍵結束放置進出點。

圖(4)　電路方塊圖進出點屬性對話盒

若要編輯電路方塊圖進出點的屬性時，可指向所要編輯的進出點，快按滑鼠左鍵兩下，也可開啟其屬性對話盒，如圖(4)所示，其中各項如下說明：

● Properties

在此設定此電路方塊圖進出點的屬性，如下說明：

- Name 欄位為此進出點的名稱，通常是其所連接的網路名稱。

- I/O Type 欄位為此進出點的信號方向，按 `Input ▼` 鈕即可拉下選單，其中各項如下說明：

  - Unspecified 項設定為信號無方向性。

  - Output 項設定為輸出型信號。

  - Input 項設定為輸入型信號。

  - Bidirectional 項設定為輸出入雙向型信號。

- Harness Type 欄位設定信號束線的類型。

- Font 右邊可以指定進出點文字的字型、大小與顏色。並可應用其下的 `B I U T` 按鈕，設定文字樣式。

- Kind 右邊的 `Block & Triangle ▼` 下拉鈕設定此進出點的形狀，其中各選項如下說明：

  - Block & Triangle 選項設定其形狀為矩形與三角形所構成(例如 ⬚▷)。

  - Triangle 選項設定其形狀為三角形(例如 ▷)。

  - Arrow 選項設定其形狀為箭頭狀(例如 ⇒)。

  - Arrow Tail 選項設定其形狀為有尾巴的箭頭狀(例如 ▷)。

- Border Color 右邊的色塊選項裡，可設定進出點符號的邊框顏色。

- Fill Color 右邊的色塊選項裡，可設定進出點符號的填滿顏色。

▶ General (Net)

在此顯示為網路內容，實體名稱(Physical Name)、網路名稱(Net Name)、電源網路(Power Net)、高速線(High Speed)、差訊線對(Differential Pair)的設置狀態等，必須等待連接完成，構成網路，才會正確顯示。

▶ Parameters

在此可編輯參數，與其他圖件的參數編輯類似。

完成編輯後，按 OK 鈕關閉對話盒，即可反應到該進出點。

輸出入埠

輸出入埠的用途是連接信號進出內層電路圖，或做為平坦式電路圖裡，各電路圖之間的信號連接管道，即該電路圖的信號端點。當我們要放置輸出入埠時，則按 ▶ 鈕或按 P 、 R 鍵，游標上出現一個浮動的輸出入埠，這時候可按 ▭ 鍵旋轉其方向。指向所要放置輸出入埠的位置，按滑鼠左鍵，將其一端固定；再移動滑鼠，即可拉開其寬度。當寬度適切後，按滑鼠左鍵即可完成該輸出入埠。我們可以繼續放置輸出入埠，或按滑鼠右鍵結束放置輸出入埠。若要調整已固定輸出入埠的寬度，可先選取該輸出入埠，則其兩端將出現控點，再拖曳控點，即可調整其寬度。

若要編輯輸出入埠的屬性時，可指向輸出入埠快按滑鼠左鍵兩下，也可開啟其屬性對話盒，如圖(5)所示，其中各項如下說明：

◐ Location

在此為此輸出入埠的位置座標。

◐ Properties

在此為此輸出入埠的屬性，如下說明：

- Name 欄位為此輸出入埠的名稱，通常是其所連接的網路名稱。

- I/O Type 欄位為此輸出入埠的信號方向，同樣可設定為無方向性 (Unspecified)、輸出型(Output)、輸入型(Input)，以及輸出入雙向型 (Bidirectional)。

- Cross Ref 欄位顯示其連接的交互參考，當然，必須完成信號連接，構成網路後，才會顯示。

- Harness Type 欄位設定信號束線的類型。

- Width 欄位為此輸出入埠之寬度，可直接修改之。

- Height 欄位為此輸出入埠之高度，可直接修改之。
- Font 右邊可以指定輸出入埠文字的字型、大小與顏色。並可應用其下的 **B** *I* <u>U</u> 按鈕，設定文字樣式。
- Alignment 右邊可以指定輸出入埠裡的文字之對齊方式。
- Border 右邊可以指定輸出入埠的邊框粗細與顏色。
- Fill 右邊可以指定輸出入埠的填入顏色。

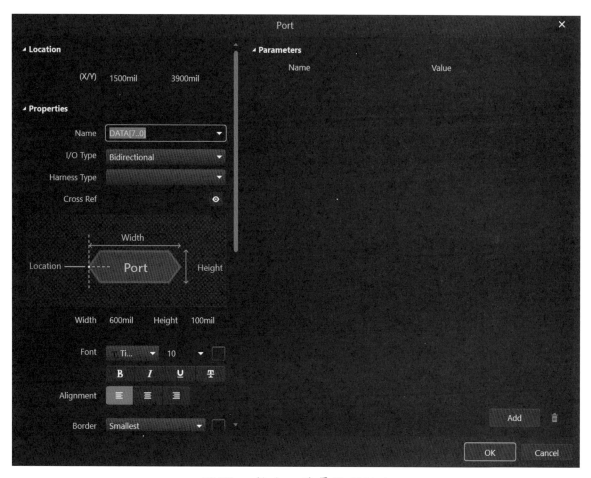

圖(5)　輸出入埠屬性對話盒

General (Net)

在此顯示為網路內容，實體名稱(Physical Name)、網路名稱(Net Name)、電源網路(Power Net)、高速線(High Speed)、差訊線對(Differential Pair)的設置狀態等，必須等待連接完成，構成網路，才會正確顯示。

◉ Parameters（Net）

在此可編輯該輸出入埠所連接網路相關的參數，與其他圖件的參數編輯類似。

◉ Parameters

在此可編輯參數，與其他圖件的參數編輯類似。

完成編輯後，按 █ OK █ 鈕關閉對話盒，即可反應到此輸出入埠。

頁末連接器

頁末連接器的用途是做為平坦式電路圖裡，各電路圖之間的信號連接管道。頁末連接器與輸出入埠的功能類似，很難區分，也可以相互取代。當我們要放置頁末連接器時，則按 █ 鈕或按 █ P █ 、 █ C █ 鍵，游標上出現一個浮動的頁末連接器，這時候可按 █████ 鍵旋轉其方向。指向所要放置頁末連接器位置，按滑鼠左鍵，即可固定該頁末連接器。

若要編輯頁末連接器的屬性時，可指向頁末連接器快按滑鼠左鍵兩下，開啟其屬性對話盒，如圖(6)所示，其中各項如下說明：

◉ Location

在此為此頁末連接器的位置座標，以及放置角度(Rotation 欄位)。

◉ Properties

在此為此頁末連接器的屬性，如下說明：

● Net Name 欄位為此頁末連接器的網路名稱，可直接編輯之。

● Cross Ref 欄位顯示其連接的交互參考，當然，必須完成信號連接，構成網路後，才會顯示。

● Style 欄位可設定信號連入的方向，若選取 Left 選項，則導線由頁末連接器之左邊接入；若選取 Right 選項，則導線由頁末連接器之右邊接入。同時也可在右邊色塊裡，設定其顏色。

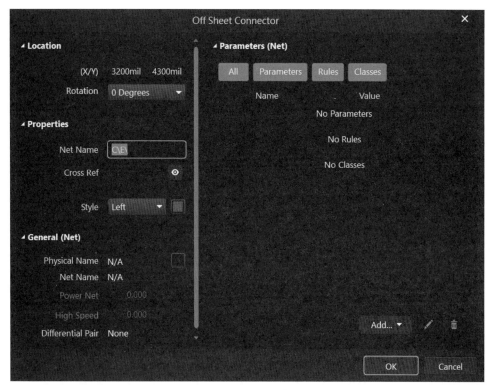

圖(6)　頁末連接器屬性對話盒

▶ General（Net）

在此顯示為網路內容，實體名稱(Physical Name)、網路名稱(Net Name)、電源網路(Power Net)、高速線(High Speed)、差訊線對(Differential Pair)的設置狀態等，必須等待連接完成，構成網路，才會正確顯示。

▶ Parameters（Net）

在此可編輯該頁末連接器所連接網路相關的參數，與其他圖件的參數編輯類似。

完成編輯後，按 OK 鈕關閉對話盒，即可反應到該頁末連接器。

整合設計技巧

傳統設計階層式電路圖的步驟，不外乎繪製電路方塊圖、設置進出點、連接外部信號、產生內層電路(含輸出入埠)等。現在程式提供更有效率的設計方法，如下介紹：

由接入電路方塊圖之信號線產生電路方塊圖進出點

1. 啟動[工具]/[電路圖操控設定]命令，開啟操控設定對話盒，在 Graphical Editing 頁裡，確定已選取自動產生電路方塊圖進出點選項。

2. 放置一個電路方塊圖，並定義其圖名(Designator)與檔名(File Name)，例如圖名為 Memory，檔名為 Memory.SchDoc。

3. 放置所要連接到此電路方塊圖的信號之網路名稱，例如有三個信號，分別是 ADDR[15..0]、DATA[7...0]與RD/$\overline{\text{WR}}$(即 RD/W\R\)，如圖(7)之❶所示。

4. 畫一條 ADDR[15..0]匯流排，連接到此電路方塊圖，即自動產生進出點，如圖(7)之❷所示。

5. 分別畫一條 DATA[7..0]匯流排與RD/$\overline{\text{WR}}$導線，連接到此電路方塊圖，即自動產生進出點，如圖(7)之❸所示。

6. 開啟此電路方塊圖的屬性對話盒，然後在 Sheet Entries 區塊裡，將 ADDR[15..0]與RD/$\overline{\text{WR}}$的 PortIO 改為 Input，再按 OK 鈕關閉對話盒，如圖(7)之❹所示。

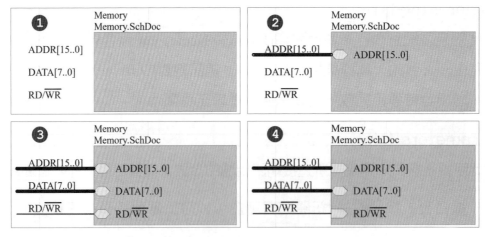

圖(7)　自動產生電路方塊圖進出點

由電路方塊圖產生內層電路圖

若要產生內層電路圖，則啟動[設計]/[從電路方塊圖產生電路圖]命令，再指向所要產生內層電路的電路方塊圖，按滑鼠左鍵即可。視窗左邊的 Projects 面板，變化如圖(8)所示。

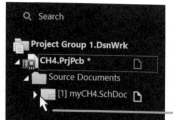

圖(8)　Projects 面板上的變化

同時開啟 Memory.SchDoc，其中除了左下角自動產生三個輸出入埠外，都是空白的。而這三個輸出入埠的名稱與方向，完全呼應上層電路的電路方塊圖進出點，如圖(9)之❶所示。只是其寬度有點不夠，可手動拖曳，改變其大小，如圖(9)之❷所示。

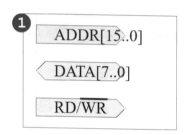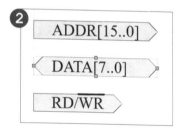

圖(9)　內層電路裡自動產生輸出入埠

電路方塊圖與內層電路之信號同步化

產生內層電路後，電路方塊圖裡的進出點或內層電路裡的輸出入埠若有變動，例如在電路方塊圖裡新增一個輸入型進出點 EN，內層電路裡新增一個輸出行輸出入埠 OK 等，使得電路方塊圖與內層電路之信號不一致。

若要讓電路方塊圖增減的進出點，反應到內層電路；讓內層電路增減的輸出入埠，反應到電路方塊圖，則啟動[設計]/[電路方塊圖進出點與輸出入埠一致]命令，開啟如圖(10)所示之對話盒。

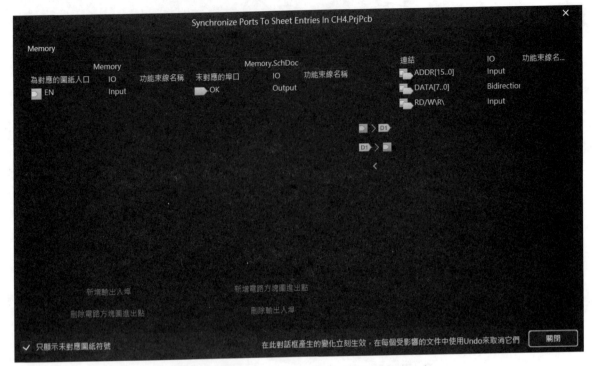

圖(10)　輸出入埠與進出點同步化對話盒

在左邊的 Memory 區塊裡，選取 EN 項，再按區塊下方的 新增輸出入埠 鈕，即可暫時跳到 Memory.SchDoc 的編輯區，而游標上就有一個 EN 輸出入埠，移至適切位置按滑鼠左鍵，將它固定，即跳回對話盒。而剛才選取的 EN 項，將移至最右邊區塊。

在中間的 Memory.SchDoc 區塊裡，選取 OK 項，再按區塊下方的 新增電路方塊圖進出點 鈕，即可暫時跳到電路方塊圖裡，而游標上就有一個 OK 進出點，移至適切位置按滑鼠左鍵，將它固定，即跳回對話盒。而剛才選取的 OK 項，將移至最右邊區塊。

完成同步化動作後，按 關閉 鈕關閉對話盒，在 Memory.SchDoc 電路圖裡 (內層電路)，將新增一個 EN 輸出入埠；而在 Memory 電路方塊圖裡，也會新增一個 OK 進出點。

4-3　平坦式電路圖設計

在此將以簡單的電路圖範例，採兩張電路圖的平坦式設計，整個步驟如下：

繪製第一張電路圖

1. 按前述步驟(1-1 節)建立電路板專案(檔名為 4-1.PrjPcb)，並於專案中新增
   電路圖檔案(檔名為 4-1.SchDoc)，並存檔。

2. 當建立電路圖檔案後，即可開始繪製電路圖。首先將本書教學資源中的
   Ch4.IntLib 零件庫掛載到系統上(可參閱 2-3-1 節)。

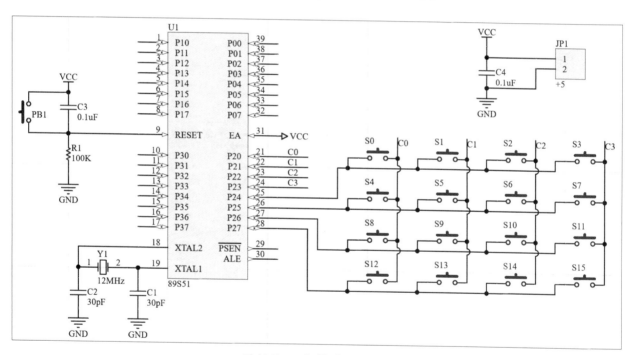

圖(11)　繪製基本電路

3. 從主要的零件(如 89S51)開始取用並放置，而其中的零件序號/零件值也
   要一併指定。然後繪製線路(可應用智慧型貼上技巧)，如圖(11)所示。

4. 利用智慧型貼上的技巧，繪製匯流排系統，如圖(12)所示。

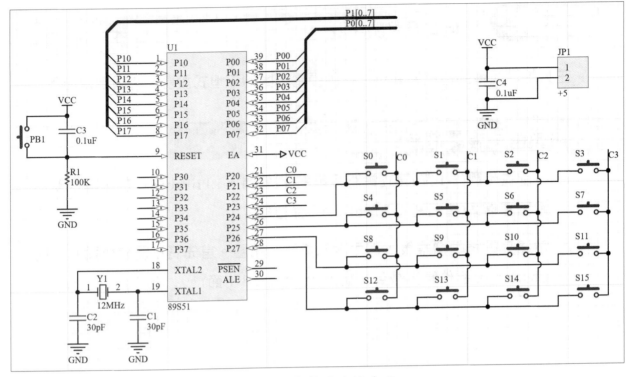

圖(12) 繪製匯流排系統

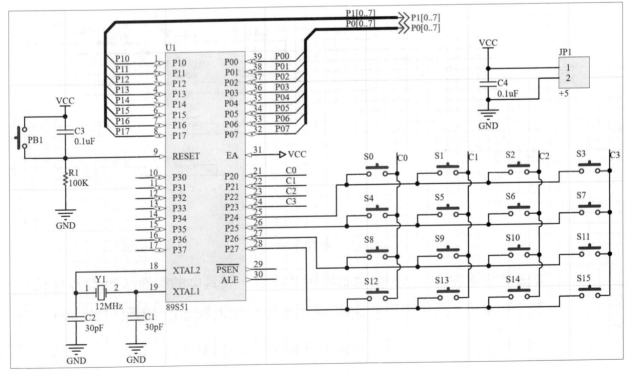

圖(13) 放置頁末連接器

5. 放置頁末連接器，如圖(13)所示。

6. 完成電路繪圖，按 Ctrl + S 鍵存檔。

繪製第二張電路圖

1. 完成第一張電路圖後，啟動[檔案]/[新增]/[電路圖檔案]命令，即可新增另一個電路圖檔案。

2. 按 Ctrl + S 鍵，在隨即出現的對話盒裡，指定所要儲存的檔案名稱(在此為 7-SEGMENT.SchDoc)，再按 存檔(S) 鈕。

3. 取用並放置，而其中的零件序號/零件值也要一併指定。然後繪製線路，如圖(14)所示。

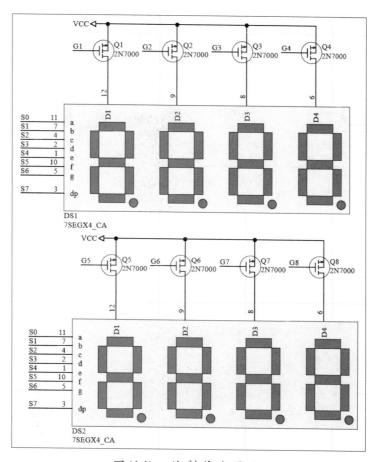

圖(14)　繪製基本電路

4. 利用智慧型貼上的技巧，繪製匯流排系統，如圖(15)所示。

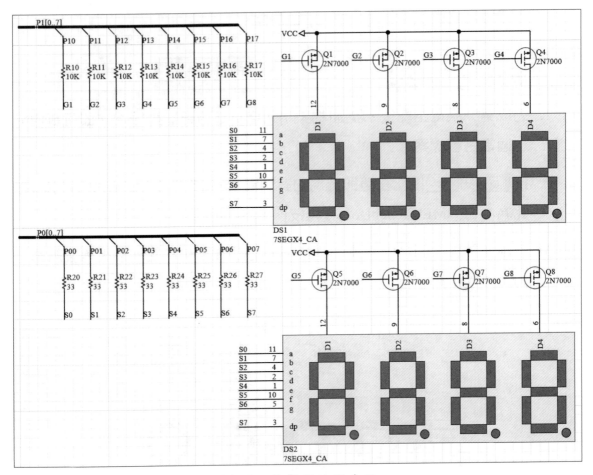

圖(15)　繪製匯流排系統

5. 放置頁末連接器，如圖(16)所示。

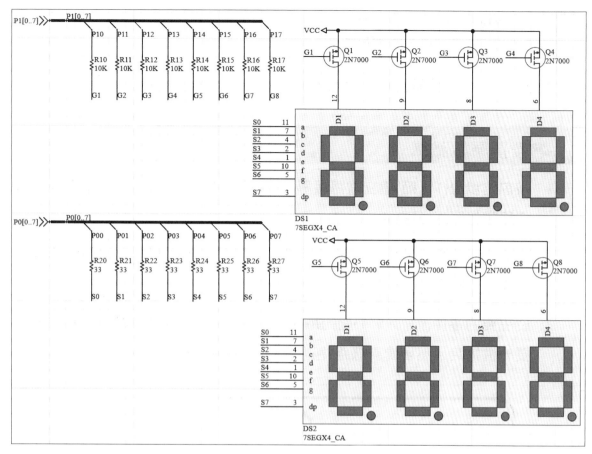

圖(16)　放置頁末連接器

6. 完成電路繪圖，按 [Ctrl] + [S] 鍵存檔。

如圖(17)所示，在 Projects 面板裡所顯示的平坦式電路圖架構。

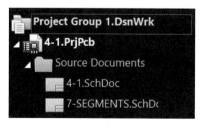

圖(17)　平坦式電路圖架構

4-4　階層式電路圖設計

在此將對 4-3 節的電路圖，改採階層式設計，整個步驟如下：

繪製頂層電路圖

1. 按前述步驟(1-1 節)建立電路板專案(檔名為 4-2.PrjPcb)，並於專案中新增電路圖檔案(檔名為 4-2.SchDoc)，並存檔。

2. 當建立電路圖檔案後，即可開始繪製電路圖。首先將本書教學資源中的 Ch4.IntLib 零件庫掛載到系統上(可參閱 2-3-1 節)。

3. 從主要的零件(如 89S51)開始取用並放置，而其中的零件序號/零件值也要一併指定。然後繪製線路(包含匯流排)，如圖(18)所示。

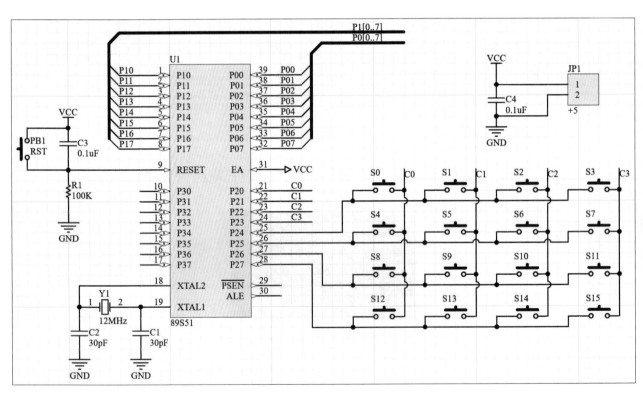

圖(18)　繪製基本電路

4. 放置一個電路方塊圖(按 [P] 、 [S] 鍵)，將其名稱設定為 7SEG、檔案名稱設定為 7-SEGMENTS.SchDoc。

5. 放置兩個電路方塊圖進出點(按 [P] 、 [A] 鍵)，如下：

● 第一個進出點名稱為 P1[0..7]、IO Type 設定為 Output。

● 第二個進出點名稱為 P0[0..7]、IO Type 設定為 Output。

其結果如圖(19)所示。

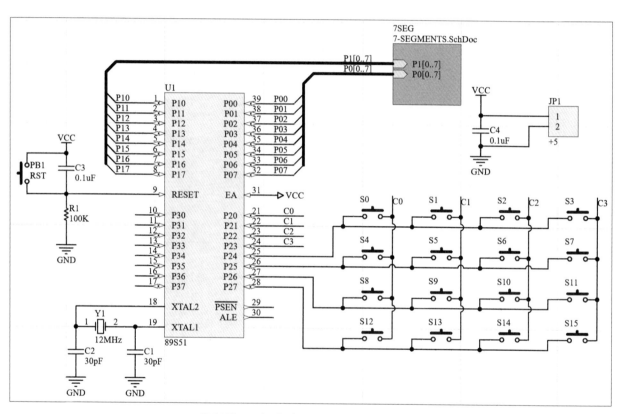

圖(19)　放置電路方塊圖與進出點

6. 完成電路繪圖，按 [Ctrl] + [S] 鍵存檔。

繪製內層電路圖

1. 完成第一張電路圖後，啟動[設計]/[從電路方塊圖產生電路圖]命令，再指向電路方塊圖，按滑鼠左鍵，即可新增另一個電路圖檔案(7-SEGMENTS. SchDoc)，同時開啟該檔案，如圖(20)所示，其中已產生兩個輸出入埠，且對應於頂層電路圖中，電路方塊圖的進出點。

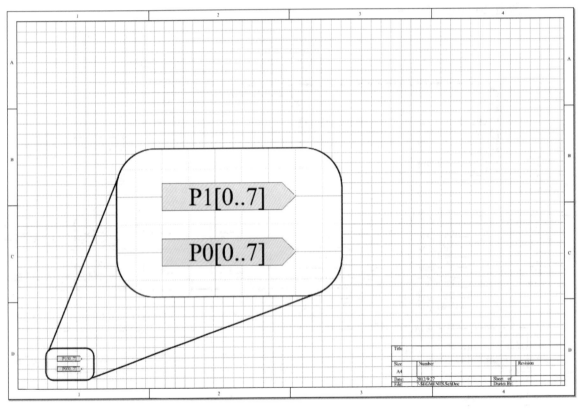

圖(20)　產生內層電路圖

2. 按 Ctrl + S 鍵存檔。

3. 按圖(21)繪製電路，其中兩個輸出入埠是直接拖曳上去的。

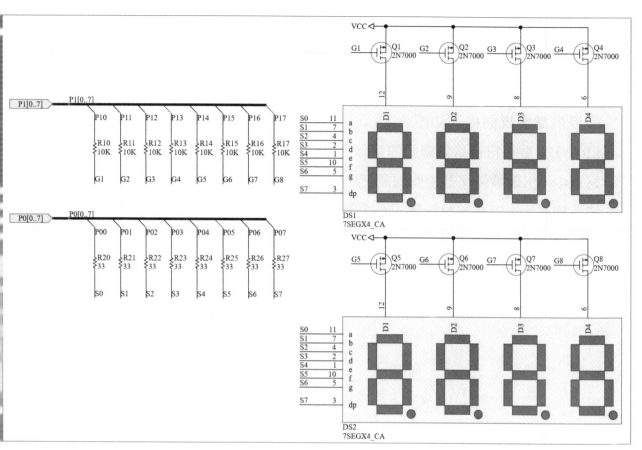

圖(21) 完成電路繪圖

4. 完成電路繪圖，按 Ctrl + S 鍵存檔。

如圖(22)所示，在 Projects 面板裡所顯示的階層式電路圖架構。

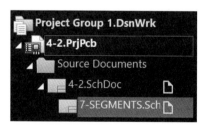

圖(22) 階層式電路圖

4-5　電氣規則檢查

不管採用哪種結構的電路圖設計，都需符合電氣規則。通常電路設計軟體都會提供電氣規則檢查功能，Altium Designer 提供即時電路檢查功能(On-Line ERC)，只要不符合電氣規則的操作，立刻提出警告，如圖(23)之左圖所示，在電路圖中，出現零件序號相同的狀況，則這些相同零件序號的零件，將即時以紅色波浪線標示，以提醒設計者。而將重複的零件序號修改後，錯誤標示立即消失，如圖(23)之右圖所示。

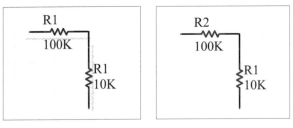

圖(23)　重複零件序號的錯誤標示(左)，修正後(右)

當然上述屬於經常發生，且顯而易見的問題，對於較大或整體性的問題，還是需要利用「手動」的電氣規則檢查，比較有真實感！

以 4-4 節所繪製的電路圖為例，當我們要進行手動的電氣規則檢查時，則指向左邊 Projects 面板裡，則指向 Projects 面板裡所要檢查的專案，按滑鼠右鍵拉下選單，再選取 Validate PCB Project 4-2.PrjPcb (第一個選項)，如圖(24)所示。

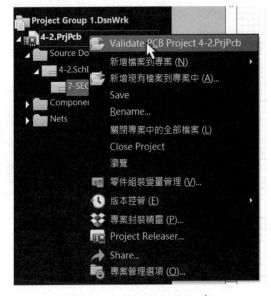

圖(24)　電路規則檢查

　　完成編譯(電氣規則檢查)後，好像沒什麼變化，主要是 Messages 面板沒有打開的關係。若要打開 Messages 面板，可按編輯區右下方的 ▇Panels▇ 鈕拉出選單，再選取 Messages 選項，即可開啟 Messages 面板，如圖(25)所示。

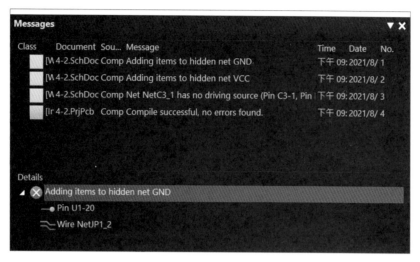

圖(25)　Messages 面板

在此有三項警告訊息(Warning)，以及一項結論，如下說明：

● Adding items to hidden net GND 警告訊息是通知我們，電路裡發現連接到 GND 網路的隱藏項目(接腳)。由於是隱藏項目，因為看不見，所以要提出警告訊息，以進行確認。而在 AT89S51 的 20 腳為連接到 GND 網路的隱藏接腳，並沒有錯誤。

● Adding items to hidden net VCC 警告訊息是通知我們，電路裡發現連接到 VCC 網路的隱藏項目(接腳)。由於是隱藏項目，因為看不見，所以要提出警告訊息，以進行確認。而在 AT89S51 的 40 腳為連接到 VCC 網路的隱藏接腳，並沒有錯誤。

● Net NETC3_1 has no driving source (Pin C3-1, Pin PB1-1, Pin R1-2, Pin U1-9)警告訊息是告訴我們，電路裡發現有個節點沒有驅動源，如圖(26)所示。基本上，任何節點都必須有驅動源，也就是輸出信號，換言之，至少要有一支輸出型的接腳，以提供信號。而在圖(26)裡，C3 電容器接腳為被動式接腳、PB1 按鈕開關接腳為被動式接腳、R1 電阻器接腳為被動式接腳、U1 AT89S51 之第 9 腳為輸入型接腳，並沒有任何輸出型

接腳接入，所以提出警告訊息，讓我們進行確認。不過，在 AT89S51 電路裡，重置電路就是這樣接，並沒有錯誤。

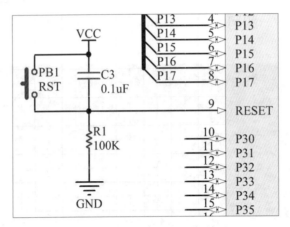

圖(26)　沒有驅動源的節點

● Compile successful, no errors found.訊息是告訴我們編譯的結果，並沒有發現錯誤，所以通過電路規則檢查。

另外，Messages 面板的功能還不只於此，例如想要看看其中的警告訊息或錯誤訊息是針對電路圖的哪個地方，則可指向該訊息，快按滑鼠左鍵兩下，即可編輯區裡，也將切換到相關的節點上。

4-6　圖紙設定

　　若要設定圖紙時，則指向編輯區之空白處按滑鼠左鍵，再按視窗右邊的 Properties 標籤，開啟圖紙之屬性面板，如圖(27)所示。其中包括 General 與 Parameters 頁，Parameters 頁已在 3-4 節介紹過，在此不贅述。General 頁很長其中包括 4 個區塊，如下說明：

圖(27)　圖紙屬性面板

◉ Selection Filter

　　本區塊設定在電路圖裡可被選取的圖件。若圖件沒有設定可以選取，則在編輯區裡，無法選取該類圖件，也無法編輯其屬性。在區塊裡，所有按鈕都是切換式，按 All - On 鈕將切換為 All - Off ，再按一次，又切換回來。若顯示 All - On 鈕表示設定所有皆可被選取，而顯示 All - Off 鈕表示所有皆不可被選取。其他按鈕所設定的圖件，如表(1)所示。

表(1)　按鈕切換選取功能

按鈕	圖件	按鈕	圖件	按鈕	圖件
Components	零件	Wires	導線	Buses	匯流排
Sheet Symbols	電路方塊圖	Sheet Entries	進出點	Ports	輸出入埠
Net Labels	網路名稱	Parameters	參數	Texts	文字
Power Ports	電源符號	Drawing objects	繪圖物件	Other	其他

▶ General

本區塊提供圖紙的一般設定，其中各項如下說明：

- Units 選項設定圖紙採用的單位，可選擇採用 mm 或 mils，預設為 mils。

- Visible Grid 欄位設定顯示格點/格線的間距，也可按右邊的按鈕以切換是否顯示格點/格線。

- Snap Grid 右邊的選項設定是否啟用吸附格點，而其右邊欄位為吸附格點之格點間距。

- Snap to Electrical Object Hotspots 選項設定啟用吸附格點，將電氣圖件之電氣熱點(electrical hotspots)移至吸附格點上，與按 ⇧Shift + E 鍵一樣。

- Snap Distance 欄位設定動作游標距離吸附格點多遠的距離，就會被吸到格點上。

- Document Font 右邊設定圖紙預設的字型與大小。

- Sheet Border 選項設定圖紙是否加圖邊線，及其顏色設定。

- Sheet Color 右邊色塊可設定圖紙底色。

▶ Page Options

本區塊設定圖紙格式與大小，其中有三種模式，如下說明：

- 模板模式：按 Template 鈕進入模板模式，在此模式下，可按 Template 右邊的下拉鈕，以選擇來自伺服器和本地的模板列表。還可隨需要，按 ↻ 鈕刷新模板。在此將顯示其圖紙寬度(Width:)、高度(Height)與模板來源(Source)。

- 標準模式：按 Standard 鈕進入標準模式，在此模式下，可操作下列項目：

- ■ 按 Sheet Size 右邊的下拉鈕，拉出標準圖紙選單，其中包括 A4～ A0、A～E、Letter、Legal、OrCAD A～OrCAD E 等標準圖紙選項， 而所選取的標準圖紙選項，其圖紙大小將顯示於右邊。

- ■ 按 Orientation 右邊的下拉鈕，拉出圖紙方向選單，若選取 Landscape 選項，設定為橫向圖紙；若選取 Portrait 選項，設定為直向圖紙。

- ■ Title Block 選項設定採用標題欄，而可在右邊的下拉鈕，拉出標題 欄選單，其中包括 Standard 選項(採用標準的標題欄)，以及 ANSI 選項(採用 ANSI 標題欄)。

- ● 自定模式：按 Custom 鈕進入自定模式，在此模式下，可操作下列項 目：

  - ■ Width 欄位設定圖紙寬度。

  - ■ Height 欄位設定圖紙高度。

  - ■ 按 Orientation 右邊的下拉鈕，拉出圖紙方向選單，若選取 Landscape 選項，其圖紙將橫擺；若選取 Portrait 選項，其圖紙將直擺。

  - ■ Title Block 選項設定採用標題欄，而可在右邊的下拉鈕，拉出標題 欄選單，其中包括 Standard 選項(採用標準的標題欄)，以及 ANSI 選項(採用 ANSI 標題欄)。

Margin and Zones

本區塊設定圖邊之圖紙編號格位，如圖(28)所示。在此可以操作的項目，如 下說明：

- ● Show Zones 選項設定顯示圖紙編號格位。

- ● Vertical 欄位設定圖紙垂直方向放置幾格編號。

- ● Horizontal 欄位設定圖紙水平方向放置幾格編號。

- ● Origin 右邊的下拉鈕可選擇格位的起始位置，若選取 Upper Left 選項， 則設定格位的起始位置在左上角，由上而下編號(A、B、C、D 等)，由 左而右編號(1、2、3、4 等)。若選取 Bottom Right 選項，則設定格位的 起始位置在右下角，由下而上編號，由右而左編號。

● Margin Width 欄位設定格位的寬度。

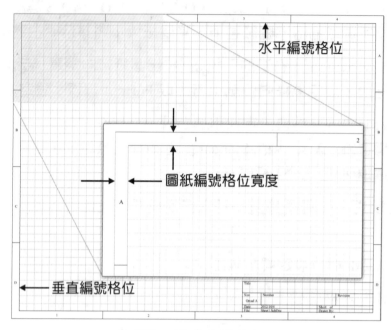

圖(28)　圖邊編號格位

4-7　指示性圖件之應用

指示性圖件是指用來指導 Altium Designer 操作或傳遞參數的圖件，而新版的 Altium Designer 化繁為簡，將指示性圖件濃縮為 5 種，在本單元裡將介紹這些指示性圖件。

4-7-1　參數之應用

Altium Designer 是一個功能超級強大的電路設計軟體，可以直接在電路圖裡放置參數，而參數可為多種用途，稍後再說明。當要放置參數時，可按慣用工具列上的 ⓘ 鈕，或按 P 、 V 、 M 鍵，游標上將出現一個浮動的參數符號（ ⓘ Parameter Set ），再指向所要放置參數符號的圖件上，按滑鼠左鍵，即可放置一個參數符號（ⓘ Parameter Set ），同時，游標上仍有一個浮動的參數符號，可繼續放置參數符號，或按滑鼠右鍵，結束放置參數符號。

　　在此將參數符號的內容分為三類：參數(Parameters)、設計規則(Rules)、網路分類(Classes)。若要編輯參數符號的屬性，可指向所要編輯的參數符號快按滑鼠左鍵兩下，開啟其屬性對話盒，如圖(29)所示，其中包括三部分，如下說明：

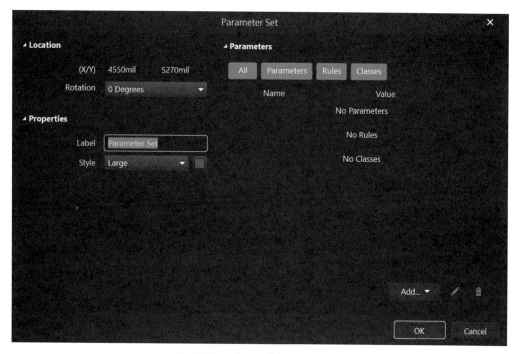

圖 (29)　參數屬性對話盒

Location

在此為此參數的位置座標，以及放置角度(Rotation 欄位)。

Properties

在此為此參數的屬性，如下說明：

● Label 欄位設定此參數的名稱，可使用中文。

● Style 欄位設定此參數的樣式，在此提供兩種樣式，若指定 Large 選項，則採用大型參數符號；若指定 Tiny 選項，則採用小型參數符號。另外，也可在右邊色塊中指定此參數符號的顏色。

Parameters

在此為此參數的內容，其中可區分為三部分，如下說明：

● 上方的篩選按鈕(切換式按鈕)之用途是開關中間區塊所要顯示的參數種類。一個參數符號可內載許多參數,雖然在中間區塊裡,將參數分類條列,但若太多也不好管理,所以可利用 Parameters 鈕來開關參數的顯示、 Rules 鈕來開關設計規則的顯示、 Classes 鈕來開關網路分類的顯示。

● 中間區塊按種類顯示的參數內容,而每個參數包括 Name(參數名稱)與 Value(參數值)。

● 下方的 Add... ▼ 鈕提供新增參數內容的功能,按此鈕拉下選單,其中包括 Net Class、Parameter 與 Rule 選項,稍後再對這三個選項的操作,詳加說明。另外,右邊的 🗑 鈕可刪除選取的參數內容。

參數

Altium Designer

在參數屬性對話盒裡,按右下方的 Add... ▼ 鈕拉下選單,再選取 Parameter 選項,中間區塊裡將新增一項名為 Parameter 1 的參數,如圖(30)所示。其中 Name 欄位與 Value 欄位的內容都可直接修改。完成修改後,再按 OK 鈕關閉對話盒,即可反應到所編輯的參數符號上。

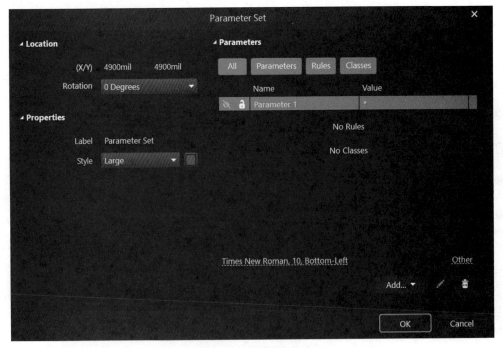

圖(30)　自定參數

網路分類

網路分類是將電路中,將功能或屬性相同的網路,歸為一類,以利電路板佈線與 PCB 設計規則的制定等。例如在電路板中,通常電源線(包括地線)所承載電流較大,其線寬要粗一點,所以將電源、接地等提供電源的網路納入一個網路分類(命名為 power 分類),稍後要定義線寬的設計規則時,就為 power 分類的網路指定其線寬的限制。

在參數屬性對話盒裡,在左邊的 Label 欄位裡輸入「網路分類」,再按右下方的 Add... ▼ 鈕拉下選單,再選取 Net Class 選項,中間區塊裡將新增一項名為 Net Class Name 的參數,如圖(31)所示。其中 Name 欄位是不可修改的,而 Value 欄位可直接修改,在此將它改為 power。再按 OK 鈕關閉對話盒,即可反應到所編輯的參數符號上。

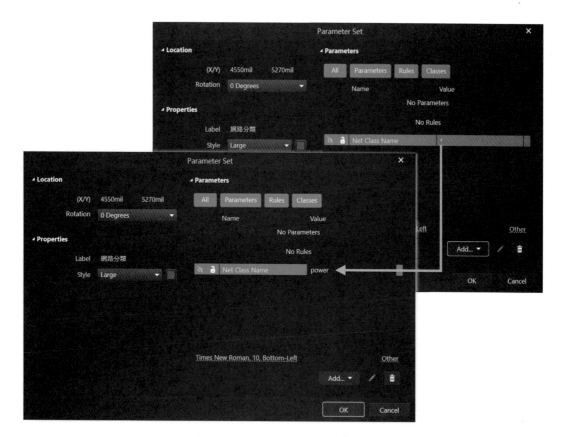

圖(31)　設置網路分類參數

將此名為網路分類的參數符號放置在所要設置的導線、VCC 電源符號或 GND 接地符號，確實與之連接，如圖(32)所示。雖然 VCC 電源符號、GND 接地符號都各連接一個相同的網路分類之參數符號，但不但代表 VCC 電源符號與 GND 接地符號連接在一起。另外，我們也可按住 ⇧Shift 鍵，再拖曳參數符號，即可快速複製相同的參數符號。

圖(32)　完成放置網路分類參數

PCB 設計規則

電路板設計必須遵守設計規則(design rules)，例如哪條網路之佈線採用線寬的範圍、安全間距限制等。通常設計規則是在電路板編輯環境裡制定，而現在也可在電路圖編輯環境裡制定(比較直覺)。例如要將 power 分類的網路之最大線寬設定為 20mil、最適切線寬設定為 16mil、最小線寬設定為 10mil。則在參數屬性對話盒裡，在左邊的 Label 欄位裡輸入「設計規則」，再按右下方的 Add... ▼ 鈕拉下選單，再選取 Rule 選項，螢幕出現一個選擇設計規則類型對話盒，選取其中的 Width Constraint 選項，如圖(33)所示，按 確認 鈕開啟線寬設定對話盒。

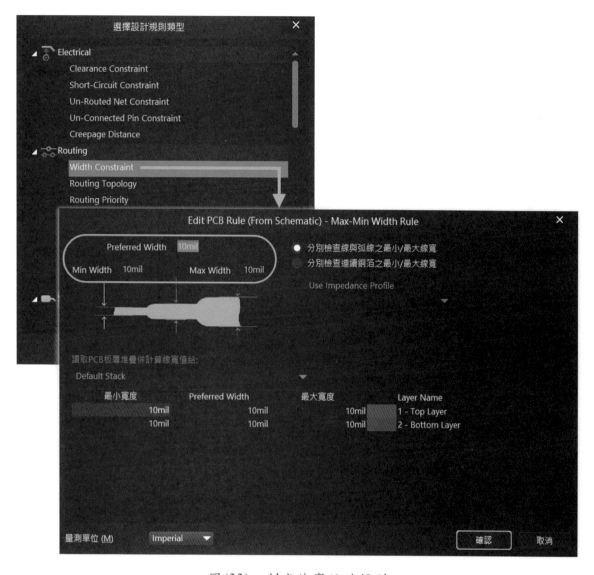

圖(33)　制定線寬設計規則

　　在 Max Width 欄位裡輸入 20mil、Preferred Width 欄位裡輸入 16mil、在 Min Width 欄位裡輸入 10mil，再按 [確認] 鈕關閉對話盒，返回參數屬性對話盒，如圖(34)所示。再按 [OK] 鈕關閉對話盒，即可反應到所編輯的參數符號上。

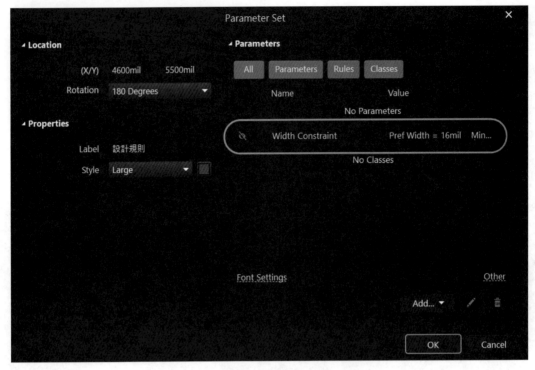

圖(34)　完成制定線寬設計規則

　　將此名為設計規則的參數符號放置在所要設置的導線、VCC 電源符號或 GND 接地符號，確實與之連接，如圖(35)所示即可。

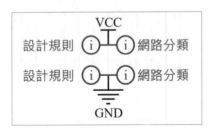

圖(35)　完成放置設計規則參數

4-7-2　通用不檢查符號之應用

　　Altium Designer 提供即時電氣規則檢查，在繪製電路圖時，若有違反電氣規則的情況，就會出現錯誤記號，最常見的錯誤記號是紅色的波浪線。而不少違反電氣規則，但並非真正的錯誤。不過，程式提醒我們也未嘗不是好事。在電子電路裡，很容易讓我們接受，又很容易犯錯的狀況，例如：

1. 零件上輸入型接腳不可空接，否則容易感染雜訊。而數位電路的輸入接腳空接，就是不確定狀態。

2. 網路至少要連接兩支或更多支接腳，只有一支接腳的網路，必然是錯誤(可能是漏接，或尚未連接)。

3. 網路就像是一場棒球賽，只有一個投手(輸出接腳)，可有許多接球的人(輸入接腳)，也可能有許多觀眾與啦啦隊(被動式接腳)。若在一個網路裡，沒有任何一個輸出接腳，就是違反電氣規則。

　　有時候，可能已違反設計規則，但是設計者堅持其設計的意志，則可使用不**檢查符號**(Generic No ERC)，以是指示程式不要檢查該端點是否符合電氣規則，如此就不會出現錯誤記號。

　　當我們要放置不檢查符號時，則按慣用工具列上的 ▣ 鈕或按 P 、 V 、 N 鍵，游標上出現一個浮動的不檢查符號，指向所要放置不檢查符號的零件接腳上，按滑鼠左鍵，即可放置一個不檢查符號。這時候，游標上仍有一個浮動的不檢查符號，我們可以繼續放置不檢查符號，或按滑鼠右鍵結束放置不檢查符號。若要編輯不檢查符號的屬性，則指向該不檢查符號快按滑鼠左鍵兩下，開啟其屬性對話盒，如圖(36)所示，其中各項如下說明：

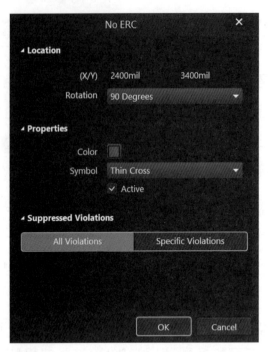

圖(36) 不檢查符號之屬性對話盒

Location

在此為此不檢查符號的位置座標，以及放置角度(Rotation 欄位)。

Properties

在此為不檢查符號的屬性，如下說明：

- Color 右邊色塊可設定此不檢查符號色的顏。

- Symbol 欄位可設定此不檢查符號的形狀，其中包括四種形狀，如圖(37)所示。

- Active 選項設定啟用此不檢查符號。

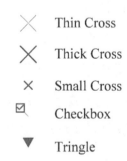

圖(37) 不檢查符號的形狀

Suppressed Violations

在此設定此不檢查符號的所要避開(不檢查)的違規事實，如下說明：

- **All Violations** 鈕設定避開所有電氣規則的檢查。

- 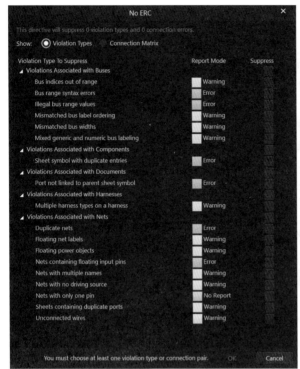 鈕設定哪些電氣規則不檢查，而按本按鈕後即可隨即開啟 No ERC 對話盒，如圖(38)所示，我們可在其中指定不檢查的電氣規則。其中有兩種設定方法，其操作如下說明：

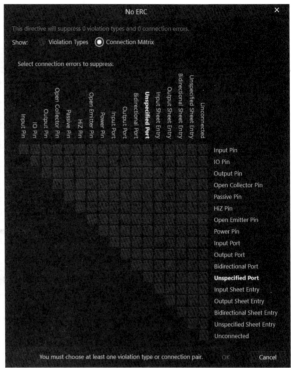

圖(38)　No ERC 對話盒

- 以違規狀況設定不檢查項目：選取 Violation Type 選項，如圖(38)之左圖所示。其中分為五類違規狀況如表(2)所示，而每類下各有細項。若不要檢查哪類或細項，則選取其右邊 Suppress 欄位的選項即可，而可選取多項。

表(2)　違規狀況

違規類別	說明
Violations Associated with Buses	與匯流排相關的違規狀況
Violations Associated with Components	與零件相關的違規狀況
Violations Associated with Documents	與檔案相關的違規狀況
Violations Associated with Harnesses	與束線相關的違規狀況
Violations Associated with Nets	與網路相關的違規狀況

■ 以陣列的形式表示各種接腳的連接，設定不檢查的連接狀況：選取 Connection Matrix 選項，如圖(38)之右圖所示。其中垂直軸與水平軸各有多種接腳，如表(3)所示，而其交叉選項代表這兩種接腳相連接，若要設定為不檢查的狀況，則選取之。

表(3)　接腳種類

接腳	說明	接腳	說明
Input Pin	輸入接腳	IO Pin	輸出入接腳
Output Pin	輸出接腳	Open Collector Pin	開集極式接腳
Passive Pin	被動式接腳	Open Emitter Pin	開射極式接腳
Power Pin	電源接腳	Input Port	輸入埠
Output Port	輸出埠	Bidirectional Port	輸出入埠
Unspecified Port	無方向性埠	Input Sheet Entry	輸入型進出點
Output Sheet Entry	輸出型進出點	Bidirectional Sheet Entry	輸出入型進出點
Unspecified Sheet Entry	無方向性進出點	Unconnected	空腳

4-7-3　定義差訊線對之應用

差訊線對(Differential Pair)是一種高速傳輸線，常見的網路線接頭(RJ45)、USB 介面、PCIe 介面、HDMI 介面等都採用差訊線對，以 USB 介面為例，其中的 D+與 D-信號線就是差訊線對。在進行電路板設計時，對於差訊線對必須特別處理，例如採用等長、等間距佈線(在設計規則中規範)，以達到高速、低雜訊干擾的目的。通常差訊線對是在電路板裡定義，而直接在電路圖中定義/標示差訊線對，並可同步傳輸到電路板編輯環境。當我們要標示差訊線對時，可按 🔄 鈕或按 P 、 V 、 F 鍵，游標上將出現一個浮動的差訊線對符號，再指向所要標示差訊線對符號的導線上，按滑鼠左鍵，即可放置一個差訊線對符號 (⬡)，如圖(39)所示。同時，游標上仍有一個浮動的差訊線對符號，我們可繼續放置差訊線對符號，或按滑鼠右鍵，結束放置差訊線對符號。

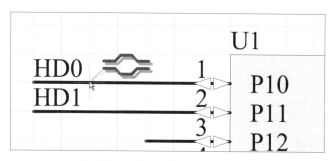

圖(39)　放置差訊線對符號

　　基本上，差訊線對是成對的，差訊線對符號必須定義兩條導線，而差訊線對符號的屬性與參數符號類似，除了定義差訊線對外，還可定義其參數、設計規則、網路分類等。若要編輯差訊線對符號，可指向差訊線對符號快按滑鼠左鍵兩下，開啟其屬性對話盒，如圖(40)所示。我們將可發現此屬性對話盒與參數符號之屬性對話盒(圖(29)，4-31 頁)完全一樣，操作方式也相同，在此不贅述。

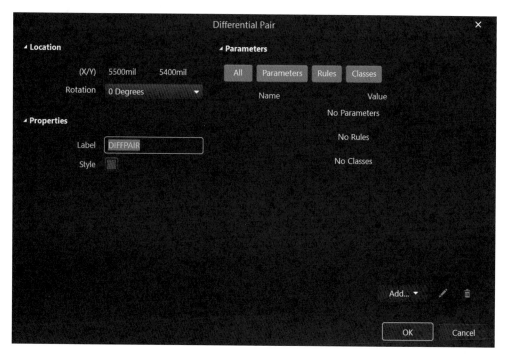

圖(40)　差訊線對符號之屬性對話盒

4-7-4　操作框之應用

　　操作框(Blanket)就像是程式中的括號，可將框內的電氣圖件，進行指定的操作，包括前述各項指示符號。我們可直接在電路圖裡放置操作框，以供後續設計電路之用。當要放置操作框時，可按 ■ 鈕，或按 P 、 V 、 L 鍵，指向所要放置操作框的一角，按一下滑鼠左鍵，移動游標拉出操作框，當操作框涵蓋所要操作的圖件後，按一下滑鼠左鍵，即可放置一個操作框。這時候，仍在放置操作框的狀態，可繼續放置操作框，或按滑鼠右鍵，結束放置操作框狀態。

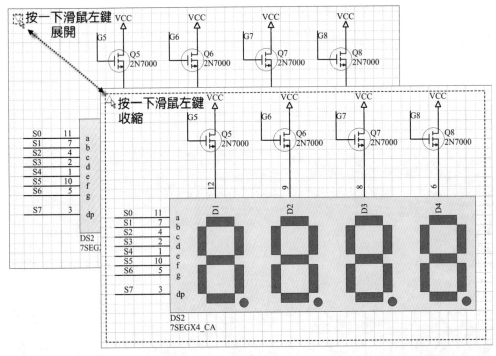

圖(41)　　收縮與展開操作框

　　完成操作框後，緊接著，可在此操作框上，放置其它指示性符號，以指示其動作或參數。

4-7-5　編譯遮罩之應用

編譯遮罩就像是「不檢查符號」，所不同的是不檢查符號只針對指定的一支接腳設定不檢查的指示，而編譯遮罩是設定不檢查設置區塊內的所有圖件。當要放置編譯遮罩時，可按▇鈕，或按 P 、 V 、 K 鍵，指向所要放置編譯遮罩的一角，按一下滑鼠左鍵，移動游標拉出編譯遮罩，當編譯遮罩涵蓋所要操作的圖件後，按一下滑鼠左鍵，即可放置一個編譯遮罩，如圖(42)所示。這時候，仍在放置編譯遮罩的狀態，可繼續放置編譯遮罩，或按滑鼠右鍵，結束放置編譯遮罩狀態。

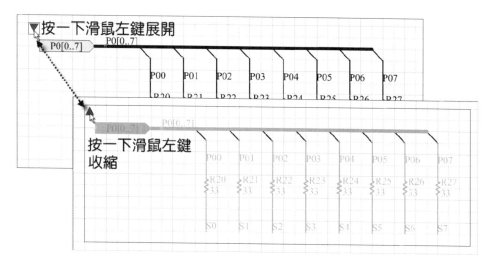

圖(42)　收縮與展開編譯遮罩

4-8　本章習作

1　試述在 Altium Designer 裡管理多張式圖紙，主要的方法有哪幾種？

2　試述如何在電路圖裡放置電路方塊圖？

3　在電路方塊圖進出點，可連接到內層電路圖的哪種圖件？

4　在建立電路方塊圖之後，如何產生其內層電路圖？

5　試說明不檢查符號的功能？並說明不檢查符號與編譯遮罩之異同？

6　試說明電氣吸附格點的功能？

7　Altium Designer 提供哪兩種電氣規則檢查？

8　在編譯之後，若沒有出現 Messages 面板，應如何開啟此面板？

9　若要設定圖紙尺寸，應如何操作？

10　請按圖(43)～(45)練習繪製平坦式電路圖，並編譯之。

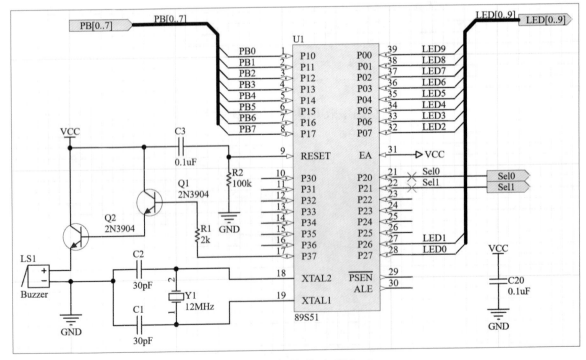

圖(43)　練習電路圖(一)

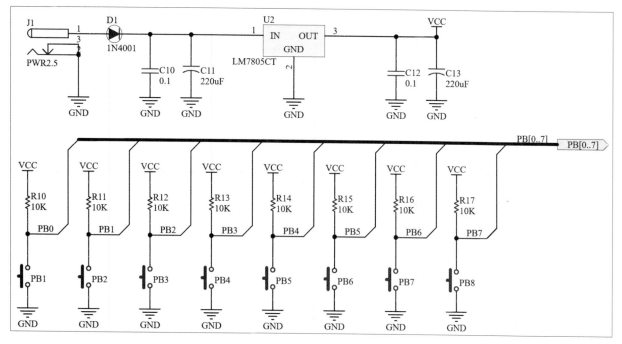

圖(44)　練習電路圖(二)

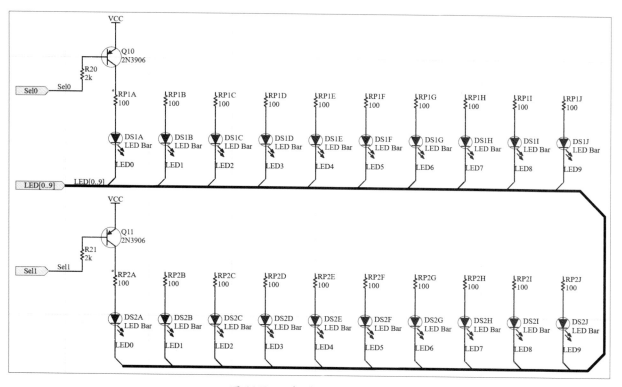

圖(45)　練習電路圖(三)

11 請按圖(46)～(48)練習繪製階層式電路圖，並編譯之。

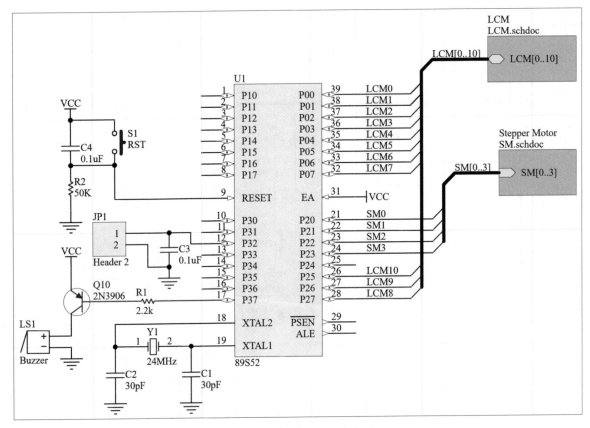

圖(46) 練習電路圖(四)

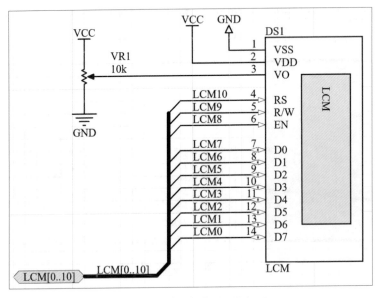

圖(47) 練習電路圖(五)

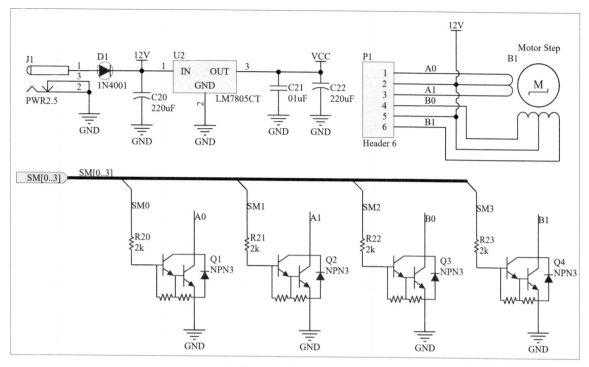

圖(48)　練習電路圖(六)

心得筆記

第 5 章

非電氣圖件之應用

5-1 圖形繪製

Altium Designer 提供許多不具有電氣特性的圖件，而這類繪製圖件的按鈕都放置在慣用工具列中，按住 ⌀ 鈕所拉下選單中，如圖(1)所示。

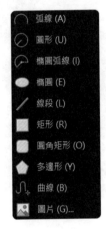

圖(1)　非電氣圖件之按鈕選單

5-1-1 繪製線段

導線(Wire)與線段(Line)之不同，在於導線具有電氣連接的特性，而線段不具有電氣連接的特性，僅用於美化圖面或說明。當要繪製線段時，則按住 ⌀ 鈕拉下選單，再選取 ╱ 鈕，或直接按 P 、 D 、 L 鍵，即進入繪製線段的狀態，游標上出現十字線，指向所要繪製線段的起點，按一下滑鼠左鍵，再移動滑鼠，即可拉出線段。畫線有個原則，就是轉彎之前按一下左鍵，以固定前段線段，而 Altium Designer 提供 5 種轉角模式，如圖(2)所示，在英文模式下(詳見圖(25)，2-30 頁)，按 ⇧Shift + 鍵即可切換轉角模式。到達終點時，按滑鼠左鍵兩下，再按一下滑鼠右鍵，即可完成該線段。這時候，仍在繪製線段的狀態，可另尋新的起點，以同樣的方式繪製線段，或按滑鼠右鍵，結束繪製線段狀態。

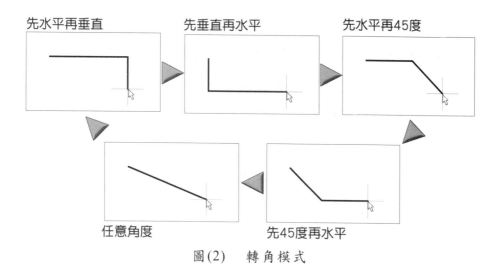

先水平再垂直　　先垂直再水平　　先水平再45度

任意角度　　先45度再水平

圖(2)　轉角模式

若要編輯線段的屬性，可指向該線段快按滑鼠左鍵兩下，開啟其屬性對話盒，如圖(3)所示，其中各項如下說明：

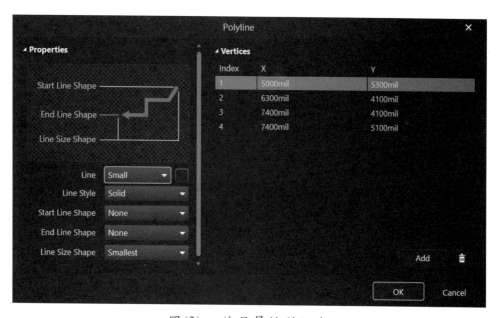

圖(3)　線段屬性對話盒

▶ Properties

此區塊最上方顯示線段屬性的圖說，分別於其下欄位中，可設定其屬性，如下說明：

- Line 欄位可拉下線寬選單，包括 Smallest、Small、Medium、Large 四種線寬選項。在右邊的色塊裡，可設定其顏色。

- Line Style 欄位可拉下線段樣式選單，包括 Solid、Dashed、Dotted、Dash Dotted 四種線段樣式選項，如圖(4)所示。

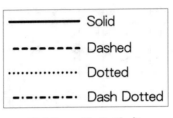

圖(4)　線段樣式

- Start Line Shape 欄位可拉下線段起點形狀選單，包括 None、Arrow、Solid Arrow、Tail、Solid Tail、Circler 及 Square 等七種線段起點形狀選項，如圖(5)所示。

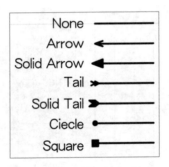

圖(5)　線段之端點形狀

- End Line Shape 欄位可拉下線段終點形狀選單，其中選項與起點形狀選單相同，如圖(5)所示。

- Line Size Shape 欄位可拉下線段端點形狀大小選單，包括 Smallest、Small、Medium、Large 等四種形狀選單。

▶ Vertices

在此顯示此線段的各節點座標，可直接修改之。

5-1-2　繪製多邊形

多邊形(Polygon)是一種可自定外形的形狀,可用於美化圖面或說明。當我們要繪製線段時,可按 ⬠ 鈕或按 P 、 D 、 Y 鍵,即進入繪製多邊形的狀態,游標上出現十字線,指向所要繪製多邊形的一角,按一下滑鼠左鍵,再移動滑鼠,即可拉出線段。在轉彎之前,按一下滑鼠左鍵,即可拉出三角形,以此類推。如圖(6)所示,到達最後一角時,按一下滑鼠左鍵,再按一下滑鼠右鍵,即可完成該多邊形。這時候,仍在繪製多邊形狀態,我們可另尋新的起點,以同樣的方式繪製多邊形,或按滑鼠右鍵,結束繪製多邊形狀態。

圖(6)　繪製多邊形

當我們要編輯多邊形的外形屬性時,則先選取該多邊形,而多邊形上的端點上,將出現控點,如圖(7)所示。這時候,可直接拖曳控點,以改變其形狀。若拖曳其邊線,則可平移該邊線。

圖(7)　選取多邊形

若要編輯多邊形的屬性時,可指向該多邊形,快按滑鼠左鍵兩下,開啟其屬性對話盒,如圖(8)所示。

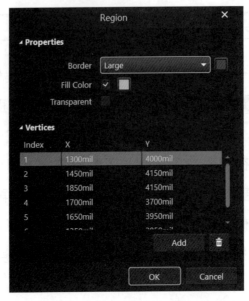

圖(8) 多邊形屬性對話盒

Properties

在此為多邊形的屬性，如下說明：

- Border 欄位可拉下邊框之線寬選單，包括 Smallest、Small、Medium、Large 四種線寬選項。在右邊的色塊裡，可設定其顏色。

- Fill Color 選項設定填滿顏色，而可在右邊色塊中指定填滿的顏色。

- Transparent 選項設定該多邊形透明，如圖(9)所示，當兩多邊形部分重疊就可看出透明的特性。

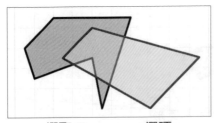
選取 Transparent 選項

不選取 Transparent 選項

圖(9) 透明(左圖)與不透明(右圖)

Vertices

在此顯示此線段的各節點座標，雖可直接修改，但直接在編輯區裡拖曳調整比較方便。

若要刪除多邊形，則先選取之，再按 [Del] 鍵即可刪除該多邊形。

5-1-3　繪製弧線

弧線(Arc)是一種圓形弧線的形狀，可用於美化圖面或說明。當要繪製弧線時，可按 ◯ 鈕或按 [P]、[D]、[A] 鍵，即進入繪製弧線的狀態，游標上出現十字線，緊接著按下列步驟操作：

1. 指向所要繪製弧線的圓心，按一下滑鼠左鍵。

2. 再移動滑鼠，即可拉出其半徑，當半徑大小適切後，按一下滑鼠左鍵。

3. 滑鼠自動跑到弧線起點，即可移動滑鼠定義起點。當起點位置適切後，按一下滑鼠左鍵。

4. 滑鼠自動跑到弧線終點，即可移動滑鼠定義終點。當終點位置適切後，按一下滑鼠左鍵，即完成此弧線，如圖(10)所示。

這時候，仍在繪製弧線狀態，可另尋新的圓心，以同樣的方式繪製弧線，或按滑鼠右鍵，結束繪製弧線狀態。

1.按一下左鍵
　固定圓心

2.移動滑鼠拉開半徑
　按一下左鍵

3.移動滑鼠定義起點
　按一下左鍵

4.移動滑鼠定義終點
　按一下左鍵

5.完成弧線

圖(10)　畫弧線

當要編輯弧線的外形時，則先選取該弧線，而弧線上將出現控點，如圖(11)所示。這時候，可直接拖曳半徑控點，以改變其半徑；若拖曳其起點，則可改變其起點位置；若拖曳其終點，則可改變其終點位置。

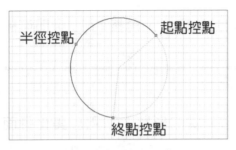

圖(11) 選取弧線

若要編輯弧線的屬性時，可指向所要編輯的弧線，快按滑鼠左鍵兩下，開啟其屬性對話盒，如圖(12)所示，其中各項如下說明：

圖(12) 弧線屬性對話盒

⊙ Location

在此為弧線的圓心座標。

⊙ Properties

在此為弧線的屬性，如下說明：

- Width 欄位可拉下弧線之線寬選單，包括 Smallest、Small、Medium、Large 四種線寬選項。在右邊的色塊裡，可設定其顏色。

- Radius 欄位設定弧線之半徑。

- Start Angle 欄位設定弧線之起始角度。

- End Angle 欄位設定弧線之結束角度。

若要刪除弧線，可選取之，再按 Del 鍵即可刪除該弧線。

5-1-4　繪製橢圓弧線

橢圓弧線(Elliptical Arc)是一種可自定 X 軸與 Y 軸半徑的弧線，其基本操作與弧線的操作一樣，但在定義半徑時，必須分別指定 X 軸與 Y 軸的半徑。當要繪製橢圓弧線時，可按 鈕或按 P 、 D 、 I 鍵，即進入繪製橢圓弧線的狀態，游標上出現十字線，緊接著按下列步驟操作：

1. 指向所要繪製橢圓弧線的圓心，按一下滑鼠左鍵。

2. 游標跳至左邊，再移動滑鼠，即可改變其 X 軸半徑，當 X 軸半徑大小適切後，按一下滑鼠左鍵。

3. 游標跳至上面，再移動滑鼠，即可改變其 Y 軸半徑，當 Y 軸半徑大小適切後，按一下滑鼠左鍵。

4. 游標自動跑到橢圓弧線起點，即可移動滑鼠定義起點。當起點位置適切後，按一下滑鼠左鍵。

5. 游標自動跑到橢圓弧線終點，即可移動滑鼠定義終點。當終點位置適切後，按一下滑鼠左鍵，即完成此橢圓弧線，如圖(13)所示。

這時候，仍在繪製橢圓弧線狀態，可另尋新的圓心，以同樣的方式繪製橢圓弧線，或按滑鼠右鍵，結束繪製橢圓弧線狀態。

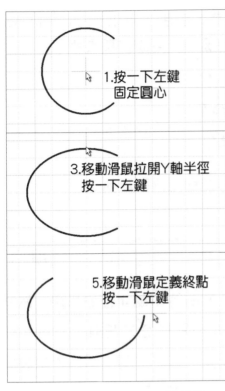
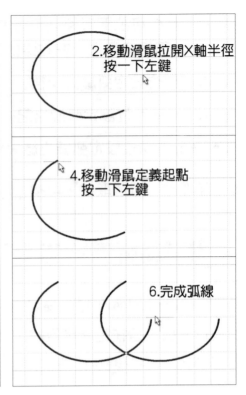

圖(13)　畫橢圓弧線

　　若要編輯橢圓弧線的屬性時，則先選取該橢圓弧線，而弧線上將出現控點，如圖(14)所示。這時候，可直接拖曳半徑控點，以改變其半徑；若拖曳其起點，即可改變其起點位置；若拖曳其終點，即可改變其終點位置。

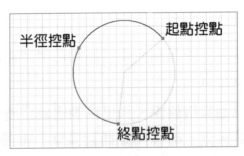

圖(14)　選取橢圓弧線

　　若要編輯橢圓弧線的屬性時，可指向橢圓弧線，快按滑鼠左鍵兩下，開啟其屬性對話盒，如圖(15)所示，其中各項與弧線的屬性對話盒類似，而橢圓弧線有兩個半徑 Radius (X)欄位與 Radius (Y)欄位，分別設定 X 軸的半徑與 Y 軸的半徑。

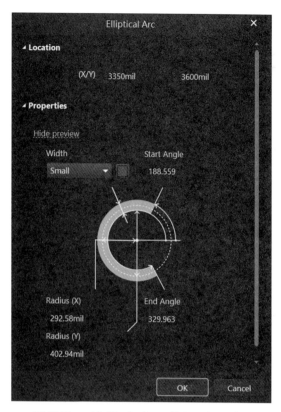

圖(15)　橢圓弧線之屬性對話盒

若要刪除橢圓弧線，可選取之，再按 [Del] 鍵即可刪除該橢圓弧線。

5-1-5　繪製曲線

　　Altium Designer 提供向量式貝茲曲線(Bezier curve)，可畫像正弦波之類的線條，蠻漂亮的！當我們要繪製貝茲曲線時，可按 鈕或按 [P]、[D]、[B] 鍵，即進入繪製貝茲曲線的狀態，游標上出現十字線，指向所要繪製貝茲曲線的一角，按一下滑鼠左鍵，再移動滑鼠，即可拉出線段。在轉彎之前，按一下滑鼠左鍵，即可拉出三角形，以此類推。如圖(16)所示，到達最後一角時，按一下滑鼠左鍵，再按一下滑鼠右鍵，即可完成該貝茲曲線。這時候，仍在繪製貝茲曲線狀態，我們可另尋新的起點，以同樣的方式繪製貝茲曲線，或按滑鼠右鍵，結束繪製貝茲曲線狀態。

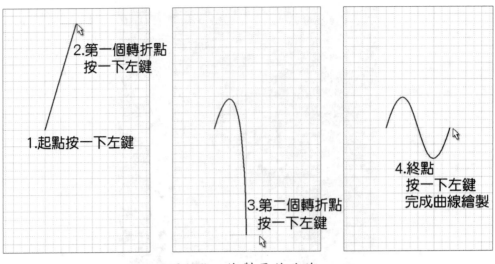

圖(16)　繪製貝茲曲線

　　當我們要編輯貝茲曲線的外形時，則先選取該貝茲曲線，而貝茲曲線上的端點上，將出現控點，如圖(17)所示，可直接拖曳控點，以改變其形狀。

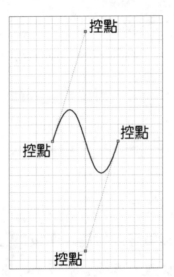

圖(17)　貝茲曲線之控點

　　若要編輯貝茲曲線的屬性，可指向貝茲曲線快按滑鼠左鍵兩下，開啟其屬性對話盒，如圖(18)所示，其中各項如下說明：

- Curve Width 欄位可拉下貝茲曲線之線寬選單，包括 Smallest、Small、Medium、Large 四種線寬選項。在右邊的色塊裡，可設定其顏色。

圖(18)　貝茲曲線之屬性對話盒

若要刪除貝茲曲線，則先選取之，再按 [Del] 鍵即可刪除該貝茲曲線。

5-1-6　繪製矩形

在電路圖裡，矩形(Rectangle)是一種蠻實用圖形，可用於美化圖面或說明。當我們要繪製矩形時，可按 ■ 鈕或按 [P]、[D]、[R] 鍵，即進入繪製矩形的狀態，游標上出現十字線，指向所要繪製矩形的一角，按一下滑鼠左鍵，再移動滑鼠，即可拉出矩形。當大小適切後，按一下滑鼠左鍵，即可完成此矩形，如圖(19)所示。這時候，仍在繪製矩形狀態，我們可另尋新的起點，以同樣的方式繪製矩形，或按滑鼠右鍵，結束繪製矩形狀態。

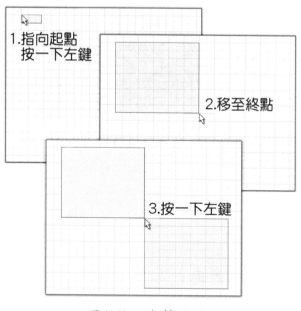

圖(19)　繪製矩形

　　當要編輯矩形的外形時，則先選取該矩形，而矩形上的端點上，將出現控點，如圖(20)所示。這時候，就可以直接拖曳控點，以改變其大小與形狀。

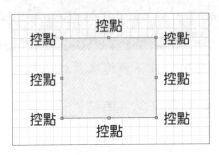

圖(20)　矩形之控點

　　當我們要編輯矩形的屬性時，可指向該矩形快按滑鼠左鍵兩下，開啟其屬性對話盒，如圖(21)所示，其中各項如下說明：

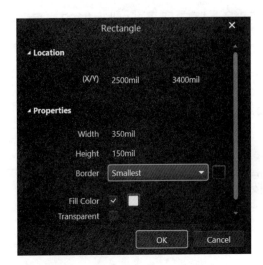

圖(21)　矩形之屬性對話盒

Location

在此為矩形的座標。

Properties

在此為矩形的屬性，如下說明：

- Width 欄位為矩形的寬度。

- Height 欄位為矩形的高度。

- Border 欄位可拉下矩形邊框之線寬選單，包括 Smallest、Small、Medium、Large 四種線寬選項。在右邊的色塊裡，可設定其顏色。

- Fill Color 選項設定填滿顏色，而可在右邊色塊中指定填滿的顏色。

- Transparent 選項設定該矩形透明。

若要刪除矩形，可選取之，再按 Del 鍵即可刪除該矩形。

5-1-7　繪製圓角矩形

圓角矩形(Round Rectangle)與矩形類似，但其四個轉角為圓形，且可改變其半徑。當要繪製圓角矩形時，可按 鈕或按 P 、 D 、 O 鍵，即進入繪製圓角矩形的狀態，游標上出現十字線，指向所要繪製圓角矩形的一角，按一下滑鼠左鍵，再移動滑鼠，即可拉出圓角矩形。當大小適切後，按一下滑鼠左鍵，即可完成此圓角矩形。這時候，仍在繪製圓角矩形狀態，可另尋新的起點，以同樣的方式繪製圓角矩形，或按滑鼠右鍵，結束繪製圓角矩形狀態。

當要編輯圓角矩形的外形時，則先選取該圓角矩形，而圓角矩形的端點上，將出現控點，如圖(22)所示。這時候，可直接拖曳控點，改變其形狀。若拖曳其半徑控點，可同時改變四個轉角的半徑，而 X 軸半徑與 Y 軸半徑可不同。

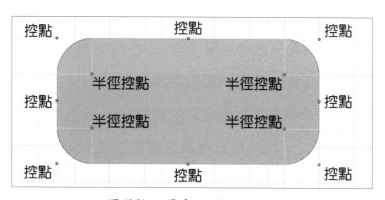

圖(22)　圓角矩形之控點

若要編輯圓角矩形的屬性時，可指向該圓角矩形，快按滑鼠左鍵兩下，開啟其屬性對話盒，如圖(23)所示，其中各項如下說明：

圖(23)　圓角矩形的屬性對話盒

◗ Location

在此為圓角矩形的座標。

◗ Properties

在此為圓角矩形的屬性，如下說明：

- Width 欄位為圓角矩形的寬度。

- Height 欄位為圓角矩形的高度。

- Corner X Radius 欄位為圓角矩形的轉角之 X 軸半徑。

- Corner Y Radius 欄位為圓角矩形的轉角之 Y 軸半徑。

- Border 欄位可拉下圓角矩形邊框之線寬選單，包括 Smallest、Small、Medium、Large 四種線寬選項。在右邊的色塊裡，可設定其顏色。

- Fill Color 選項設定填滿顏色，而可在右邊色塊中指定填滿的顏色。

若要刪除圓角矩形，可選取之，再按 Del 鍵即可刪除該圓角矩形。

5-1-8　繪製橢圓形

橢圓形(Ellipse)與圓形類似,但其 X 軸半徑與 Y 軸半徑可以不相等。當要繪製橢圓形時,可按 ⬭ 鈕或按 P 、 D 、 E 鍵,即進入繪製橢圓形的狀態,游標上出現十字線,指向所要繪製橢圓形的圓心,按一下滑鼠左鍵,再移動滑鼠拉出 X 軸半徑。當 X 軸半徑適切後,按一下滑鼠左鍵,再移動滑鼠拉出 Y 軸半徑。當 Y 軸半徑適切後,按一下滑鼠左鍵,即可完成此橢圓形,如圖(24)所示。這時候,仍在繪製橢圓形狀態,可另尋新的圓心,以同樣的方式繪製橢圓形,或按滑鼠右鍵,結束繪製橢圓形狀態。

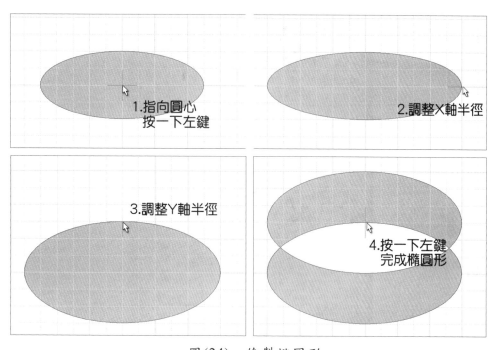

圖(24)　繪製橢圓形

當我們要編輯橢圓形的外形時,則先選取該橢圓形,而橢圓形上將出現控點,如圖(25)所示。這時候,可直接拖曳控點,以改變其形狀。

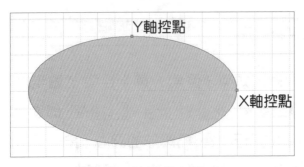

圖(25)　橢圓形之控點

當我們要編輯橢圓形的屬性時，指向該橢圓形，快按滑鼠左鍵兩下，開啟其屬性對話盒，如圖(26)所示，其中各項如下說明：

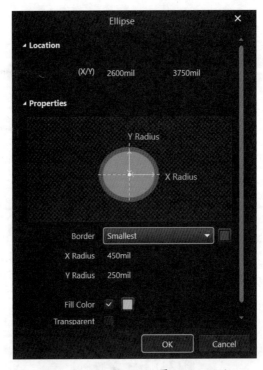

圖(26)　橢圓形之屬性對話盒

Location

在此為橢圓形的座標。

Properties

在此為橢圓形的屬性，如下說明：

- Border 欄位可拉下橢圓形邊框之線寬選單，包括 Smallest、Small、Medium、Large 四種線寬選項。在右邊的色塊裡，可設定其顏色。

- X Radius 欄位為橢圓形的 X 軸半徑。

- Y Radius 欄位為橢圓形的 Y 軸半徑。

- Fill Color 選項設定填滿顏色，而可在右邊色塊中指定填滿的顏色。

- Transparent 選項設定橢圓形透明。

若要刪除橢圓形，可選取之，再按 Del 鍵即可刪除該橢圓形。

5-1-9　繪製圓形線

　　圓形線(Full Circle)與弧線非常類似，圓形線雖然叫做 Full Circle，卻不一定是完整的圓形線，它可以是圓形上的部分線段，與弧線完全一樣，實在難以理解 Altium Designer 為何要準備如此多的工具！當要繪製圓形線時，可按 鈕或按 P 、 D 、 U 鍵，即進入繪製圓形線的狀態，游標上出現十字線，指向所要繪製圓形線的圓心，按一下滑鼠左鍵，再移動滑鼠，即可拉出其大小。當大小適切後，按一下滑鼠左鍵，即完成該此圓形線，如圖(27)所示。這時候，仍在繪製圓形線狀態，可另尋新的圓心位置，以同樣的方式繪製圓形線，或按滑鼠右鍵，結束繪製圓形線狀態。

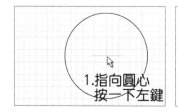 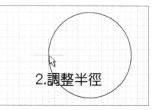 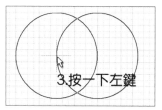

圖(27)　繪製圓形線

　　當要編輯圓形線的外形時，則先選取該圓形線，而圓形線上將出現控點，如圖(28)所示。這時候，可直接拖曳半徑控點，以改變其大小。若拖曳其起點/終點控點，則可調整成圓弧線。

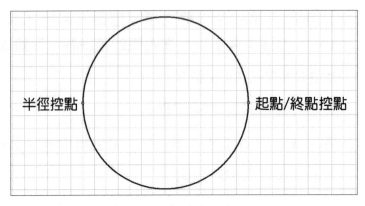

圖(28)　圓形線之控點

　　圓形線的屬性與弧線的屬性完全一樣，詳見 5-18 頁在此不贅述。若要刪除圓形線，可選取之，再按 [Del] 鍵即可刪除該圓形線。

　　放置圖片

　　有些場合，必須在電路圖裡放置圖片，例如在電路圖裡放置公司的 Logo，或具有特殊意含的圖片，更能凸顯該電路圖的質感。當我們要放置圖片時，可按 鈕或按 [P]、[D]、[G] 鍵，即進入放置圖片狀態，游標上出現一個圖框，如圖(29)所示。

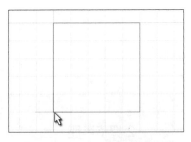

圖(29)　放置圖片狀態

　　按一下滑鼠左鍵，再移動滑鼠，即可拉開區塊大小(放置圖片之用)；當大小適切後，再按滑鼠左鍵，螢幕跳出一個開檔對話盒，如圖(30)所示。

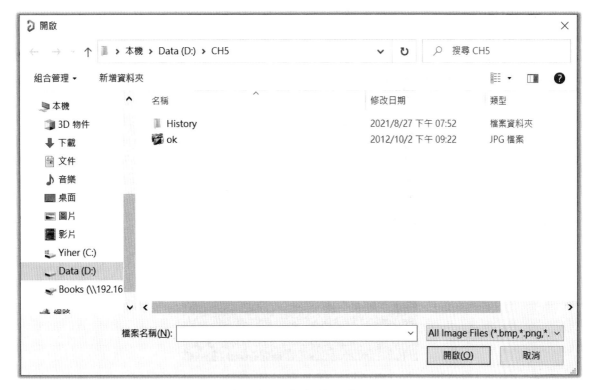

圖(30)　開檔對話盒

Altium Designer 所能接受的圖檔格式，包括*.bmp、*.dib、*.rle、*.png、*.jpg、*.tif、*.svg、*.gif、*.wmf、*.emf、*.pcx、*.dcx、*.tga 等。指定圖片檔案之後，按 開啟(O) 鈕關閉對話盒，即可將此圖片放入區塊之中，如圖(31)所示。同時，游標上仍有一個相同的浮動區塊，可繼續放置圖片，或按滑鼠右鍵結束放置圖片。

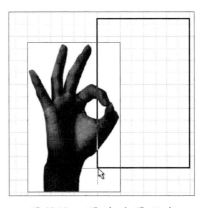

圖(31)　圖片放置完成

當要編輯圖片的屬性時，則指向該圖片，快按滑鼠左鍵兩下，即可開啟如圖(32)所示之對話盒。

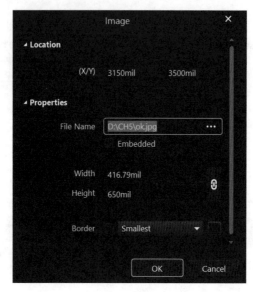

圖(32)　圖片屬性對話盒

Location

在此為圖片的座標。

Properties

在此為圖片的屬性，如下說明：

- File Name 欄位為此圖片的檔名，可改變指定其他圖檔。

- Embedded 選項設定將圖片檔嵌入電路圖檔中，才不會因為找不到圖檔，而無法顯示。

- Width 欄位為此圖片的寬度。

- Height 欄位為此圖片的高度。

- 在 Width 欄位與 Height 欄位右邊的按鈕設定是否鎖定圖片的寬高比。

- Border 選項設定圖片加外框線，並可在右邊欄位可拉下外框線之線寬選單，包括 Smallest、Small、Medium、Large 四種線寬選項。在右邊的色塊裡，可設定其顏色。

若要刪除圖片，可選取之，再按 ⌈ Del ⌉ 鍵即可刪除該圖片。

5-3　放置文字

基本上，文字是給人看的媒介，但在 Altium Designer 裡提供各式各樣的文字，包括文字列、文字框與備註，不但具有說明功能，還提供電路設計的進一步用途。其中的文字列，在 3-4 節中已介紹，詳見 3-12 頁，在此不贅述。

5-3-1　放置文字框

文字框(Text Frame)與文字列之最明顯差異，在於文字框為整段或整篇文字，甚至可用在 VHDL 設計。當我們要放置文字框時，可按住慣用工具列的 A 鈕，拉下選單，再選 鈕，或按 ⌈ P ⌉、⌈ F ⌉ 鍵，即進入放置文字框狀態，游標上出現一個框，移至適切位置，按一下左鍵，再移動滑鼠，拉出一個框，大小適切後，按一下滑鼠左鍵，即完成此文字框，如圖(33)所示。

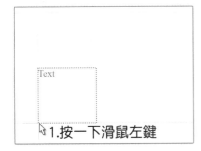

圖(33)　放置文字框之步驟

這時候，仍在放置文字框狀態，可繼續放置下一個文字框，或按滑鼠右鍵，結束放置文字框狀態。若要改變文字框的大小，則選取該文字框，如圖(34)所示，然後拖曳其四周的控點，即可改變其大小。

圖(34)　選取文字框

　　若要直接編輯文字框的內容，可選取文字框後，文字框四周出現控點，再按一下滑鼠左鍵，即可直接在編輯區裡編輯其內容(線上編輯)。

　　若要編輯文字框的屬性，可指向文字框，快按滑鼠左鍵兩下，開啟其屬性對話盒，如圖(35)所示，其中各項如下說明：

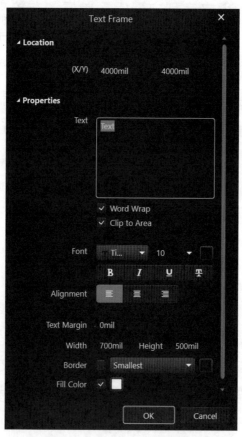

圖(35)　文字框屬性對話盒

▶ Location

在此為文字框的座標。

▶ Properties

在此為文字框的屬性，如下說明：

- Text 區塊為此文字框的內容編輯區，可直接在其中輸入文字(中英文皆可)，若要強制換行，可按 Ctrl + Enter 鍵。

- Word Wrap 選項設定當文字超過文字框寬度時，自動將超出部分折到下一行。

- Clip to Area 選項設定當文字超過文字框寬度時，不顯示超出部分的文字。

- Font 右邊可以指定文字的字型、大小與顏色。並可應用其下的 B I U T 按鈕，設定文字樣式。

- Alignment 右邊可以指定輸文字之對齊方式。

- Text Margin 欄位為此文字與邊框之間距。

- Width 欄位為此文字框的寬度。

- Height 欄位為此文字框的高度。

- Border 選項設定文字框加外框線，並可在右邊欄位可拉下外框線之線寬選單，包括 Smallest、Small、Medium、Large 四種線寬選項。在右邊的色塊裡，可設定其顏色。

- Fill Color 選項設定此文字框是否填滿顏色，而可在其右邊的色塊裡，設定填滿的顏色。

若要刪除文字框，可選取之，再按 Del 鍵即可刪除該文字框。

5-3-2 放置備註

　　備註(Note)就像是便利貼一樣，可視為小小的筆記或提示，而 Altium Designer 在處理這個小工具時也很用心！當要放置備註時，可按 N 鈕，即進入放置備註的狀態，游標上出現一個浮動的備註區塊，指向所要放置備註的一角，按一下滑鼠左鍵，再移動滑鼠，即可拉出其大小。當大小適切後，按一下滑鼠左鍵，即完成該此備註，如圖(36)所示。這時候，仍在放置備註狀態，可另尋新的位置，以同樣的方式放置備註，或按滑鼠右鍵，結束放置備註狀態。

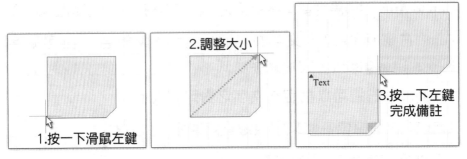

圖(36)　放置備註

　　Altium Designer 所提供的備註，可收縮或展開，在備註區塊右上方有個紅色箭頭，指向這個紅色箭頭，按一下滑鼠左鍵，則備註區塊將收縮起來；若指向這個紅色箭頭，按一下滑鼠左鍵，則備註區塊將展開，如圖(37)所示。

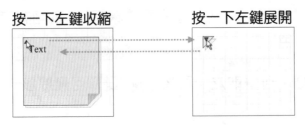

圖(37)　備註區塊之收縮與展開

　　若要直接編輯備註的內容，可選取備註後，備註四周出現控點，再按一下滑鼠左鍵，即可直接在編輯區裡編輯其內容。

若要編輯備註的屬性，則指向備註，快按滑鼠左鍵兩下，開啟如圖(38)所示之屬性對話盒。

圖(38) 備註之屬性對話盒

很明顯地，這個對話盒與文字框之屬性對話盒(圖(35)，5-24 頁)相當神似！只在最下方多出兩個項目，如下說明：

● Author 欄位為發行此備註的作者，可使用中文。

● Collapsed 選項設定此備註可折疊收縮與展開。

很明顯的，備註就是一種縮放的文字框！若要刪除備註，可選取之，再按 Del 鍵即可刪除該備註。

5-4　圖件排列

　　Altium Designer 提供非常實用的圖件排列功能，可以快速有效地將圖件排列整齊。雖然這些圖件排列功能，適用於所有圖件之排列，但不建議用在電氣圖件上，因為電氣圖件並不在乎是否排列整齊，而在乎是否達到電氣連接之目的。若為了排列好看，而忽略電氣連接，就無法達到電路圖的主要目的。

　　在慣用工具列裡，按住 鈕即可拉下圖件排列按鈕選單，如圖(39)所示，如下說明：

圖(39)　圖件排列按鈕選單

排列

Altium Designer 也將上述功能集中在一個對話盒裡，讓操作一次完成。選取所要排列的圖件，再啟動[編輯]/[排列]/[排列]命令，或直接按 E 、 G 、 A 鍵，即可開啟如圖(40)所示之對話盒。

其中分為左右兩個區塊，左邊提供水平排列的選項，而右邊提供垂直排列的選項，下面還有個獨立的移至格點的功能選項。可以從左邊選取一個水平排列的選項，也可以同時再右邊選取一個垂直排列的選項，再選取下面的移動

圖件到格點選項，一次就執行三種調整。當然，也可只選一種功能。選取所要操作的選項，再按 ■ 確認 ■ 鈕即可進行排列。

圖(40)　排列對話盒

● ■靠左對齊

若要將多個圖件進行靠左對齊時，首先選取所要排列的圖件，再按■鈕或按 [Ctrl] + [⇧Shift] + [L] 鍵，則所選取的圖件將以最左邊的圖件為準，全部向左靠齊。

● ■靠右對齊

若要將多個圖件進行靠右對齊時，首先選取所要排列的圖件，再按■鈕或按 [Ctrl] + [⇧Shift] + [R] 鍵，則所選取的圖件將以最右邊的圖件為準，全部向右靠齊。

● ■水平置中對齊

若要將多個圖件進行水平置中對齊時，首先選取所要排列的圖件，再按■鈕或按 [E] 、 [G] 、 [C] 鍵，即可將所選取的圖件之中，最左邊與最右邊圖件之正中間為準，全部置中對齊。

◗ 水平等間距排列

若要將多個圖件進行水平等間距排列時，首先選取所要排列的圖件，再按 按鈕或按 Ctrl + ⇧Shift + H 鍵，即可將所選取的圖件，進行水平(左右)等間距排列。

◗ 靠上對齊

若要將多個圖件進行靠上對齊時，首先選取所要排列的圖件，再按 鈕或按 Ctrl + T 鍵，則所選取的圖件將以最上面的圖件為準，全部向上靠齊。

◗ 靠下對齊

若要將多個圖件進行靠下對齊時，首先選取所要排列的圖件，再按 鈕或按 Ctrl + B 鍵，則所選取的圖件將以最下面的圖件為準，全部向下靠齊。

◗ 垂直置中對齊

若要將多個圖件進行垂直置中對齊時，首先選取所要排列的圖件，再按 鈕或按 E 、 G 、 V 鍵，即可將所選取的圖件之中，最上面與最下面圖件之正中間為準，全部置中對齊。

◗ 垂直等間距排列

若要將多個圖件進行垂直等間距排列時，首先選取所要排列的圖件，再按 鈕或按 Ctrl + ⇧Shift + V 鍵，即可將所選取的圖件，進行垂直(上下)等間距排列。

◗ 對齊工作格點

「不在格點上」可能會造成電氣連接上的困擾，在這種情況下，可應用對齊工作格點功能，讓所選取的圖件，就近靠到格點上。首先選取所要調整的圖件，再按 鈕或按 Ctrl + ⇧Shift + D 鍵，則所選取的圖件將就近移至格點上。

5-5　上下疊之位置調整

在 5-4 節裡所介紹的是圖件排列功能(以對齊為主的功能)。若圖件重疊的話,雖然有些圖件可設定透明程度,但還是有上下疊的問題。如圖(41)之左圖所示,兩個矩形部分重疊,標示 A 的矩形在下面、標示 B 的矩形在上面,若不設定透明選項,被 B 矩形蓋住的部分,看不見下面的 A 矩形。而在圖(41)之右圖裡,已設定透明選項。

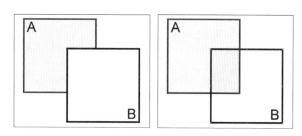

圖(41)　上下疊範例(左圖不透明,右圖透明)

Altium Designer 提供了 4 項調整圖件上下疊的工具,如下說明:

上推一層

若要將某個圖件往上一層移動,可啟動[編輯]/[搬移]/[上推一層]命令,或按 E 、 M 、 F 鍵,進入上移狀態,游標上出現一個大十字線。在指向所要上一的圖件,按一下滑鼠左鍵,即可將該圖件上移一層。若所指位置不只一個圖件,則會拉出選單,如圖(42)所示。

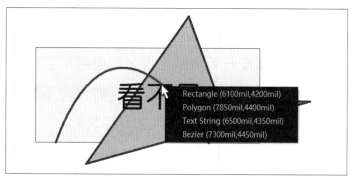

圖(42)　指向重疊圖件按滑鼠左鍵

這時候，只要選取所上移的圖件，即可將該圖件上移。而完成上移後，仍在上移狀態，可繼續指定所要上移的圖件，或按滑鼠右鍵結束上移狀態。

▶ 下推一層

若要將某個圖件往下一層移動，可啟動[編輯]/[搬移]/[下推一層]命令，或按 `E` 、 `M` 、 `B` 鍵，進入下移狀態，游標上會出現一個大十字線。在指向所要下移的圖件，按一下滑鼠左鍵，即可將該圖件下移一層。而完成下移後，仍在下移狀態，可繼續指定所要下移的圖件，或按滑鼠右鍵結束下移狀態。

▶ 移至指定物件之上層

若要將某個圖件移至指定參考圖件的上一層，可啟動[編輯]/[搬移]/[移至指定物件之上層]命令，或按 `E` 、 `M` 、 `O` 鍵，進入移至指定物件之上移狀態，游標上出現一個大十字線。在指向所要移動的圖件，按一下滑鼠左鍵；再指向參考圖件，再按一下滑鼠左鍵，即可將所要移動的圖件移至參考圖件的上一層。而完成移動後，仍在移至指定物件之上移狀態，可繼續進行搬移，或按滑鼠右鍵結束移至指定物件之上移狀態。

▶ 移至指定物件之下層

若要將某個圖件移至指定參考圖件的下一層，可啟動[編輯]/[搬移]/[移至指定物件之下層]命令，或按 `E` 、 `M` 、 `T` 鍵，進入移至指定物件之下移狀態，游標上出現一個大十字線。在指向所要移動的圖件，按一下滑鼠左鍵；再指向參考圖件，再按一下滑鼠左鍵，即可將所要移動的圖件移至參考圖件的下一層。而完成移動後，仍在移至指定物件之下移狀態，可繼續進行搬移，或按滑鼠右鍵結束移至指定物件之下移狀態。

5-6　本章習作

1　試述線段的樣式有哪幾種？而其端點形狀有哪幾種？

2　試述線段有哪幾種轉角模式？繪製線段時，如何切換轉角模式？

3　試述橢圓弧線與弧線之不同？

4　試說明如何應用貝茲曲線來繪製一條正弦波形？

5　試述如何調整圓角矩形之轉角半徑？

6　試說明放置圖片的步驟為何？而在電路圖裡，可接受的圖片格式有哪幾種？

7　試述文字列與網路名稱之異同？

8　試比較文字框與備註的異同？

9　若要將選取的圖件向上靠齊，可使用之快速鍵為何？而向下靠齊之快速鍵為何？

10　若要將選取的圖件，進行垂直等間距排列，其快速鍵為何？而其排列的原則為何？

11　請按圖(43)～(45)練習繪製電路圖。

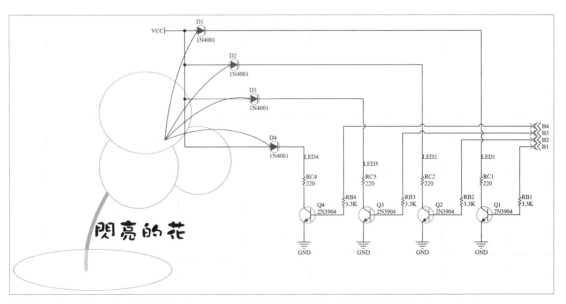

圖(43)　繪圖練習(一)

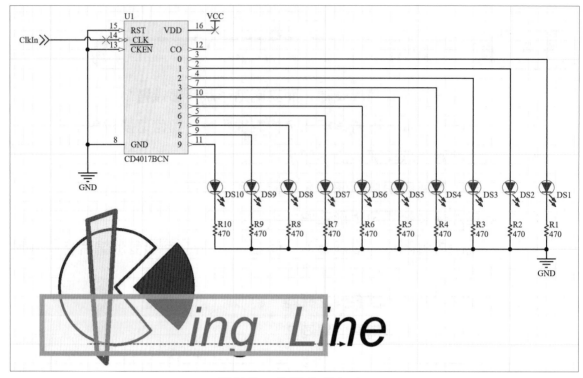

圖(44)　繪圖練習(二)

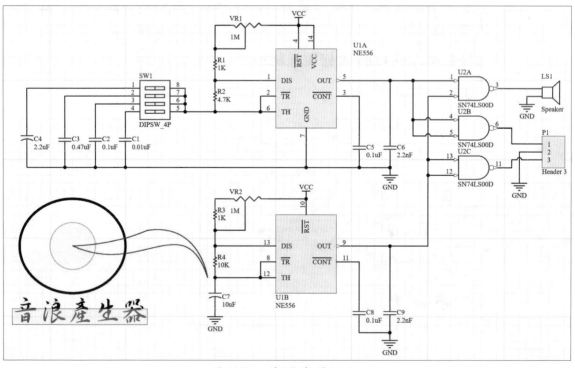

圖(45)　繪圖練習(三)

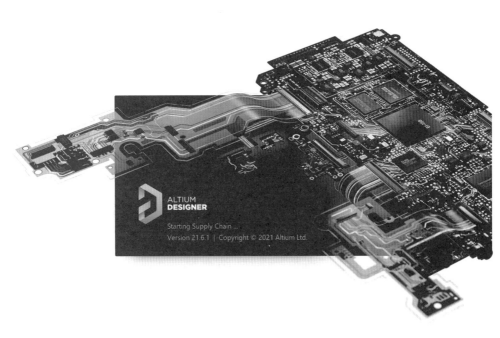

第 6 章

快速電路板設計

6-1　電路圖與電路板介面

如圖(1)所示，在此使用的零件皆取自 CH6.IntLib(放置在本書的教學資源網站)，掛載此零件庫後，再按圖(1)繪製。當電路圖繪製完成後，即可準備設計電路板。而在設計電路板之前，請先確認下列事項：

- 確認此電路圖是屬於專案下的一個電路圖檔，而非「Free Documents」下的電路圖檔，並按 Ctrl + S 鍵存檔。

- 在同一個專案下，是否有電路板檔案(PcbDoc)。若無，可啟動[檔案]/[新增]/[電路板檔案]命令，即可新增一個空的電路板檔案，並存檔。

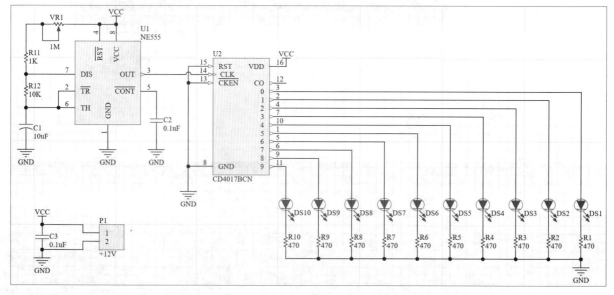

圖(1)　　ch6.SchDoc 電路圖

記住！若電路板檔案沒有存檔，並不是一個真正的檔案，無法設計電路板！若電路圖檔與電路板檔不在同一個專案裡，無法共享電路圖裡的資料。確認上述兩件事情後，切換到電路板的編輯區(黑底)，然後啟動[設計]/[Import Changes From ch6.PrjPcb]命令(在此的專案名稱為 ch6.PrjPcb)，即可開啟如圖(2)所示之對話盒：

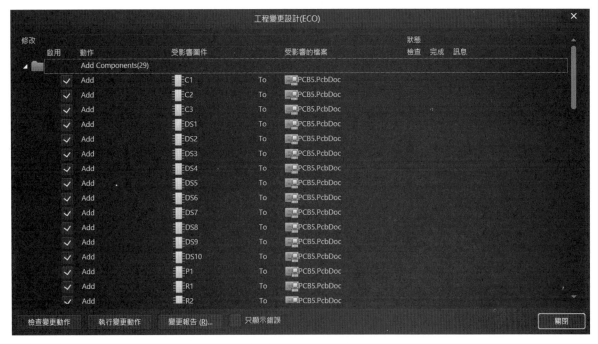

圖(2)　將電路圖資料輸入到電路板

在區塊之中，列出所有載入電路圖資料的動作，其中可分為四大類，如下說明：

- Add Components(載入零件)：在此將載入 29 個零件，詳細列在 Add Components 項目區塊裡。

- Add Nets(建立網路)：在此將新建 27 條網路，詳細列在 Add Nets 項目區塊裡。

- Add Component Classes(建立零件分類)：在此將新建 1 個零件分類。

- Add Rooms (建立零件擺置區間)：在此將新建 1 個零件擺置區間。

按 檢查變更動作 鈕檢查一下載入動作有沒有問題，程式即逐項檢查，並記錄在右邊的檢查欄位裡，如圖(3)所示。

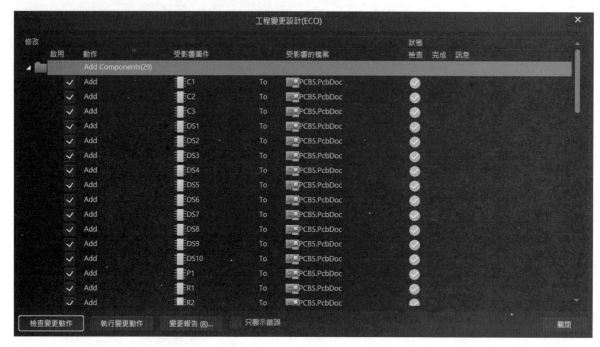

圖(3)　檢查載入動作

若沒問題，則按 執行變更動作 鈕即可進行載入動作，而所有載入動作將被記錄在完成欄位，如圖(4)所示。

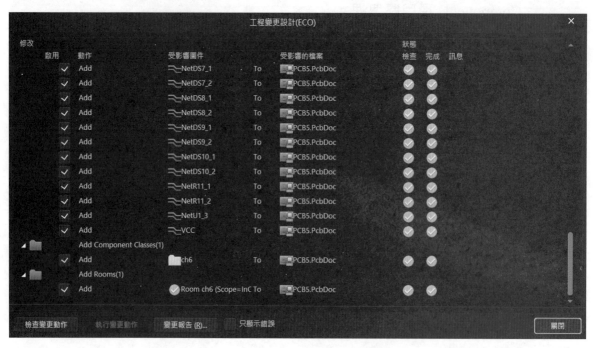

圖(4)　完成載入

這時候已反應到編輯區，先按 ▉關閉▉ 鈕關閉對話盒。再把編輯區縮小顯示比例，如圖(5)所示，其中黑色部分是編輯區，右邊為零件擺置區間。

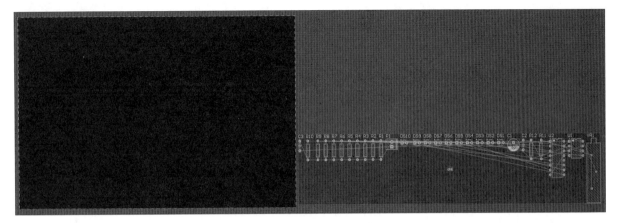

圖(5)　載入電路圖資料

其中的零件擺置區間放大，如圖(6)所示。

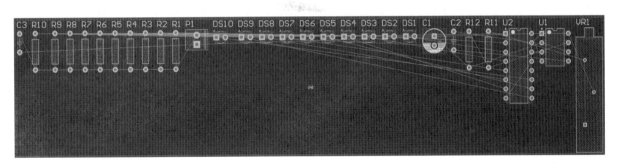

圖(6)　零件擺置區間

對於這種長條形的零件擺置區間，為了方便零件佈置，可將整個零件擺置區間移到黑色編輯區上方。指向零件擺置區間之空白處，按住滑鼠左鍵不放，再拖曳到黑色編輯區上方，即可放開左鍵，如圖(7)所示。

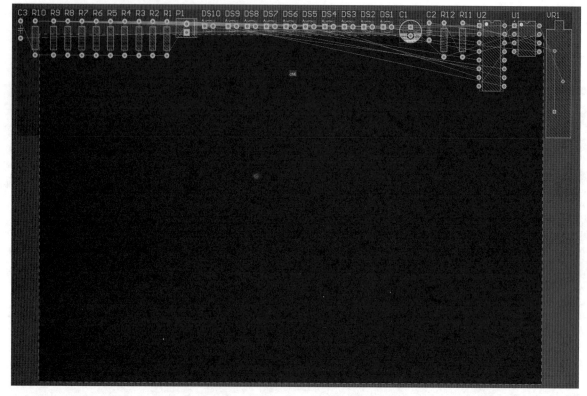

圖(7)　調整零件擺置區間位置

6-2　零件佈置

　　零件佈置對於電路板設計影響很大！而零件佈置說起來簡單，做起來麻煩，基本上就是搬移零件，而在搬移的過程裡，也要調整零件方向。調整零件方向的方法是在拖曳搬移零件時，零件浮動狀態下，按 [　　　　] 鍵，該零件將逆時針旋轉 90 度。若按 [⇧Shift] + [　　　　] 鍵，則零件將順時針旋轉 90 度。

　　在此要特別注意，電路板設計裡，零件左右翻轉或上下翻轉有特別的意義(零件改放置在電路板背面)，千萬不要隨便翻轉。而零件佈置的最簡單方法，就是按電路圖的相對位置進行佈置。且以主要的零件先佈置，而其相關的零件則圍繞在此零件附近。在本範例裡，主要的零件是 U2(4017)，而其相關的零件為 DS1～DS10、R1～R10。同理，U1(NE555)為主要的零件，而其相關的零件為 VR1、R11、R12、C1、C2。

除此之外，本電路與使用者相關的是 10 個 LED，以及調整頻率的 VR1。LED 要讓人看的見，且規律的排列；而 VR1 的方向很重要，這個調整 VR 的旋鈕在長軸的一端，這一端可不能被擋到，如圖(8)所示，否則不利調整，失去 VR 的作用。

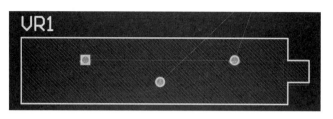

圖(8)　右邊為 VR 的調整螺絲

排列工具

基本上，在電路板編輯區裡，零件排列工具，與電路圖編輯區裡的排列工具類似，按鈕、快速鍵也都類似，詳見 5-4 節(5-28 頁)。而使用這些排列工具，對於電路板的零件佈置，足夠矣！

佈置 U1 零件群

先將 U1 固定，而 VR1 之調整點朝右(右邊不要再放東西)，R11、R12 依序擺放，其中 R11、R12 上各有一個 NetR11_1 網路的銲點(即同一條線)，應放置在同一邊，最好還能對齊，如圖(9)所示。另外，零件移出零件擺置區間，就是違規(顯示綠色)，純屬正常。

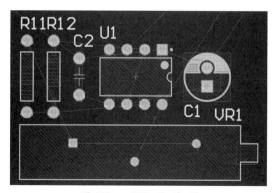

圖(9)　U1 零件群

佈置 U2 零件群

相對於 U1 零件群，U2 零件群比較大、零件比較多，先將 U2 橫擺在 U1 零件群的左邊，而 DS1～DS10 必須按照順序，R1 上有個銲點連接到 DS1 的陰極，所以讓該銲點盡量靠近 LED 的陰極銲點、R2 上有個銲點連接到 DS2 的陰極，所以讓該銲點盡量靠近 LED 的陰極銲點，以此類推。完成這部分的零件佈置，而大部分零件已移出零件擺置區間，可點選零件擺置區，再按 Del 鍵刪除之，如圖(10)所示。

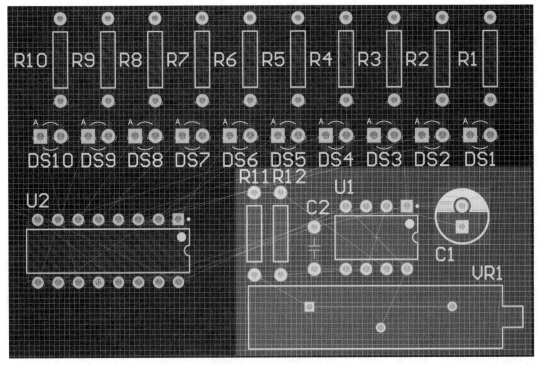

圖(10)　U2 零件群

佈置電源座

在本電路裡，耗電量不多，所以其零件佈置的問題比較簡單！電源座的零件佈置有兩個原則，第一是盡量靠邊，容易連接外部電源線，第二就是離其旁路電容或濾波電容近一點。剛好在左下角 U2 下方有個空位，足以放置這兩個零件，如圖(11)所示。

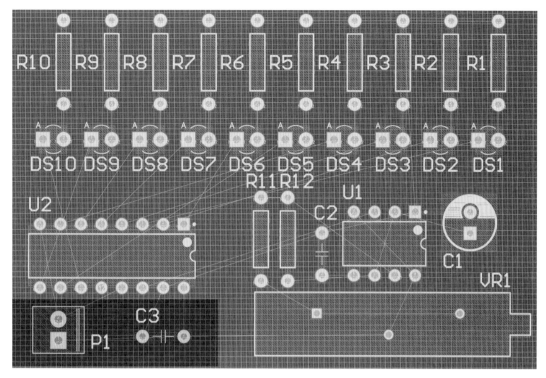

圖(11)　電源座

而在進行佈線時，也可能會有零件微調。

6-3　零件屬性編輯

在電路板編輯區裡所看到的零件，稱為零件包裝(Footprint)，著重於實際尺寸，如圖(12)所示，其中包括銲點、零件體與零件序號等。當然，實際上還不只這些圖件。

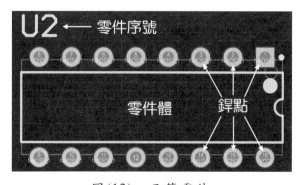

圖(12)　示範零件

　　銲點是主要的連接端點，銲點上標示銲點序號與其網路名稱，如圖(13)所示。在進行零件佈置時，常會盯著銲點上的網路名稱，盡量讓相同網路名稱的銲點接近一點，以降低佈線長度。

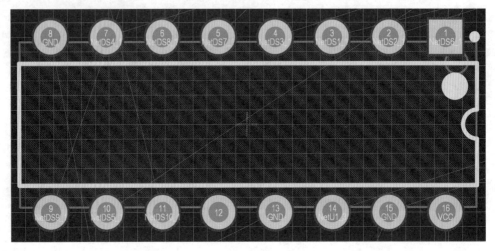

圖(13)　銲點

　　在電路圖裡所標示的零件值與零件編號(即註解欄位)，通常電路板裡並不顯示，而零件序號、零件註解都屬於零件屬性的一部分。

屬性對話盒與屬性面板

　　傳統上，通常都是在屬性對話盒裡編輯圖件的屬性。在 18 版之後，不管是電路圖編輯環境還是電路板編輯環境，出現了屬性面板，但屬性對話盒不見了，被迫只能在屬性面板編輯其屬性，難免造成 Altium Designer 的老客戶的困擾與無奈！在 20 版起，屬性對話盒回來了！基本上，屬性面板與屬性對話盒的內容是一樣的，使用屬性面板或屬性對話盒來編輯屬性，只是習慣上的差異而已。

　　習慣上，若要編輯圖件的屬性，就指向該圖件，快按滑鼠左鍵兩下，即可開啟屬性面板或屬性對話盒。而設定開啟屬性面板或屬性對話盒的方法是啟動[工具]/[操控設定]命令，開啟操控設定對話盒，在其中的 General 頁裡，若選取 Double Click Runs Interactive Properties 選項，則設定快按滑鼠左鍵兩下開啟屬性面板；

若不選取 Double Click Runs Interactive Properties 選項，則設定快按滑鼠左鍵兩下開啟屬性對話盒。在此我們還是採用屬性對話盒來編輯圖件的屬性。

電路板編輯環境的零件屬性編輯

在電路板編輯環境裡，若要編輯零件屬性，指向零件內部，快按滑鼠左鍵兩下，開啟如圖(14)所示之零件屬性對話盒，其中各項如下說明：

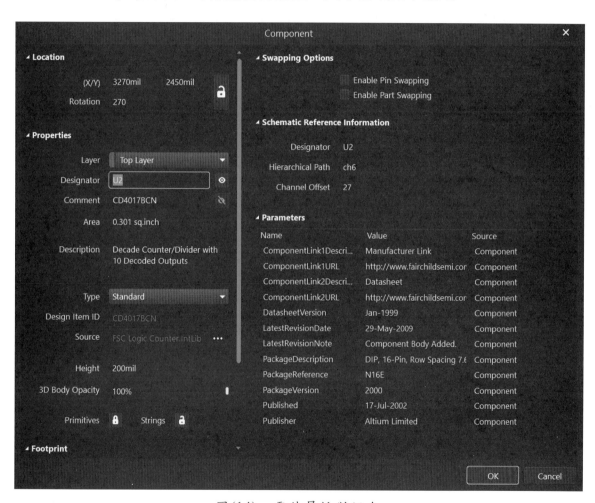

圖(14)　零件屬性對話盒

Location

在此為此零件的位置座標，以及放置角度(Rotation 欄位)。也可以右邊的按鈕設定是否鎖定零件，而無法選取或搬移此零件。

Properties

此區塊為此零件的屬性，其中各項如下說明：

- Layer 欄位為此零件放置的板層，只能為 Top Layer(頂層)或 Bottom Layer(底層)。

- Designator 欄位為零件序號，可在右邊 ⊙/◎ 鈕設定是否顯示。

- Comment 欄位為零件註解，可在右邊 ⊙/◎ 鈕設定是否顯示。

- Area 欄位為零件所占的面積，這是新的屬性。

- Type 欄位為零件的種類，也就是零件簡介。

  - Standard：標準零件。

  - Mechanical：機構零件，如螺絲孔等。

  - Graphical：圖形零件，如公司 Logo 等。

  - Net Tie (In BOM)：網路連接零件，而會被收集到零件表裡。

  - Net Tie (No BOM)：網路連接零件，但不會放入零件表裡。

  - Standard (No BOM)：標準零件，但不會放入零件表裡。

  - Jumper：跳線。

- Design Item ID 欄位為該零件在零件庫裡的名稱，也就是取用該零件所指定的名稱。

- Source 欄位為該零件取自哪個零件庫。

- Height 欄位為零件的高度，與電路板組裝相關。

- 3D Body Opacity 欄位設定為零件的透明度，將會影響電路板 3D 展示。

- Primitives 選項設定是否解鎖零件的內部組件，若是 🔒，則不解鎖零件，無法編輯零件內部組件；若是 🔓，則解鎖零件，可編輯零件內部組件。

- Strings 選項設定是否解鎖零件的內部字串，如零件序號、零件註解等。若是 🔒，則無法編輯零件的內部字串；若是 🔓，則可編輯零件的內部字串。

- Line 欄位可拉下線寬選單，包括 Smallest、Small、Medium、Large 四種線寬選項。在右邊的色塊裡，可設定其顏色。

Footprint

此區塊為零件包裝的相關屬性，如下說明：

- Footprint Name 欄位為此零件包裝的名稱。

- Library 欄位為此零件包裝取自哪個零件庫。

- Description 欄位為此零件包裝的描述(簡介)。

Swapping Options

此區塊提供互換選項，如下說明：

- Enable Pin Swapping 選項設定允許接腳互換。

- Enable Part Swapping 選項設定允許單元零件(或邏輯閘)互換。

Schematic Reference Information

此區塊提供零件在電路圖裡的相關資料，如下說明：

- Designator 欄位為此零件在電路圖裡的零件序號，必須與電路板裡的零件序號相同。

- Hierarchical Path 欄位顯示在電路圖的階層架構中，可找到此零件的位置。

- Channel Offset 欄位為此零件之通道偏移值。當設計從電路圖傳輸到電路板時，每個電路圖頁上的每個零件都會被賦予一個唯一的通道偏移值。

Parameters

此區塊為此零件內建參數。

零件上的文字

Altium Designer

零件序號、零件註解等都屬於零件上的文字，屬於零件的參數。若要編輯零件序號或零件註解等零件上的文字，則指向該文字(以 U2 為例零件序號)，快按滑鼠左鍵兩下，開啟其屬性對話盒，如圖(15)所示，其中各項如下說明：

Location

在此為此零件序號的位置座標，以及放置角度(Rotation 欄位)。也可以右邊的 🔒/🔓 鈕設定是否鎖定零件序號，則此零件序號將不能搬移。

圖(15) 零件參數屬性對話盒

Properties

此區塊為此零件序號的屬性，其中各項如下說明：

- Name 欄位顯示此零件參數的名稱為 Designator，即零件序號。

- Value 欄位為此零件參數值，即 U2。可用右邊 👁/🚫 鈕切換是否顯示此零件序號。

- Layer 欄位顯示此零件序號所放置的板層，若零件放置在頂層，則零件序號放置在頂層絹印層，即 Top Overlay。若零件放置在底層，則零件序號放置在底層絹印層，即 Bottom Overlay。

- Mirror 選項設定將此零件序號左右翻轉。

- Autoposition 欄位設定此文字(零件序號)擺放方式，如下說明：

  - Manual 選項設定手工擺放此文字。

  - Left-Above 選項設定將此文字自動擺放到零件的左上方。

  - Left-Center 選項設定將此文字自動擺放到零件的左邊中間。

  - Left-Below 選項設定將此文字自動擺放到零件的左下方。

  - Center-Above 選項設定將此文字自動擺放到零件的中上方。

  - Center 選項設定將此文字自動擺放到零件的中間。

  - Center-Below 選項設定將此文字自動擺放到零件的中下方。

  - Right-Above 選項設定將此文字自動擺放到零件的右上方。

  - Right -Center 選項設定將此文字自動擺放到零件的右邊中間。

  - Right -Below 選項設定將此文字自動擺放到零件的右下方。

- Text Height 欄位此零件序號的高度，即其文字大小。

Font Type

區塊為此零件序號的字型，在此提供兩類字型，如下說明：

- 按 TrueType 鈕設定 True Type 字型，如圖(16)所示，區塊內的項目如下說明：

圖(16)　True Type 字型設定區

  - Justification 右邊的三個鈕(▤ ▤ ▤)可設定水平對齊方式，而 ▤ ▤ ▤ 鈕可設定垂直對齊方式。

  - Font 欄位設定 True Type 字型。

- ■ (**B** **I** Inverted)鈕設定字體樣式,分別粗體字、斜體字,以及反白字。

- ● 按 (Stroke)鈕設定描邊字型,如圖(17)所示,區塊內的項目如下說明:

圖(17) 描邊字型設定區

- ■ Justification 右邊的三個鈕(▣ ▣ ▣)可設定水平對齊方式,而 ▣ ▣ ▣ 鈕可設定垂直對齊方式。

- ■ Font 欄位設定描邊字的字型。

- ■ Stroke Width 欄位設定描邊字的筆劃粗細。

◉ Border Mode

區塊為此零件序號的邊界模式或偏移模式,如下說明:

- ● 按 (Margin)鈕設定採邊界模式,可在其下的 Margin Border 欄位中,指定零件序號與邊界間的空白。在此模式下,Text Offset 欄位無作用。

- ● 按 (Offset)鈕設定採偏移模式,零件序號從其對齊的邊緣/轉角後的偏移量,可在其下的 Text Offset 欄位指定偏移量。若選擇水平置中對齊(▣)時,此選項無效。在此模式下,Margin Border 欄位無作用。

在電路板上,零件序號或零件註解(零件值)只有其放置位置的考量,其內容也都是從電路圖傳入的。除非特殊要求,否則很少要動用到其屬性編輯。而是直接在電路板上,以拖曳方式調整其位置與方向。

6-4　原來佈線這麼簡單！

當我們按前述方式，完成零件佈置(其結果如 6-9 頁的圖(11))後，即可來個超快速自動佈線，體驗一下 Altium Designer 帶來的快感！首先確認所有零件都在黑色的編輯區裡(不要跑出去)，然後啟動[自動佈線]/[整塊電路板自動佈線]命令，或直接按 U 、 A 、 A 鍵，開啟如圖(18)所示之對話盒。

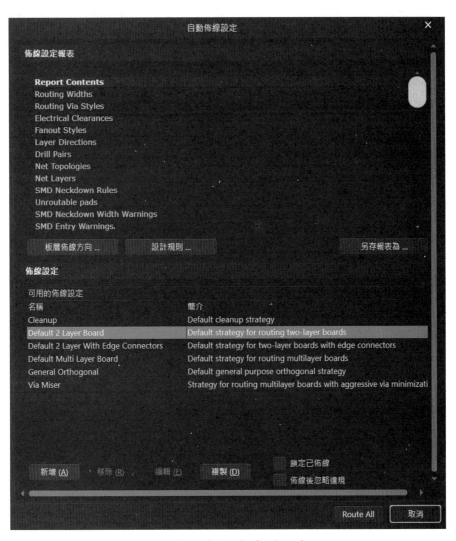

圖(18)　自動佈線對話盒

在此對話盒裡，明顯區分為兩個區塊，上面的佈線設定報表區塊裡列出目前的設計規則，而下面的佈線設定區塊裡列出可用的佈線策略，在此保持預設的

Default 2 Layer Board 選項佈線策略，這是針對一般的雙面板的佈線策略。緊接著，按 Route All 鈕，一眨眼的工夫，就完成整塊板的自動佈線，並將過程與結果記錄在 Messages 面板裡，如圖(19)所示。

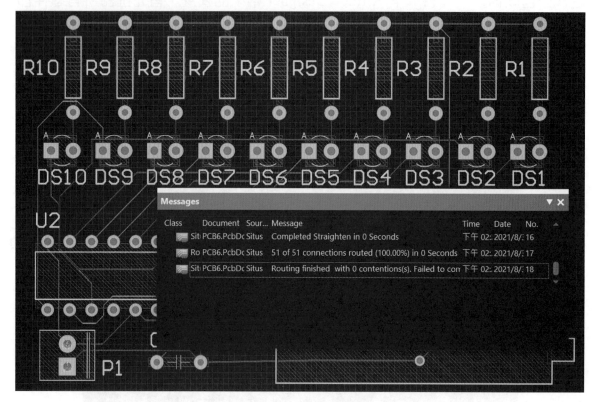

圖(19) 完成自動佈線

在 Messages 面板裡，最後一列顯示已完成佈線，不到 1 秒鐘就 100%完成佈線。而佈線的品質，只有一兩條線有改善空間，其他部分大致良好！

6-5 板形設計與切板

板形的設計可在禁置板層(Keep out Layer)上繪製線條，以做為板框線，所以要熟悉電路板編輯區裡的畫線方式。

繪製板框

Altium Designer

當我們要繪製板框線時，其操作步驟如下：

1. 切換到英文模式(ENG)，可參考 2-30 頁圖(25)。

2. 在右邊數字鍵盤裡按 `+` 或 `-` 鍵，將工作板層切換為 **Keep-out Layer**(桃紅色)，即禁置層。

3. 按 `P`、`K`、`T` 鍵進入禁置板層的畫線狀態，指向所要畫線的起點，按滑鼠左鍵，再移動滑鼠拉出線條，而線條任何時間容許一個轉角。

4. Altium Designer 提供 5 種轉角模式，如圖(20)所示。當走線過程裡，一次轉彎而未固定時，即可按 `⇧Shift` + `　　　　` 鍵切換轉角模式。

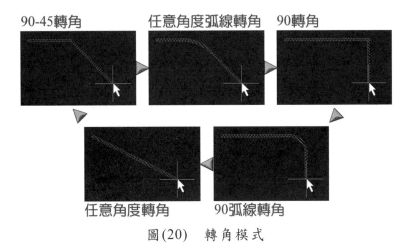

圖(20) 轉角模式

5. 同樣是在一次轉彎而未固定時，若按 `　　　` 鍵即可切換走線順序，例如原本先走水平線，再走 45 度線；按 `　　　` 鍵即可切換為先走 45 度線，再走水平線，如圖(21)所示。

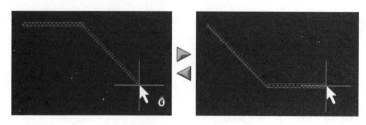

圖(21)　走線方向

6. 連續畫線(不要斷線)，直到頭尾相接，形成一個封閉區間，其中包括所有圖件，如圖(22)所示。在此以 90 度轉角模式，繪製一個簡單的矩形，最後，按滑鼠右鍵結束畫線。

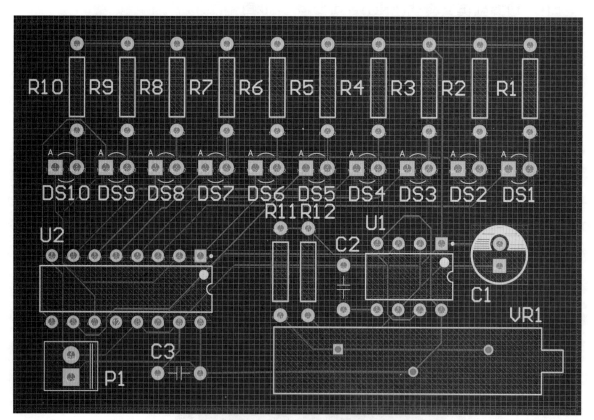

圖(22)　完成板框繪製

切板

完成板框繪製，且確認是個封閉區間後，即可進行切板的動作。按下列步驟操作：

1. 指向編輯區裡之空白處，按滑鼠左鍵。再按視窗右邊的 Properties 標籤，開啟屬性面板。

2. 在屬性面板上方的 Selection Filter 區塊裡，按 All On 鈕清除所有選項鈕，再按 Keepouts 鈕(使之變成 Keepouts)。

3. 拖曳選取整個板框，如圖(23)所示。

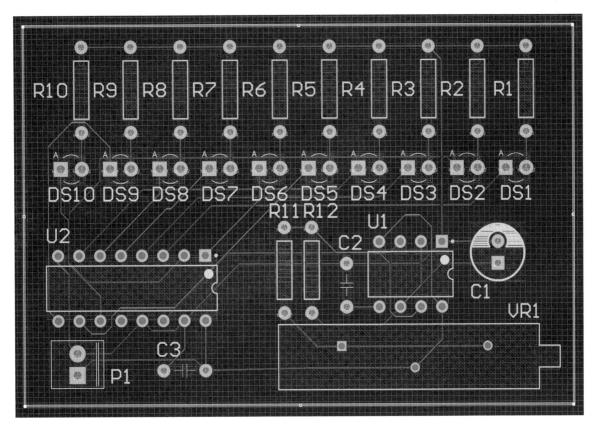

圖(23)　選取板框

4. 啟動[設計]/[板形設計]/[根據選取物件定義板形]命令，或直接按 Alt 、 D 、 S 、 D 鍵，即可切割板形，如圖(24)所示。

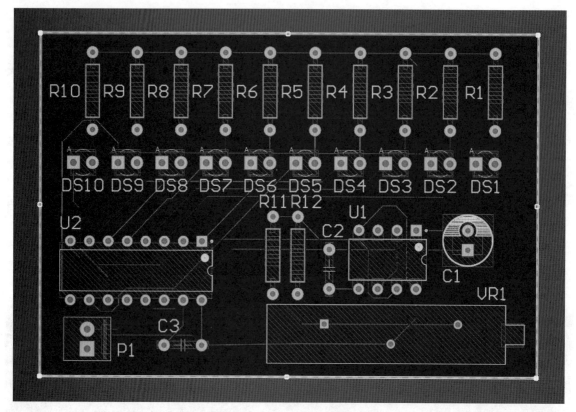

圖(24)　完成切割板形

5. 指向編輯區裡之空白處，按滑鼠左鍵。再按視窗右邊的 Properties 標籤，開啟屬性面板。在屬性面板上方的 Selection Filter 區塊裡，按 Custom 鈕恢復選取所有選項鈕。

6-6　後續作業

完成電路板設計後，除了按 Ctrl + S 鍵存檔外，還要進行設計規則檢查，看看有無未完成佈線，或違反設計規則的地方。若都符合設計規則，則可產生零件表，或列印電路板。

設計規則檢查

　　當要檢查電路板有無違反設計規則時，則啟動[工具]/[設計規則檢查]命令，或直接按 <kbd>Alt</kbd>、<kbd>T</kbd>、<kbd>D</kbd> 鍵，即可開啟設計規則檢查對話盒，如圖(25)所示。

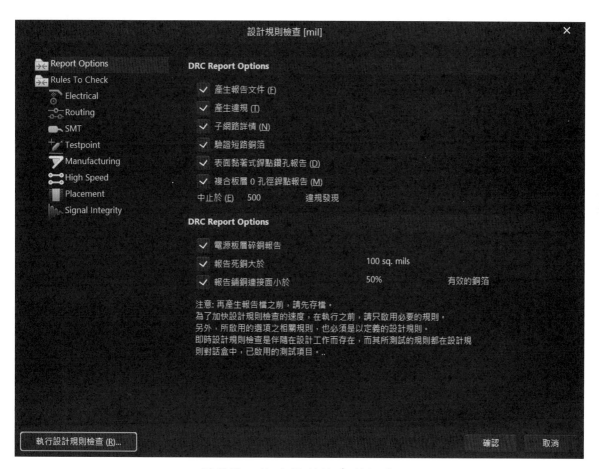

圖(25)　設計規則檢查對話盒

　　按左下角的 [執行設計規則檢查 (R)...] 鈕，即進行檢查，並列出報告視窗，如圖(26)所示，而 Messages 面板也會出現。

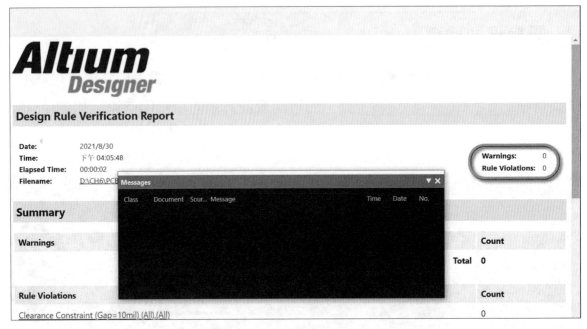

圖(26) 檢查結果報告視窗

　　右上方顯示「Warnings:0、Rule Violation:0」表示沒有警告訊息，也沒有違反設計規則！當然，Messages 面板裡也是空的，這塊電路板設計成功。

產生零件表

　　對於電路設計而言，零件表是一項很重要的資料！在電路板編輯區裡，若要產生零件表時，則啟動[報告]/[Bill of Materials]命令，或直接按 `Alt`、`R`、`I` 鍵，螢幕出現如圖(27)所示之對話盒。不管是電路圖編輯環境還是電路板編輯環境，這個對話盒都一樣，如下說明：

左邊區塊

左邊為零件表區塊，其中包括 Comment(零件註解)、Description(零件簡介)、Designator(零件序號)、Footprint(零件包裝)、LibRef(取用零件名稱)與 Quantity(數量)等 6 個欄位，每個欄位都可做為零件表排序的關鍵，指向上方的名稱欄位，按滑鼠左鍵，則零件表將以該欄位排序，再按一次左鍵，則相反方向排序。

圖(27)　零件表對話盒

BOM Items

區塊為零件表項目設定，如下說明：

- Show Not Fitted 選項設定顯示陣列中的不適合(not fitted)項目。

- Include DB Parameters in Variations 選項設定在更改所選變量時，更新資料庫參數。

Supply Chain

區塊為零件供應鏈的設定，如下說明：

- Production Quantity 欄位設定零件訂購數量。

- Currency 欄位設定計價所要使用的貨幣，包括台幣。

Supply Chain Data

區塊為零件供應鏈資料的設定，如下說明：

- 按 ▏ Cached ▏ 鈕設定在離線狀況下，可顯示前次存在快取記憶體裡的定價資料。

- 按 ▨Real-time▨ 鈕設定顯示零件的定價相關資料，包含連結供應鏈的即時更新資料。

Export Options

區塊為此零件序號的邊界模式或偏移模式，如下說明：

- File Format 欄位中指定所要產生零件表的檔案格式，如下：

  - CSV (Comma Delimited) (*.csv)選項設定採用以逗點分隔欄位的文字檔。

  - Tab Delimited Text (*.txt)選項設定採用以定位符號分隔欄位的文字檔。

  - MS-Excel (*.xls, *.xlsx *.xlsm)選項設定採用 Excel 格式檔，必須使用 Microsoft Excel 開啟與編輯。

  - Generic XLS (*.xls, *.xlsx, *.xlsm)選項設定採用通用的 Excel 格式檔，不一定要使用 Microsoft Excel 才能開啟與編輯。

  - Portable Document Format (*.pdf)選項設定產生 PDF 檔。

  - Web Page (*.htm, *.html)選項設定產生 html 檔，也就是網頁檔。

  - XML Spreadsheet (*.xml)選項設定產生 xml 檔。

- Template 欄位中指定所要採用的零件表樣板。

- Add to Project 選項設定將所產生的零件表加入專案。

- Open Exported 選項設定產生零件表後，隨即開啟該零件表檔案。

操控鈕

- 按 ▨Export...▨ 鈕的功能是產生零件表，但不會關閉對話盒。

- 按 ▨OK▨ 鈕的功能是儲存設定，不產生零件表，直接關閉對話盒。

- 按 ▨Cancel▨ 鈕的功能是直接關閉對話盒，不產生零件表，也不儲存設定。

列印電路板

若要列印電路板，最好能先預覽一下，啟動[檔案]/[預覽列印]命令，或直接按 Alt 、 F 、 V 鍵，開啟預覽列印視窗，如圖(28)所示。

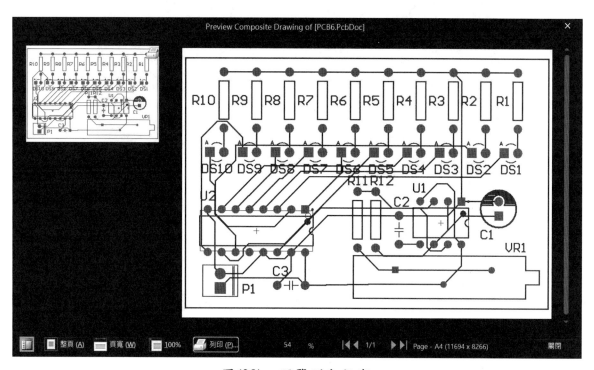

圖(28)　預覽列印視窗

在這個對話盒裡，左邊為導覽列，若同時列印多張圖時，可在其中選取的圖，將在右邊預覽。而在右邊預覽的圖可按 PgUp 鍵放大、按 PgDn 鍵縮小。在下方有許多操控鈕，如下說明：

- 按 鈕的功能是開關左邊的導覽列。
- 按 整頁 (A) 鈕的功能是在右邊展示整張圖。
- 按 頁寬 (W) 鈕的功能是在右邊按圖寬展示。
- 按 100% 鈕的功能是在右邊按 100%比例展示。
- 按 列印 (P)... 鈕的功能是列印圖。
- 按 54 % 欄位的功能是設定在右邊顯示的比例。

- 按 |◀◀ 1/1 ▶▶| 鈕的功能是在列印多張圖時，切換右邊顯示哪一頁。

- 按 關閉 鈕的功能是關閉對話盒。

若確定要列印，則按 列印 (P)... 鈕，即可開啟如圖(29)所示之列印對話盒。

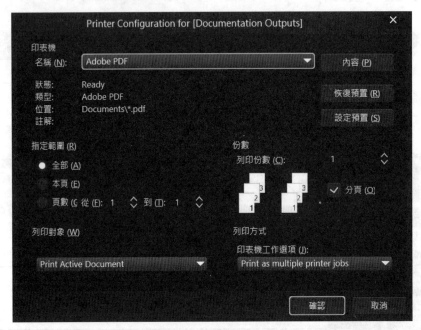

圖(29) 列印對話盒

這時候，確定印表機已備妥，再按 確認 鈕即可列印之。

6-7　本章習作

1　當完成電路繪圖後，若要把電路圖資料轉移到電路板時，必須注意哪些事項？

2　在電路板編輯區裡，若要載入電路圖資料，應如何操作？

3　在專案裡，對於空白的電路板，進行載入電路圖資料時，將會進行哪幾類動作？

4　若想要在電路板裡，顯示零件的註解，應如何操作？

5　在電路板編輯區裡，若要進行整塊電路板的自動佈線，應如何操作？

6　若要定義電路板的板框，通常是在哪個板層繪製板框？

7　如何設定才能使得指向圖件快按滑鼠左鍵兩下，開啟其屬性對話盒？

8　當電路板的板框定義完成後，如何進行切割板形？

9　當完成電路板佈線後，如何進行設計規則檢查？

10　在電路板編輯區裡，若要產生零件表，應如何操作？

11　請按圖(30)、圖(31)設計電路板，從電路繪圖到整個電路板設計完成，並產生其零件表，可參考圖(32)之電路板。

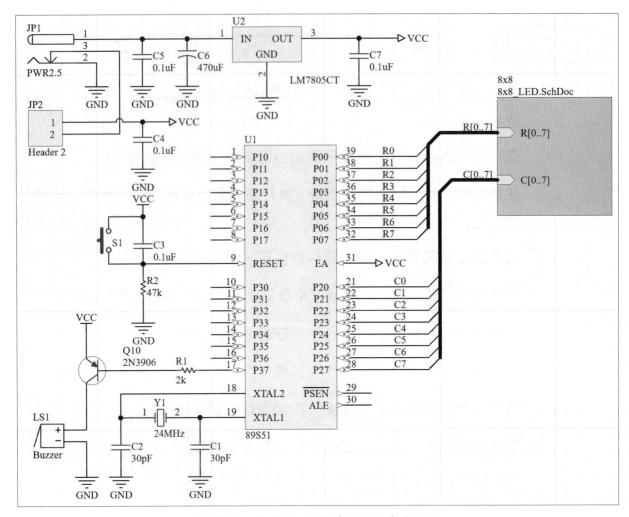

圖(30)　練習電路圖範例(根層電路)

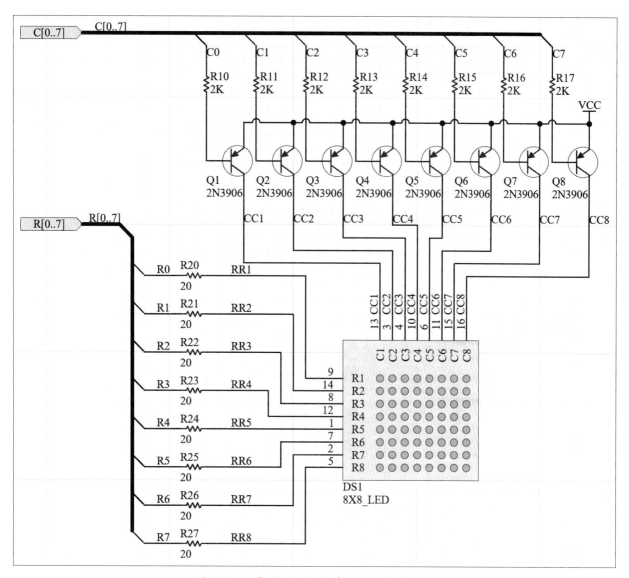

圖(31)　練習電路圖範例(內層電路)

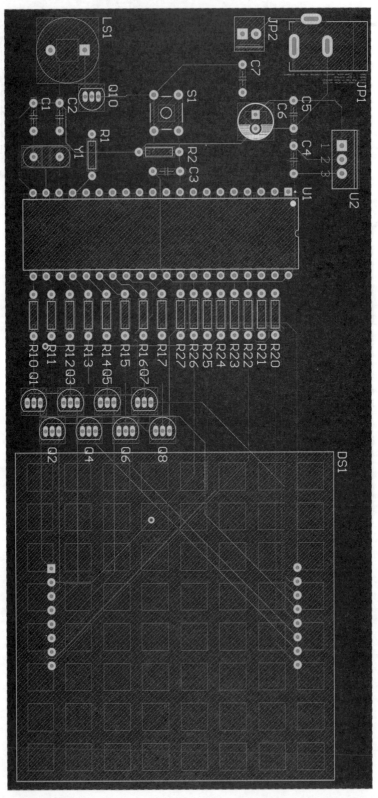

圖(32)　電路板設計參考

第 7 章

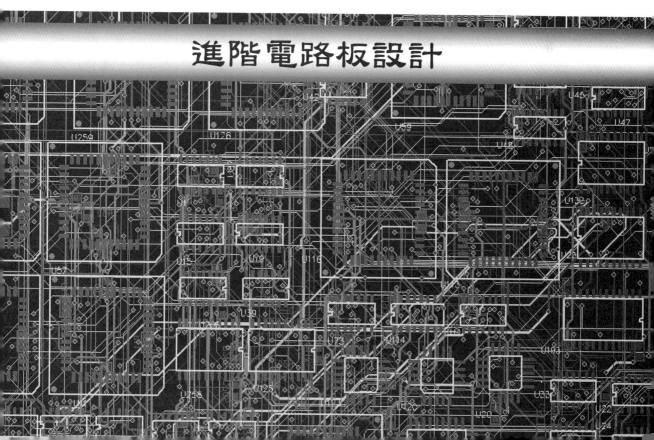

進階電路板設計

7-1　板層堆疊管理

基本上，印刷電路板(Printed Circuit Board, PCB)是將導電的銅箔鋪設在絕緣板(玻璃纖維板)上，而以印刷蝕刻技術，將線路設置在銅箔上。在 PCB 上有銅層與絕緣層，在銅層與銅層之間為絕緣板層(即 Core，其材質如 FR4 等)或黏合層(Prepreg)。此外，在 PCB 的外表(最上面與最下面)，常應用輔助零件銲接自動化的錫膏層(Paste Mask)與防銲層(Solder Mask)，還有印在 PCB 上方/下方的文字圖案等絹印層(Silkscreen)或稱為覆蓋層(Overlay)，以及指示與說明的各式機構層。

依據導電銅層的數量，可以區分為單層板(只有底層佈線)、雙層板(頂層與底層)、多層板(頂層、中間層與底層)等，除了單層板外，板層數都是雙數(成對的)。在多層板裡，除了頂層與底層之外，還有中間層，而中間層可以是信號板層或整面銅箔的電源板層。常見的四層板，就是採用頂層與底層為信號板層、中間層為電源板層。

Altium Designer 提供從單層板到多層板設計，最多 32 個佈線板層(信號板層，Signal Layer)、32 個電源板層(Plane Layer)，以及無限制數量的多用途機構層(Mechanical Layer)。在電路板設計上，板層越多，可佈線的路徑越多，越容易佈線；當然，在電路板的製造上，板層越多，製程越繁複，良率越低，導致成本提高。很明顯地，單層板製程最簡單、成本最低。不過，在電路板佈線設計上，單層板佈線困難度較高。雙面板(即兩層板)的設計就比較容易，製程也很成熟，可說是一般產品的主流。對於比較高階的產品，零件密度比較高、佈線量比較多的電路板，如主機板或顯示卡等，幾乎都採四層板或六層板，當然其成本會比雙面板高，而其製程技術也已趨成熟。至於超過六層板以上的，如八層板等，或許製作上不會有問題，但成本較高、良率較低，並不普遍。

板層堆疊管理器簡介

Altium Designer 電路板編輯環境裡，預設為兩層板，若要改變板層數與板層架構，啟動[設計]/[板層堆疊管理器]命令，或按 　D　 、　K　 鍵，開啟如圖(1)所示之板層堆疊管理器(Layer Stack Manager, LSM)，同時為該電路板檔案產生一個板層堆疊檔。而這個編輯環境有很大不同，同時，也出現浮動的屬性面板，其中顯示在板層堆疊區所選取的板層之屬性。

圖(1)　板層堆疊管理器

操控按鈕

在板層堆疊區上方的按鈕，提供板層增減、特殊板層功能等操作，如下說明：

● 　+ Add　 鈕提供新增板層的功能，先在板層堆疊區裡選取所要操作的板層，再按此鈕拉下按鈕選單，如圖(2)所示。

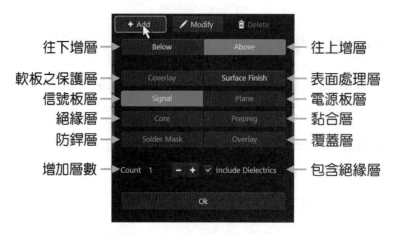

圖(2)　新增板層功能選單

在最上面選擇往下增層或往上增層(選擇的按鈕為藍色鈕)，在其下指定板層種類，然後在 Count 欄位指定要增加幾層。若是信號板層或電源板層，可選取 Include Dielectrics 選項，即可連同所需的絕緣層一併加入。最後按 ⬛⬛⬛⬛⬛⬛ Ok ⬛⬛⬛⬛⬛⬛ 鈕即可按指定新增板層，並反應在板層堆疊區裡。在此有八個板層種類，如下說明：

■ Coverlay 為軟板(Flexible PCB)之保護層，這是由一層實心聚醯亞胺(polyimide, PI)和一層軟性粘合劑而成。基本上，Coverlay 與硬板(Rigid PCB)上的防銲層之功能類似，但只適用於軟板。

■ Surface Finish 為表面處理層，可提供電路板上下層(表面層)的加工處理。若沒有表面處理，則電路板表面的銅箔只是純銅，容易氧化，而影響銲接品質。在此提供的表面處理選項有：

◆ HASL(Hot Air Solder Leveling)是在銅箔表面沾塗銲料，再用熱風刀吹整平表面。依銲料區分為有鉛銲料(PbSn)與無鉛銲料(錫銅鎳或錫銀銅)。

◆ ENIG(Electroless Nickel Immersion Gold)是無電流的化鎳浸金，在裸銅表面化學沉積上一層化學鎳金。

◆ IAu(Immersion gold plating)是電鍍鎳金，採用電鍍方式將鎳金鍍上電路板之裸銅處。

◆ OSP(Organic Solderability Preservative)是以化學方式，在電路板裸銅處上塗佈一層有機保護膜，如此將可阻斷電路板裸銅處與空氣接觸，減少氧化的機會。

◆　ISn(Immersion Tin)是以浸鍍錫的方式，利用銅與錫的氧化電位不同之特性，使電路板裸銅處表面不易氧化。

■　Signal(信號板層)就是佈線板層。

■　Plane(電源板層)就是整面銅的板層，用以提供電源。

■　Core(絕緣層)提供隔離銅層與銅層，並支撐電路板的強度。

■　Prepreg(黏合層)與絕緣層類似，但還提供板層與板層之黏合功能。

■　Solder Mask 為防銲層或阻銲層。早期防銲層都為綠色，又稱為綠漆層。防銲層能協助自動銲接，並提供電路板表面的保護。

■　Overlay 為覆蓋層或絹印層，可提供電路板表層列印文字、符號等輔助作用。

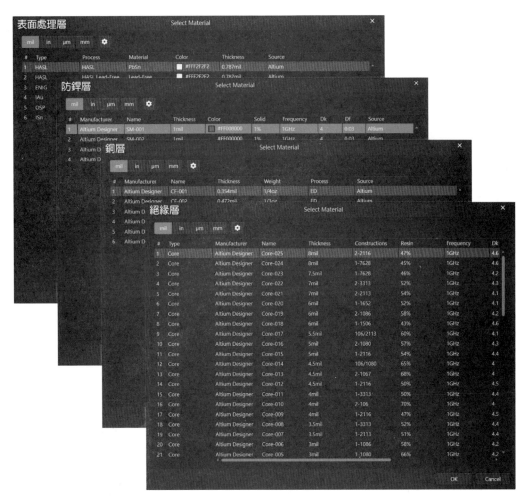

圖(3)　選擇材質對話盒

- ✏ Modify 鈕提供編輯所選取板層的材質，Altium Designer 提供龐大的材質庫，以供我們選用。依在板層堆疊區裡所選取板層分類(覆蓋層除外)，大概可分為表面處理層、防銲層、銅層(信號板層與電源板層)、絕緣層等，按此按鈕後，將開啟其選擇材質對話盒，如圖(3)所示，我們就可在其中選取所要的材質。

- 🗑 Delete 鈕提供刪除板層的功能，按此按鈕即可刪除所選取的板層。

- Features ▼ 鈕提供特殊電路板的功能，例如 Printed Electronics 印刷式電路板(類似 3D 印表機直接把線路噴到載板上)、Rigid/Flex 軟硬板(可撓板)、Back Drills 背鑽(微孔技術)等配置設定，對於這些較新的技術，詳見全華圖書所出版之「Altium Designer 極致電路設計」。

🔵 板層堆疊區

在板層堆疊區裡，按照電路板架構排列各板層，7-3 頁的圖(1)為預設的雙層板，其架構圖如圖(4)所示。

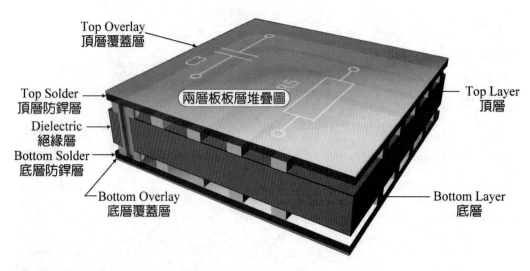

圖(4)　雙層板架構圖

而在板層堆疊區裡包括八個欄位，如下說明：

- #欄位為板層編號欄位，將依序出現在電路板編輯環境下方的板層標籤列。

- Name 欄位為板層名稱欄位，可自行編修(不可使用中文)。

- Material 欄位為板層的材質欄位，可指定材質的板層有防銲層、銅層、絕緣層等，按欄位右邊的 ⋯ 鈕可開啟其選擇材質對話盒，以選取所要採用

的預設材質。

● Type 欄位為板層的種類或用途，程式已經為每種板層預設其用途。

● Thickness 欄位為板層的厚度，可點進去修改厚度。

● Dk 欄位為板層材質的介電常數(Dielectric constant)，可點進去修改。

● Df 欄位為板層材質的散逸因數(Dissipation Factor)，可點進去修改。

● Weight 欄位為板層的重量，可點進去修改。

除了上述欄位外，還可增改欄位。若要增改欄位，可指向任一個欄位名稱，按滑鼠右鍵拉出選單，在選取其中的 Select columns... 選項，在隨即開啟的 Select columns 對話盒中，設定所要納入板層堆疊區的欄位與其順序。

屬性面板

在板層堆疊區上有個浮動的屬性面板，而在板層堆疊區裡選取的板層，其屬性都會出現在這個面板裡，以供編輯。有關板層的主要屬性，大都已出現在板層堆疊區的欄位裡，直接在板層堆疊區編輯屬性就可以了。在編輯板層堆疊架構時，若覺得屬性面板很礙眼，可按 ✕ 鈕關閉之。

預設板層堆疊

Altium Designer 提供幾種常見的板層堆疊範例，讓我們可快速設定板層。啟動[Tools]/[Presets]命令即可拉出預設板層堆疊選單，其中包括下列項目：

● 2 Layers (2 x Signal, 0 x Plane)項目提供雙層板堆疊，其中只有兩個信號板層(頂層與底層)。

● 4 Layers (2 x Signal, 2 x Plane)項目提供四層板堆疊，包括兩個信號板層與兩個電源板層。

● 6 Layers (4 x Signal, 2 x Plane)項目提供六層板堆疊，包括四個信號板層與兩個電源板層。

● 8 Layers (6 x Signal, 2 x Plane)項目提供八層板堆疊，包括六個信號板層與兩個電源板層。

● 10 Layers (6 x Signal, 4 x Plane)項目提供十層板堆疊，包括六個信號板層與四個電源板層。

- 12 Layers (6 x Signal, 6 x Plane)項目提供十二層板堆疊，包括六個信號板層與六個電源板層。

- 14 Layers (8 x Signal, 6 x Plane)項目提供十四層板堆疊，包括八個信號板層與六個電源板層。

- 16 Layers (8 x Signal, 8 x Plane)項目提供十六層板堆疊，包括八個信號板層與八個電源板層。

視覺化板層堆疊

Altium Designer 所提供的 3D 展示功能，不但可在電路板編輯環境裡使用，也可在應用在板層堆疊。若要展示所編輯的板層堆疊之實體架構，則啟動 [Tools]/[Layer Stack Visualizer]命令，即可開啟視覺化視窗，如圖(5)所示。

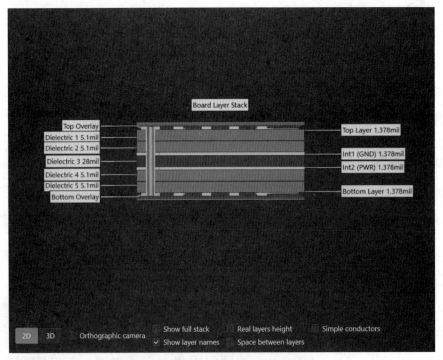

圖(5)　3D 展示板層堆疊架構

滑鼠滾輪往前推即可放大；滑鼠滾輪往後拉，則縮小圖形。若要 3D 旋轉，則指向其中，按住滑鼠右鍵不放，即可旋轉整個板層堆疊圖。

導孔形式編輯

在同一板層以導線(Track)連接電氣信號，而跨板層則以導孔(Via)連接電氣信號。若是雙層板，導孔只有一種形式，就是由最上面的 Top Layer，連接到最下面的 Bottom Layer，又稱為通孔(Thru Hole, TH)。若是多層板(例如六層板)，除了通孔外，還有外部板層連接到內部板層的盲孔(Blind Hole)、內部板層之間的埋孔(Buried Hole)，如圖(6)所示為電路板編輯區裡所看到的三種導孔，導孔裡標示 1-6 代表從頂層(1)連接到底層(6)，標示 1-3 代表從頂層(1)連接到電源板層(2)，以此類推。

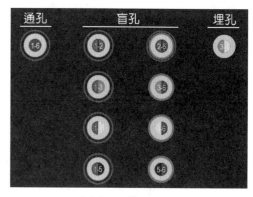

圖(6)　　導孔種類

在板層堆疊管理器裡，若要編輯導孔的種類，先按下方的 Via Type 標籤，並保持開啟屬性面板，如圖(7)所示，其中預設一個通孔。

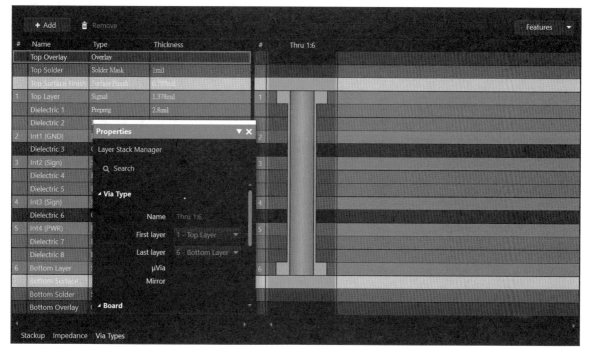

圖(7)　　六層板板層堆疊(Via Types 頁)

按 **+ Add** 鈕兩次新增兩個相同的導孔，如圖(8)所示，其中一個標示「！」。

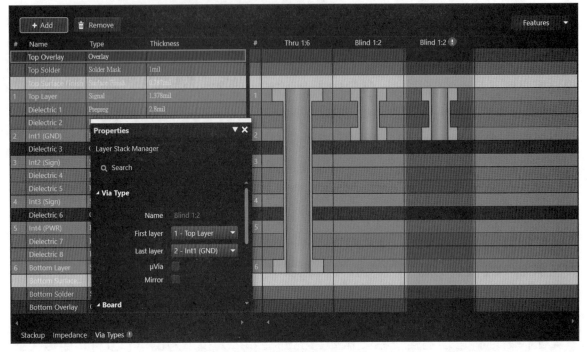

圖(8)　新增兩個導孔

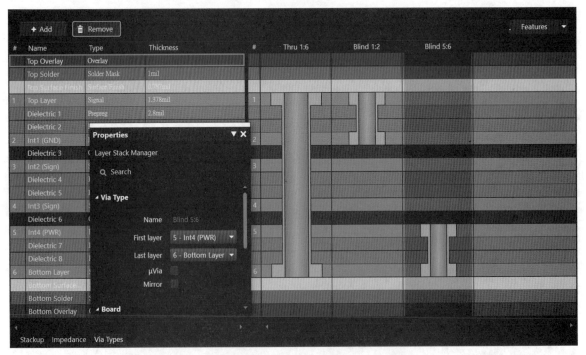

圖(9)　完成 Blind 5:6 盲孔

在屬性面板裡，將 First Layer 欄位改選 5 - Int4(PWR)項，Last Layer 欄位改選 6 - Bottom Layer 項，即可完成 Blind 5:6 盲孔，如圖(9)所示。以類似的操作，新增其他的盲孔與埋孔。

導孔應用實例演練

若要切換佈線板層，可按 [*] 鍵(鍵盤右邊小鍵盤上的 [*] 鍵，不可使用主鍵盤上方的 [8] 鍵)。而在進行手工佈線時，按 [*] 鍵除切換佈線板層外，還會自動在游標上放置一個浮動的導孔。現在要在多層板(六層板)上，進行頂層佈線，並透過導孔連接到編號為 4 的 Int 3 板層，其步驟如下：

1. 確定工作板層為頂層(否則按 [*] 鍵切換到頂層)，再按 [P]、[T] 鍵或按 🖉 鈕，進入互動式佈線狀態。指向起點按滑鼠左鍵，再移動滑鼠即可拉出佈線。若要放置導孔，則按 [*] 鍵，游標上出現一個浮動的導孔，如圖(10)所示。

圖(10)　佈線中切換板層

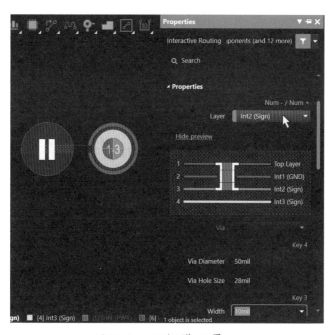

圖(11)　編輯導孔屬性

2. 若要改變目的板層與導孔尺寸，則按 `Tab⇆` 鍵開啟屬性面板，如圖(11)所示。在 Layer 欄位中，選取目的板層(在此為 Int3 Sign 選項)。

3. 另外，可在 Via Diameter 欄位裡修改導孔的外徑、在 Via Hole Size 欄位裡修改導孔的鑽孔直徑、在 Width 欄位裡修改導線的線寬，最後按⏸鈕即可關閉面板，並反應到編輯區，如圖(12)所示。

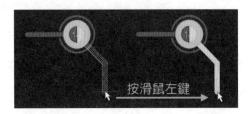

圖(12)　完成導孔編輯並切換板層

4. 緊接著就可在目的板層繼續佈線。

7-2　顯示與色彩配置

Altium Designer 的配色非常豐富，且提供使用者可自行配色。在電路板編輯環境裡，若要進行顯示設定與色彩配置時，可按編輯區左下方，板層標籤列左邊的色塊(LS)，或按 Panels 鈕拉出選單，再選取 View Configuration 選項，即可打開 View Configuration 面板，如圖(13)所示，其中包括兩頁，如下說明：

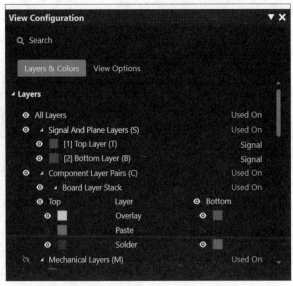

圖(13)　View Configuration 面板

Layers & Colors 頁

Layers & Colors 頁提供板層與零組件顏色之設定，其中包括 Layers 區塊與 System Colors 區塊，如下說明：

Layers 區塊

本區塊提供 2D 顯示模式下，各板層的顏色設定，以及是否要顯示？若板層左邊顯示 ◉ 鈕，將顯示該板層；而 ◈ 將不顯示該板層。若要更改板層顯示的顏色，則按其左邊的色塊，即可拉出顏色選單，以供選擇。

- All Layers 項為所有板層，其右邊顯示 Used On，表示只顯示有被用到的板層。

- Signal And Plane Layers (S)項為信號板層與電源板層，其右邊顯示 Used On，表示只顯示有被用到的板層。

- Component Layer Pairs (C)項為零件板層的配色與顯示，其右邊顯示 Used On，表示只顯示有被用到的板層。

- Mechanical Layers (M)項為機構層的配色與顯示，其右邊顯示 Used On，表示只顯示有被用到的板層。

- Other Layers (O)項為其他板層的配色與顯示，其右邊顯示 Used On，表示只顯示有被用到的板層。其中包括下列特殊板層：

  - Drill Drawing 為鑽孔之孔位圖。

  - Drill Guide 為鑽孔之孔徑圖。

  - Keep-Out Layer 為禁置層，禁止在禁置層內或外設置零件、佈線等。通常 Keep-Out Layer 被視為板框，做為切割電路板的路徑。不管是否正確，但早已約定成俗，電路板製作廠早認定 Keep-Out Layer 就是板框，且電路板雕刻機也是採用 Keep-Out Layer 為板框。

  - Multi-Layer 為複合板層，如針腳式的銲點，存在於所有板層，就是典型的 Multi-Layer。

- Layers Sets 欄位提供所要顯示的板層組，其中包括下列預設選項：

  - All Layers 選項設定全部板層所構成的板層組。

- ■ Signal Layers 選項設定信號板層所構成的板層組。

- ■ Plane Layers 選項設定電源板層所構成的板層組。

- ■ NonSignal Layers 選項設定非信號板層所構成的板層組。

- ■ Mechanical Layers 選項設定機構層所構成的板層組。

- ● [⊞] 鈕的功能是新增板層組，隨需要自定板層組。

- ● Active Layer 欄位設定目前的工作板層。

- ● View From Bottom Side 選項設定由底層看入，也就是把電路板翻面看。正常是由頂層看入。

- ● [Import] 鈕的功能是匯入/套用顯示設定檔。

- ● [Export] 鈕的功能是將目前的顯示設定匯出。

System Colors 區塊

本區塊提供系統圖件的顏色設定，其中各項如表(1)所示。

表(1) 系統圖件

名稱	說明
Connection Line	預拉線(鼠線)
Selection/Highlight	選取狀態
Pad Holes	銲點的鑽孔
Via Holes	導孔的鑽孔
Origin Marker	原點記號
Component Reference Point	零件的參考點
3D Bode Reference Point	3D 圖件的參考點
Custom Snap Points	使用者自定之吸附點
DRC Error/Waived DRC Error Markers	設計規則檢查錯誤記號
Violation/Waived Violation Markers	衝突(違規)記號
Board Line/Area	電路板區之邊線與底色
Sheet Line/Area Color	圖紙之邊線與底色
Workspace in 2D Mode Start/End	2D 展示模式的工作區漸層底色
Workspace in 3D Mode Start/End	3D 展示模式的工作區漸層底色
First/Second Dimension Line	尺寸線
Area/Touch Rectangle Selection	區塊選取

View Options 頁

在 View Options 頁裡分為四個部分，如下說明：

General Settings 區塊

本區塊提供 3D 的顯示模式與顏色設定，如圖(14)所示，其中各項如下說明：

● Configuration 欄位設定編輯區的展示模式，其中各選項如表(2)所示。若要自行定義顯示模式，再按右邊的 📇 鈕新增為顯示模式。按右邊的 📇 鈕可將此模式存成顯示模式檔案。按右邊的 📇 鈕可將此顯示模式。

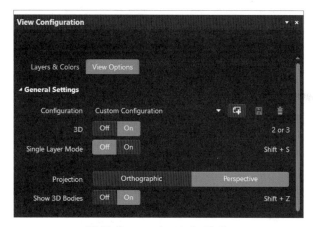

圖(14)　一般設定區塊

表(2)　顯示模式選項

顯示模式選項	說明
Custom Configuration	自定顯示模式
Altium Standard 2D	預設標準 2D 顯示模式
Altium Transparent 2D	預設透明的 2D 顯示模式
Altium 3D Black	黑板 3D 顯示模式
Altium 3D Blue	藍板 3D 顯示模式
Altium 3D Brown	棕板 3D 顯示模式
Altium 3D Color By Layer	按板層顏色之 3D 顯示模式
Altium 3D Dk Green	深綠板 3D 顯示模式
Altium 3D Lt Green	淺綠板 3D 顯示模式
Altium 3D Red	紅板 3D 顯示模式
Altium 3D White	白板 3D 顯示模式

- 3D 右邊的切換鈕可切換 2D/3D 顯示模式，若按鈕顯示 On (淺藍色)表示編輯區採 3D 顯示模式，按鈕顯示 Off (淺藍色)表示編輯區採 2D 顯示模式。在編輯區裡，可按 3 鍵可切換為 3D 顯示模式、按 2 鍵可切換為 2D 顯示模式。

- Single Layer Mode 右邊的切換鈕可切換單層模式，若按鈕顯示 On (淺藍色)表示編輯區採單層顯示模式，如圖(15)之右圖所示；按鈕顯示 Off (淺藍色)表示編輯區採正常顯示模式，如圖(15)之左圖所示。在編輯區裡，可按 ⇧Shift + S 鍵切換為單層顯示模式與正常顯示模式。

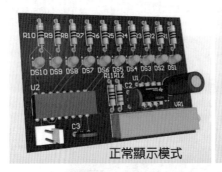 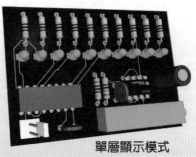

圖(15)　正常顯示模式(左圖)與單層顯示模式(右圖)

- Projection 右邊的按鈕可選擇 3D 投影方式，若按 Orthographic 鈕採用正投影、按 Perspective 鈕採用透視圖模式，如圖(16)所示。

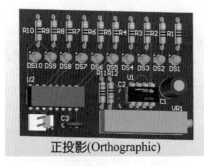 

圖(16)　投影方式

- Show 3D Bodies 右邊的切換鈕可切換是否顯示 3D 零件，若按 On 鈕可顯示 3D 零件，按 Off 鈕則不顯示 3D 零件，如圖(17)所示。在編輯區裡，可按 ⇧Shift + Z 鍵切換為顯示 3D 零件或不顯示 3D 零件。

- 若是在 2D 顯示模式下，將出現選項 Show Grid 選項，以設定是否顯示格點/格線，而在其右邊色塊裡，可設定其顏色。

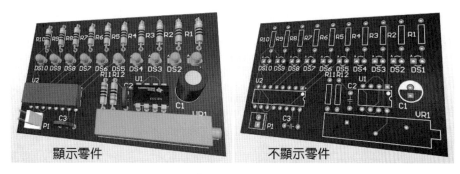

圖(17)　顯示 3D 零件(左圖)、不顯示 3D 零件(右圖)

🌀 3D Settings 區塊

本區塊只出現在 3D 顯示模式,而提供 3D 圖相關設定,如圖(18)所示,其中各項如下說明:

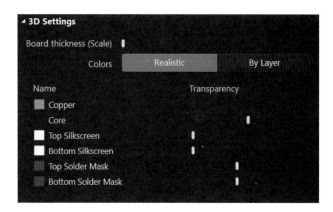

圖(18)　3D 設定區塊

- Board thickness (Scale)捲軸設定電路板的厚度,並可立即反應到編輯區裡的電路板,如圖(19)所示。

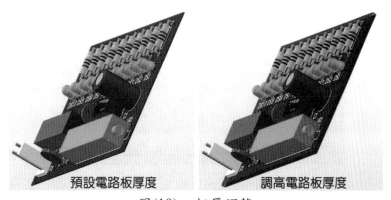

圖(19)　板厚調整

- Colors 右邊的按鈕設定顏色展示方式，若按 [Realistic] 鈕則展示實際顏色，按 [By Layer] 鈕則按板層顏色展示，如圖(20)所示。

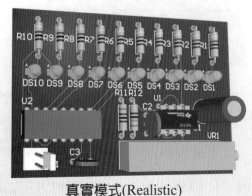 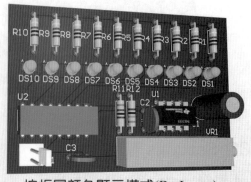

真實模式(Realistic)　　　　　　　按板層顏色顯示模式(By Layer)

圖(20)　電路板配色比較

- 在下方區塊裡可設定圖件的透明度，我們可以在 Transparency 欄位，拖曳捲軸即時調整該物件的透明度，越往右邊移，該圖件的透明度越高。

Object Visibility 區塊

本區塊只出現在 2D 顯示模式，而提供各圖件的相關設定，如圖(21)所示，其中每項圖件包括 Name、Draft 與 Transparency 欄位，如下說明：

圖(21)　3D 設定區塊

- Name 欄位為所要設定的圖件名稱。

● Draft 選項設定該圖件是否以草圖模式顯示。

● Transparency 捲軸設定該圖件的透明度，並可立即反應到編輯區裡。

Mask and Dim Settings 區塊

本區塊提供 2D 與 3D 展示模式之遮罩與淡化程度的設定，如圖(22)所示，其中各項如下說明：

圖(22)　遮罩與淡化程度設定區塊

2D 顯示模式

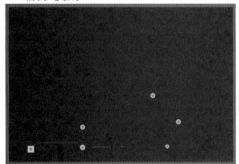
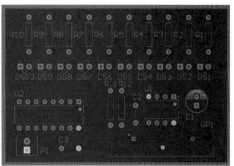

Dimmed Objects 軸往左移　　　　　　　　Dimmed Objects 軸往右移

3D 顯示模式

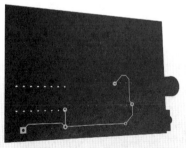

Dimmed Objects 軸往左移　　　　　　　　Dimmed Objects 軸往右移

圖(23)　篩選圖件之凸顯設定

● Dimmed Objects 捲軸設定篩選圖件的凸顯程度，或未被篩選的圖件之變暗程度。例如要篩選 VCC 網路，指向 VCC 網路上的任何一個銲點上，按住 Ctrl 鍵，再按滑鼠左鍵，即可篩選整條 VCC 網路。Dimmed

7-19

Objects 捲軸越往左移，未篩選圖件變越暗，如圖(23)所示。若要解除篩選，可按 ⇧Shift + C 鍵。

● Highlighted Objects 捲軸設定亮顯圖件的凸顯設定，作用不大。

● Masked Objects 捲軸設定遮罩圖件的凸顯設定，作用不大。

7-3　網路編輯

在 Altium Designer 裡，不管是電路圖還是電路板，線路的連接就是網路。在編輯電路圖時，就是在建構網路。而在專案裡，從電路圖所載入的資料，其中包括網路，所以，電路圖裡的網路與電路板裡的網路應該是一樣的。

在電路板編輯環境裡，從電路圖載入的網路，若有不如預期或臨時要增加線路連接(即網路)，有兩種方法處理：

● 修改電路圖裡的線路，存檔後再更新到電路板。

● 直接在電路板編輯環境裡，編輯網路，存檔後再更新到電路圖。

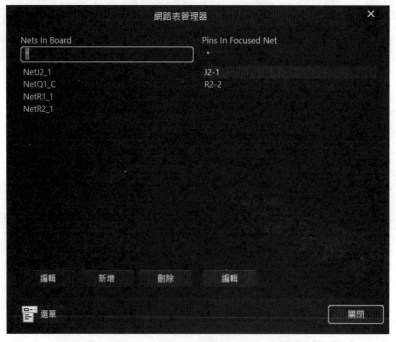

圖(24)　網路表管理器對話盒

在電路板編輯環境裡，若要編輯網路，可啟動[設計]/[網路]/[編輯網路]命令，或按 [D] 、 [N] 、 [N] 鍵，開啟網路表管理器對話盒，如圖(24)所示。左邊 Nets In Board 區塊裡為現存的網路，其下有三個操作按鈕，用以編輯/管理網路；右邊的 Pins In Focused Net 區塊裡為選取的網路所用到的接腳(即銲點)，其下有一個操作按鈕，用以編輯銲點(Pad)。從 Nets In Board 區塊裡的網路名稱，除了使用電源符號(VCC、GND)所產生的網路名稱外，程式對網路名稱的命名規則如圖(25)所下：

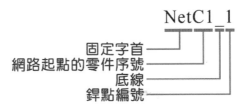

圖(25)　網路名稱的命名規則

如圖(26)所示，在此要新建 VCC 與 GND 網路，其中 VCC 網路由 J1_1 連接到 C1_1、GND 網路由 J1_2 連接到 C1_2，步驟如下：

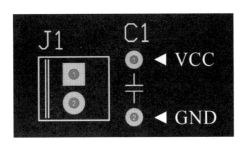

圖(26)　新建網路範例

1. 在網路表管理器對話盒裡，在 Nets In Board 區塊下方按 新增 鈕，螢幕出現如圖(27)所示之對話盒。

2. 新增 VCC 網路：在網路名稱欄位裡輸入 VCC，在其他網路的接腳區塊裡，選取 C1_1 項，再按 ▶ 鈕將他移到右邊的此網路的接腳區塊；同樣的方法，將其他網路的接腳區塊裡的 J1_1 項，移到右邊的區塊。最後按 確認 鈕完成新增 VCC 網路，退回網路表管理器對話盒。

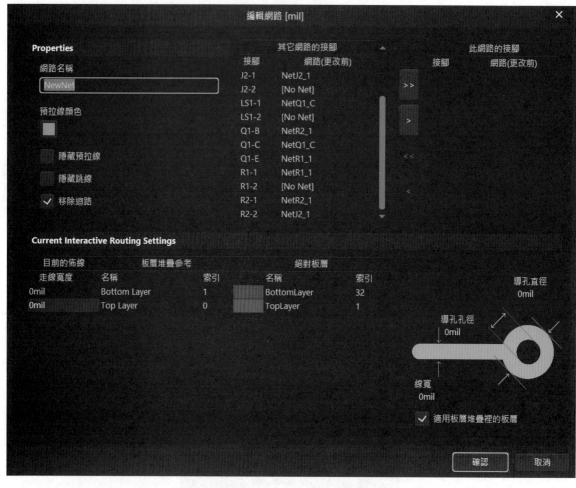

圖(27)　編輯網路對話盒

3. 在網路表管理器對話盒裡，在 Nets In Board 區塊下方按 ▆▆新增▆▆ 鈕，開啟編輯網路對話盒。

4. 新增 GND 網路：在網路名稱欄位裡輸入 GND，在其他網路的接腳區塊裡，選取 C1_2 項，再按 ▆ 鈕將他移到右邊的此網路的接腳區塊；同樣的方法，將其他網路的接腳區塊裡的 J1_2 項，移到右邊的區塊。最後按 ▆▆確認▆▆ 鈕完成新增 GND 網路，退回網路表管理器對話盒。

5. 在網路表管理器對話盒裡，按 ▆▆關閉▆▆ 鈕關閉之。完成新增這兩條網路，如圖(28)所示。

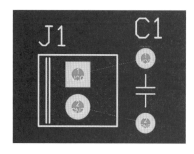

圖(28)　完成新增 VCC、GND 網路

即時練習

在 CH7-1.PrjPcb 專案裡，已備妥電路圖與電路板，如圖(29)所示，請在電路板編輯區裡，手工新增如電路圖之網路。

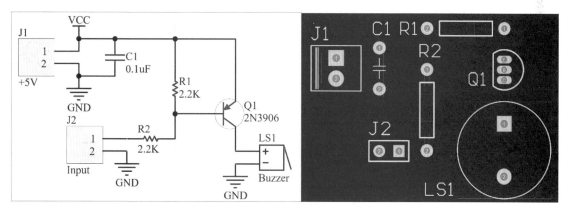

圖(29)　電路圖(左)與電路板(右)

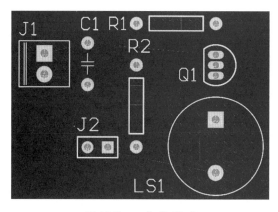

圖(30)　參考答案

7-4　分類與設計規則

分類與設計規則都是為了讓電路板設計更方便，管理更有效率。

7-4-1　分類

在 Altium Designer 裡提供多種物件的分類(Classes)功能，讓我們更容易管理整個 PCB 設計。在電路板編輯環境裡，若要進行分類之編輯，可啟動[設計]/[分類]命令，或按 [D]、[C] 鍵，開啟分類管理器對話盒，如圖(31)所示。

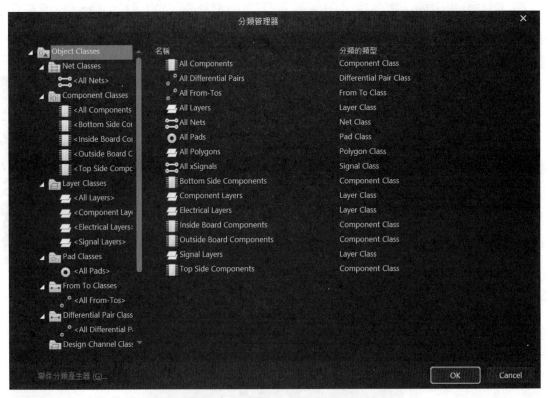

圖(31)　分類管理器對話盒

其中包括十種物件的分類，如下說明：

● 網路分類(Net Classes)：按線路的功能，將電路中的網路分類。以微處理機電路為例，其中有資料匯流排、位址匯流排、控制匯流排等，同一種匯流排中的每條網路具有相似的屬性與要求，就可將它們歸為一個網路

分類，以後可針對此網路分類制定其特定的設計規則，如佈線線寬、安全間距等設計規則。

- 零件分類(Component Classes)：將電路按功能區分為幾個部分，其中每個部分裡的所有零件，就是為了執行該功能所需的零件。若建立零件分類，有利於電路板中的零件佈置。在電路圖設計時，常會按電路功能區分，將每個電路功能分置於一張電路圖，而同一張電路圖裡的所有零件就自動歸為同一零件分類。在電路板編輯區裡，載入電路圖資料時，每張電路圖的零件，將置於同一個零件擺置區間(Room)，屬於同一個零件分類。而程式也已內建數個零件分類。

- 板層分類(Layer Classes)：按板層的用途或屬性，分置於不同的板層分類，以方便操作。Altium Designer 的板層種類那麼多，也真的需要分類管理。因此，程式已內建數個板層分類。

- 銲點分類(Pad Classes)：按銲點的種類、尺寸或特殊加工方式等，分置於不同的銲點分類，以方便管理。

- 點對點分類(From To Classes)：從一個端點到另一個端點的連接稱為點對點，我們可針對特別的點對點連接設置分類，以方便其佈線管理。

- 差訊線對分類(Differential Pair Classes)：差訊線對是一種高速線，其佈線規範(設計規則)與佈線方法，與一般線不太一樣。因此，針對差訊線對分類，可讓其設計規則的制定與管理更有效率。

- 設計通道分類(Design Channel Classes)：Altium Designer 針對具有多各同質性的電路提供設計通道，以節省設計時間與日後維護的效率。例如一個八聲道的音頻放大電路，每個聲道就是一個設計通道，不管是電路圖設計還是電路板設計，只要設計一個通道，即可產生多個通道，省時又省工。而我們可將設計通道分類，更容易管理。

- 鋪銅分類(Polygon Classes)：在電路板上鋪銅對電磁波干擾有屏蔽作用，也有助於電路板信號完整性(Signal Integrity, SI)與電源完整性(Power Integrity, PI)。而鋪銅也可分類，以方便管理。

- 結構分類(Structure Classes)：結構分類是按電路圖結構，將其中的各種分類放置在結構化的結構分類裡，如圖(32)所示為三張階層是電路圖的結構分類範例。

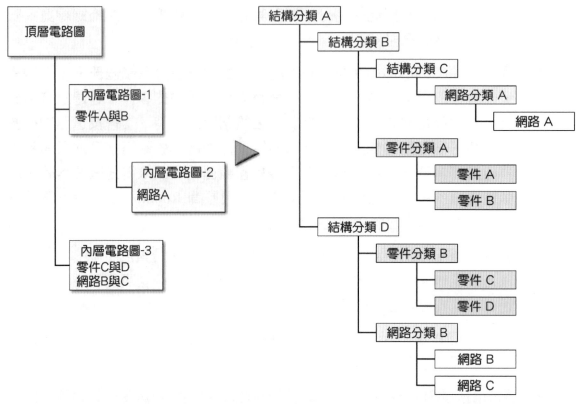

圖(32)　階層式電路圖結構(左圖)與結構分類(右圖)

● xSignal 分類(xSignal Classes)：xSignal 是一種高速線，如 DDR、DDR2 等。在此可將 xSignal 分類，以方便制定設計規則與管理。

實例演練－網路分類

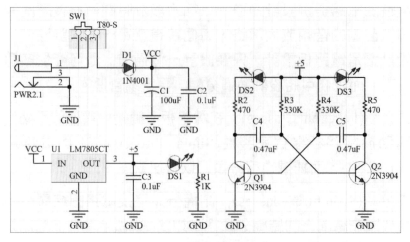

圖(33)　CH7-2.PrjPcb 專案裡的 Sheet1 電路圖

在電子電路裡，通常會把電流較大的網路之佈線線寬加粗，而供電的網路屬於電流較大的線路，例如 VCC、GND 等，如圖(33)所示之電路圖，其中需要加粗的網路，除了 VCC、GND 外，還有+5V 與連接 SW1 開關的兩條線。在電路板編輯區裡載入電路圖設計資料後，現在將這些網路列入 power 分類，如下列步驟：

1. 電路板編輯區裡，啟動 [設計]/[分類]命令，或按 ⌨D 、 ⌨C 鍵，開啟分類管理器對話盒，如圖(31)所示(7-24 頁)。

2. 指向左上方的 Net Classes 項按滑鼠右鍵拉下選單，再選取新增分類選項 (①)，即可新增一項 New Class 分類(②)，將此分類名稱修改為 power。而中間非成員區塊中，也出現許多網路。

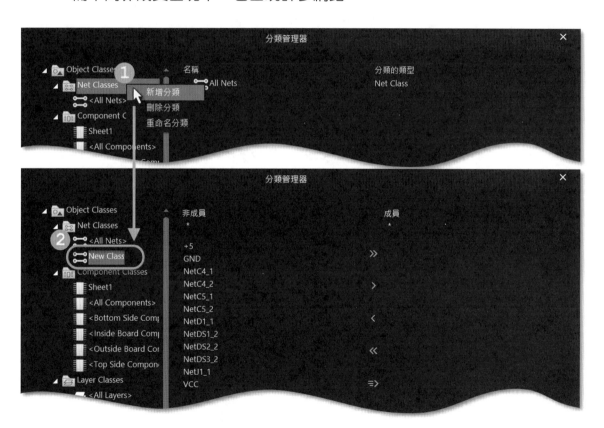

圖(34)　新增分類

3. 按住 ⌨Ctrl 鍵，再分別點選非成員區塊中的+5、GND、NetD1_1、NetJ1_1 與 VCC 網路，然後按 ▸ 鈕將這幾項一到右邊成員區塊，如圖(35)所示。完成 power 分類，按 OK 鈕關閉對話盒即可。

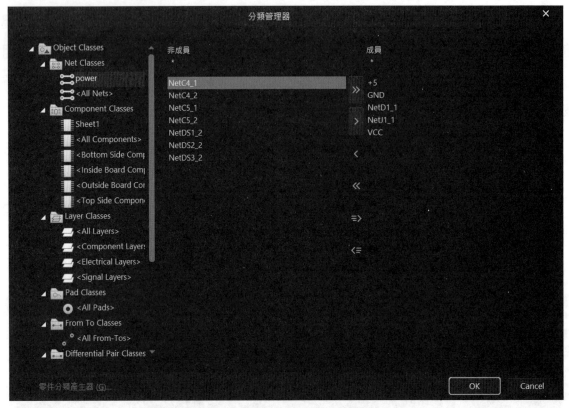

圖(35) 完成 power 網路分類

7-4-2 設計規則

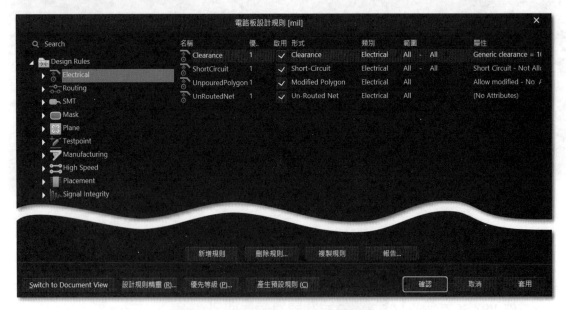

圖(36) 電路板設計規則對話盒

設計規則(Design Rules)是主導電路板設計的無形約束力。在電路板編輯環境裡，啟動[設計]/[設計規則]命令，或按 ⎡ D ⎤、⎡ R ⎤ 鍵，開啟電路板設計規則對話盒，如圖(36)所示，其中包括 10 大類設計規則，如表(3)所示。

表(3)　設計規則種類

設計規則大類	說明
Electrical	電氣特性相關規則，如安全間距(Clearance)、短路限制等。
Routing	佈線相關規則，如線寬、佈線板層、導孔尺寸等限制。
SMT	表面黏著相關規則，如進入 SMD 銲點的限制等。
Mask	遮罩相關規則，包括防銲層、錫膏層的規定。
Plane	電源板層相關規則，包括連接方式、不連接方式等。
Testpoint	測試點相關規則，包括測試點的用量、樣式等規定。
Manufacturing	電路板製相關規則，包括鑽孔、絹印層間距等規定。
High Speed	高速板相關規則，包括平行走線、走線長度等規定。
Placement	零件佈置相關規則，包括零件間距、零件高度等規定。
Signal Integrity	信號完整性相關規則，包括信號邊緣變形、阻抗等規定。

* **SMT** 是表面黏著技術，**SMD** 是應用表面黏著技術的零件。

其中並不是每項設計規則都需要，若是學生設計專題製作，使用雕刻機製作電路板，大概只會用到 Electrical 類與 Routing 類設計規則，我們可在 Electrical 類裡的 Clearance 設定安全間距，而在 Routing 類的 Width 設定線寬。在此將實例演練制定線寬的設計規則，以及制定安全間距的設計規則。

另外，有些預設的設計規則會影響我們的設計，但卻並不重要！例如：

● Manufacturing 類裡，有些防銲層碎片的規定，但我們根本不用防銲層。有些絹印層的安全間距規定，但我們根本不用絹印層。

● 在 Placement 類裡，關於零件高度的規定，但在我們的專題製作裡，或許零件高度不會影響組裝。

即便如此，程式並不知道的狀況，還是會提出警告訊息、錯誤訊息或錯誤標記。當然，可以停用這些不符合需求的規定。在此也將實例演練如何停用會妨礙的某些設計規則。

實例演練－設定線寬設計規則

在電路板設計規則對話盒裡，Altium Designer 預設一個全面適用的線寬設計規則，如圖(37)所示，在左邊區塊選取 Routing/Width/Width 項(①)，然後在中間的 Constraints 區塊裡(②)，在 Max Width 欄位將最大線寬改為 16mil、在 Preferred Width 欄位將最適切線寬改為 12mil、在 Min Width 欄位將最小線寬保持為 10mil。完成此設計規則的制定，按 套用 鈕(③)，儲存此規則，不關閉對話盒。

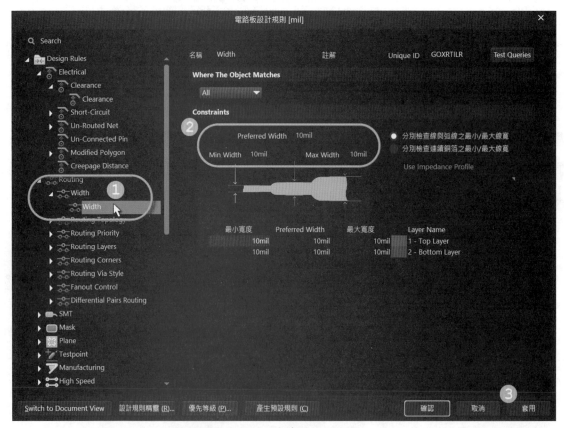

圖(37)　預設線寬設計規則

接續制定名為 power 的線寬設計規則，如圖(38)所示，在左邊區塊指向 Routing/Width 項按滑鼠右鍵，在隨即出現的選單裡，選取新增規則選項，新增選取 Routing/Width/Width_1 項(①)，新增的規則都會自動提升優先等級，比原本的 Width 規則的優先等級還高。然後按下列設定：

1. 在名稱欄位裡(②)，將此規則定名為 power。

2. 在 Where The Object Matches 欄位裡選取 Net Class 選項(③)，指定按網路分類定義適用對象。而其右邊將出現另一個欄位，在其中選取 power 選項，指定針對 power 分類的網路。

3. 在中間的 Constraints 區塊裡(④)，在 Max Width 欄位將最大線寬改為 20mil、在 Preferred Width 欄位將最適切線寬改為 16mil、在 Min Width 欄位將最小線寬保持為 10mil。

4. 完成此設計規則的制定，按 套用 鈕(⑤)，儲存此規則，不關閉對話盒。

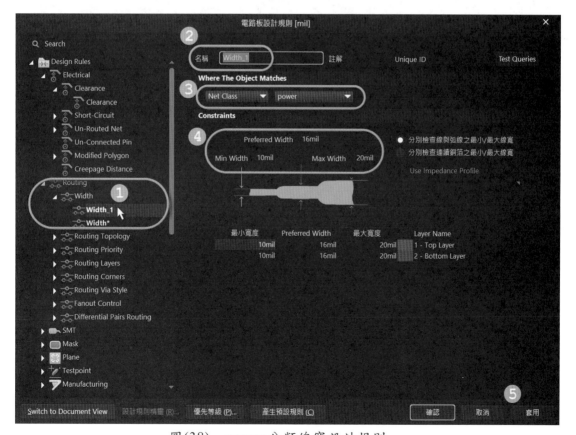

圖(38)　power 分類線寬設計規則

實例演練－設定安全間距設計規則

接續制定安全間距，如圖(39)所示，在左邊區塊裡選取 Electrical/Clearance /Clearance 項(①)，在 Where The First Object Matches 欄位與 Where The Second Object Matches 欄位都保持原本的 All 選項(②)，再將最小間距欄位設定為 10mil(③)。完成此設計規則的制定，按 套用 鈕(④)，儲存此規則，不關閉對話盒。

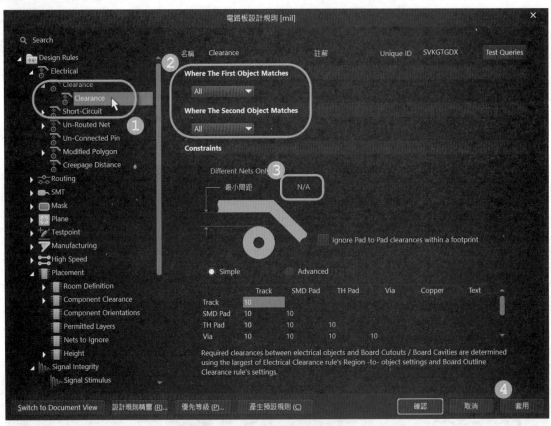

圖(39)　安全間距設計規則

實例演練－停用設計規則

　　接續進行停用部分製造相關的規定，如圖(40)所示，在左邊區塊裡選取 Manufacturing 項(①)，在中間區塊裡，分別取消 MinimumSolderMaskSliver(最小防銲層碎片限制)、SilkToSilkClearance(絹印層與絹印層之最小間距限制)、SilkToSoderMaskClearance(絹印層與防銲層之最小間距限制)選項之啟用選項 (②)。完成此設計規則的制定，按 套用 鈕(③)，儲存此規則，不關閉對話盒。

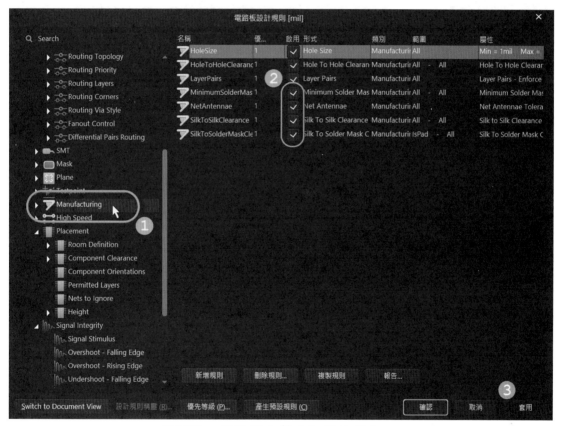

圖(40)　停用部分製造相關的規定

　　接續進行停用部分零件佈置相關的規定，如圖(41)所示，在左邊區塊裡選取 Placement 項(①)，在中間區塊裡，取消 Height(零件高度限制)之啟用選項(②)。完成此設計規則的制定，按 套用 鈕(③)，儲存此規則，再按 確認 鈕關閉對話盒。

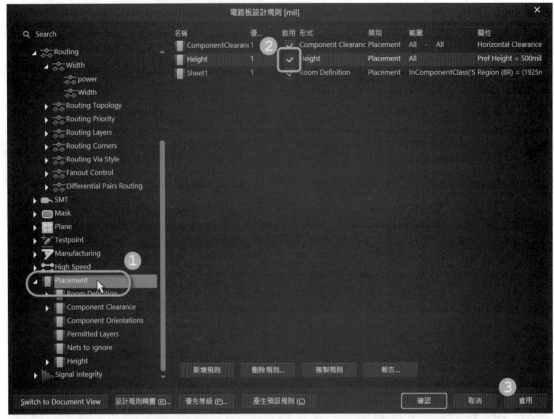

圖(41)　停用零件高度限制設計規則

7-4-3　設計規則檢查

　　Altium Designer 提供兩種設計規則檢查：即時設計規則檢查與批次設計規則檢查。即時設計規則檢查隨時在檢查編輯區裡是否有違反設計規則，批次設計規則檢查則是應使用者的需求，而提出之檢查。這兩種檢查方式，所檢查的設計規則項目，可由我們來設定。當要設定檢查的設計規則項目時，則啟動[工具]/[設計規則檢查]命令或按 T 、 D 鍵，開啟設計規則檢查對話盒，如圖(42)所示。若要選擇所要檢查的項目，則選取左邊區塊的 Rules To Check 選項，中間區塊裡將列出所有設計規則，而每項設計規則都有即時與批次兩個選項，可選擇在哪種模式下檢查該設計規則。當然，可以兩個模式都執行或都不執行。

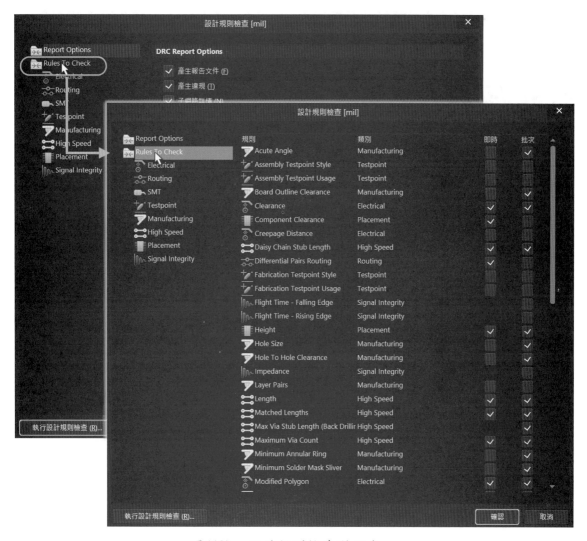

圖(42)　設計規則檢查對話盒

　　若要執行批次檢查，可按 執行設計規則檢查 (R)... 鈕，即進行批次檢查，並將檢查顯示檢查報告頁，而檢查結果列在 Messages 面板，如圖(43)所示。如有違反設計規則之處，將直接在編輯區裡標示錯誤標記。若要取消錯誤標記，則啟動[工具]/[取消錯誤標記]命令或按 T 、 M 鍵即可。

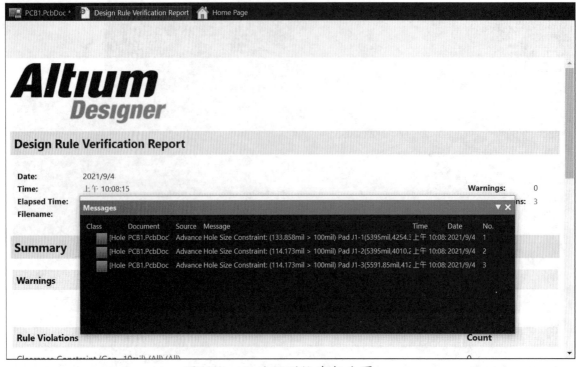

圖(43)　設計規則檢查報告頁

　　在 Altium Designer 裡的手工佈線稱為**互動式佈線**，為什麼是「互動式」？主要是因為在進行手工佈線時，將會依據設計規則，與鄰近的圖件，自動安排走線。對於設計者而言，可以放心佈線，而不會有違規的狀況。

　　互動式佈線是架構在網路上，已佈線的網路為走線(Track)或線段(Segment)，尚未佈線的網路稱為預拉線(Connection 或 Ratsnest)。不管怎樣，都是端點與端點間的連接，而在電路板裡的端點，最典型的就是銲點(Pad)，相當於電路圖中的接腳，如圖(14)所示為銲點與預拉線，在銲點上提供兩項資訊，即銲點編號與網路名稱，而與其他相同網路的銲點之間，將以一條白色的預拉線連接(游標指向銲點會更清楚)，進行互動式佈線就是要把這條白色的預拉線變成實際的走線。

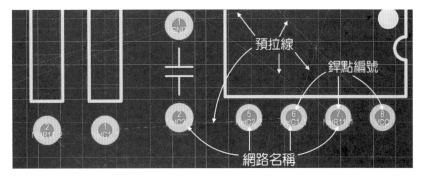

圖(44)　銲點上的銲點編號、網路名稱與預拉線

當要進行互動式佈線時，則按 鈕或 `P`、`T` 鍵進入互動式佈線狀態。緊接著，切換到所要佈線的板層(可按鍵盤右邊數字鍵盤上的 `*` 鍵，預設頂層為紅色線、底層為藍色線)，再按下列步驟操作：

1. 指向起點銲點，按滑一下鼠左鍵，即可由該點拉出走線，如圖(45)之❶所示，非佈線部分將變暗淡。

2. 走線將隨游標而動，但最多只能有一段末固定走線，即一次轉角。若要在此轉角，則先按一下滑鼠左鍵，固定前一段線，如圖(45)之❷所示。

3. 移至目的銲點後，按滑鼠左鍵，即完成該段走線，如圖(45)之❸所示。這時候，仍在互動式佈線狀態，可另尋新的起點，繼續進行其佈線；或按滑鼠右鍵，結束互動式佈線狀態。

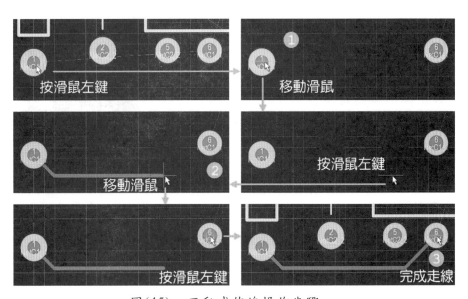

圖(45)　互動式佈線操作步驟

另外，在進行互動式佈線之中，還有兩件項重要工作，如下說明：

切換佈線板層

互動式佈線可在信號板層之間切換佈線板層，只要按鍵盤右邊數字鍵盤裡的 ⌷*⌷ 鍵，除切換佈線板層外，在游標位置上將自動產生一個導孔(Via)，以連接兩板層之間的走線，在按一次滑鼠左鍵，即可固定該導孔，並可繼續走線。

屬性設定

在佈線過程之中，隨時可按 Tab⇆ 鍵開啟其**互動式佈線屬性**面板，如圖(46)所示，這又是內容豐富的面板(很長)，其中可分為四部分，如下說明：

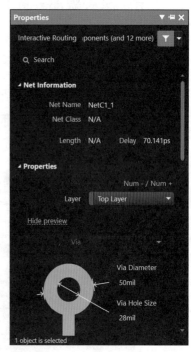

圖(46)　互動式佈線屬性對話盒

🔵 Net Information
此區塊顯示此佈線的相關資訊，如網路名稱、網路分類、總信號長度、傳輸延遲等，如圖(46)所示，這些資訊會隨互動式佈線的進行而變動。

🔵 Properties
此區塊為此佈線的基本屬性，如圖(46)所示，其中各項如下說明：

● Layer 欄位為此佈線目前所在的板層。

● Via 欄位為導孔樣式選項，目前不可使用。

● Via Diameter 欄位為此網路佈線所使用的導孔之直徑。

● Via Hole Size 欄位為此網路佈線所使用的導孔之鑽孔孔徑。

● Width 欄位為此網路佈線的線寬。

Interactive Routing Options

此區塊為此互動式佈線的選項，如圖(47)所示，其中各項如下說明：

- Conflict Resolution 欄位設定移動佈線時，若遇到其他不同網路的電氣圖件(即障礙物)時，所要做的反應。其中選項如下說明：

圖(47)　互動式佈線選項

  - Ignore Obstacles 選項設定不理障礙物，視同無物，直接壓過去，當然也會出現綠色的錯誤標記。

  - Walkaround Obstacles 選項設定沿著障礙物，保持規定的距離而走線，也就是沿邊佈線。

  - Push Obstacles 選項設定推擠妨礙我們走線的障礙物(不同網路的佈線或導孔)，以順利走線。

  - HugNPush Obstacles 選項設定盡可能靠緊現有不同網路的佈線、銲點和導孔等障礙物，並在必要時推動障礙物以繼續佈線。若無法在不造成違規的情況下靠緊或推動障礙物時，將出現指示器，以說明該路線已被阻止(無法順利走線)。

  - Stop At First Obstacles 選項設定在遇到第一個障礙物處停止。

  - AutoRoute Current Layer 選項設定在目前工作板層上，啟用自動佈線功能，以單層佈線方式，自動完成佈線。

  - AutoRoute MultiLayer 選項設定在目前工作板層上，啟用自動佈線功能，可多層佈線方式，自動完成佈線。

- Corner Style 按鈕列可設定走線轉角模式，與按 ⇧Shift + [　　　　] 鍵相同。

- Gloss Effort (Routed)按鈕列提供選擇對已佈線進行的優化佈線(平順調整)，也可以按 Ctrl + ⇧Shift + G 鍵，循環選擇下列選項：

- ■ `Off` 鈕的功能是停用優化佈線，但在進行走線/拖動後，仍會執行清理，以消除重疊的走線，在電路板佈線的最後階段非常有用。

- ■ `Weak` 鈕的功能是執行低強度的優化佈線，在這種模式下，只考慮直接連接到當前正在走線的線段(或被拖動的線段/導孔)，或在其區域內的佈線，常用於微調佈線或處理關鍵走線。

- ■ `Strong` 鈕的功能是執行高強度的優化佈線，在這種模式下，將會尋找最短路徑、平滑走線等，在佈線過程的早期階段相當有用。

● Gloss Effort (Neighbor)按鈕列提供選擇對鄰近佈線進行的優化佈線，其中選項與 Gloss Effort (Routed)按鈕列的功能類似，而針對鄰近佈線。

● Automatically Terminate Routing 選項設定走線到銲點，按滑鼠左鍵完成並停止該段走線。

● Automatically Remove Loops 選項設定走線時，若該網路的佈線形成一個封閉迴路時，將自動斷開(移除)原有的佈線。常被用來修改佈線，以新佈線取代舊佈線。也可在編輯區裡，按 `⇧Shift` + `D` 鍵切換此選項。

● Remove Loops With Vias 選項設定刪除封閉迴路的原有佈線時，包含刪除其中的導孔。

● Remove Net Antennas 選項設定刪除封閉迴路的原有佈線時，包含單端線段(單端線段就像天線一樣，可能收發雜訊)。

● Allow Via Pushing 選項設定允許推擠導孔。

● Pin Swapping 選項設定允許接腳互換，也可在編輯區裡，按 `⇧Shift` + `C` 鍵切換此選項。

● Display Clearance Boundaries 選項設定顯示安全間距邊界(安全氣囊)，如圖(48)所示。也可在編輯區裡，按 `⇧Shift` + `W` 鍵切換顯示安全間距邊界。

● Reduce Clearance Display Area 選項設定縮小安全間距邊界之顯示範圍，如圖(48)所示。

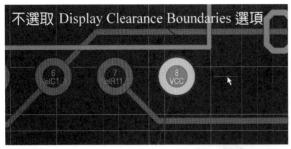

選取 Display Clearance Boundaries 選項
不選取 Reduce Clearance Display Area 選項

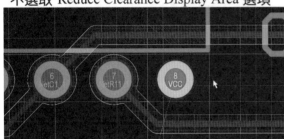

選取 Display Clearance Boundaries 選項
選取 Reduce Clearance Display Area 選項

圖(48)　顯示安全氣囊

- Show Length Gauge 選項設定顯示走線長度尺規，如圖(49)所示，也可在編輯區裡，按 ⇧Shift + G 鍵切換顯示走線長度尺規。

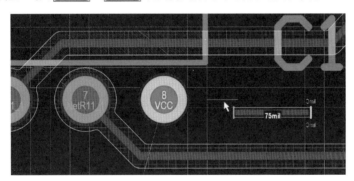

圖(49)　顯示走線長度尺規

- Pad Entry Stability 選項設定確保導線進入銲點中新點之強度，其強度可在其下滑軌中拖曳設定之，越右邊強度越高。

- Miter Ratio 欄位為轉彎之導角比率，在欄位中輸入大於 0 之導角比率，再乘以目前線寬，即為該佈線的最緊密之導角間距。

- Subnet Jumper Len 欄位設定子網路之跳線長度。

◑ Rules

此區塊為此互動式佈線的相關設計規則，如圖(50)所示，其中包括導孔尺寸的規定與線寬的規定等。

圖(50)　相關設計規則

在面板裡的改變設定，將即時反應到編輯區，相當方便！而設定完成後，按 ⏸ 鈕關閉面板，即可繼續互動式佈線。

另外，上述在互動式佈線面板的設定，也可以啟動[工具]/[操控設定]命令，開啟操控設定對話盒，在其中的 PCB Editor/Interactive Routing 頁裡設定之。

7-5-2　互動式匯流排佈線

互動式流排佈線是指在設計規則規範下之多條網路同步互動式佈線 (Interactive Multi-Routing)，其佈線效率很高，佈線效果也非常好！對於微電腦/數位電路的電路板佈線，提供相當便利的工具。如圖(51)所示，其中有多處可採匯流排佈線，而在兩個四位數七節顯示器模組之間，上方有 3 條走線、下方有 5 條走線，採波浪式走法，以連接七節顯示器模組之間的相同信號，就是匯流排佈線的最佳範例。以其下方走線為例，其操作步驟如下：

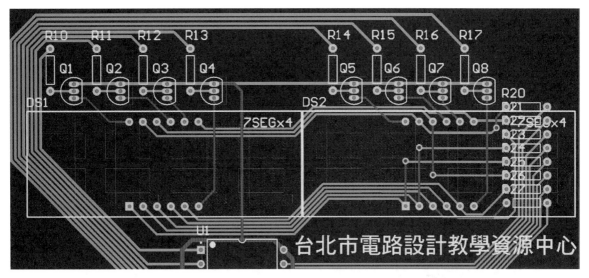

圖(51)　互動式匯流排佈線範例

● 首先選取起點銲點，若要選取非連續的銲點，可按住 ⇧Shift 鍵再指向所要
選取的銲點，按一下滑鼠左鍵，即可選取該銲點，以此操作一個個選取所
要的銲點。若要選取連續的銲點，可按住 Ctrl 鍵再由空白處拖曳到零件
內部的銲點(須完整包含)，即可一次選取所包含的銲點，如圖(52)所示。

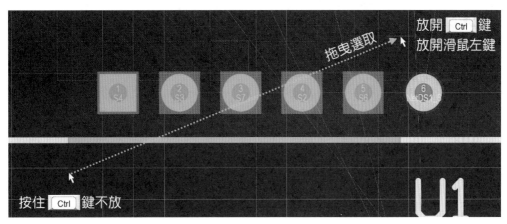

圖(52)　按住 Ctrl 鍵不放，再拖曳選取銲點

● 完成銲點選取後，切換到所要佈線的板層(在此為頂層)，再按 ⬚⬚ 鈕或按 ⬚P⬚、⬚M⬚ 鍵，進入互動式匯流排佈線狀態。指向所選取銲點中的任一個，以做為操作點，按一下滑鼠左鍵，以最左邊銲點為例，再按 ⬚Tab⬚ 鍵開啟其屬性面板，如圖(53)所示。基本上，這個面板與互動式佈線屬性面板類似，在此最重要的是要將其 Bus Spacing 欄位設定小一點，最好是按其下的 From Rule (10mil) 鈕，將其間距設定成與設計規則所設定的安全間距一樣，再按 ⏸ 鈕恢復互動式匯流排佈線。

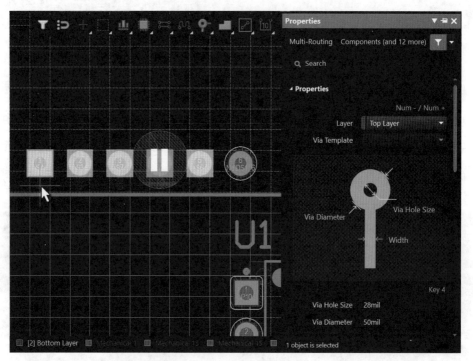

圖(53)　開啟屬性面板

● 往目的地移動，拉出走線(①)；按滑鼠左鍵，固定前段走線(②)；繼續往目的地移動，拉出走線(③)；按滑鼠左鍵，固定前段走線(④)；到達目的地，拉出走線(⑤)；按滑鼠左鍵，完成佈線(⑥)，如圖(54)所示。

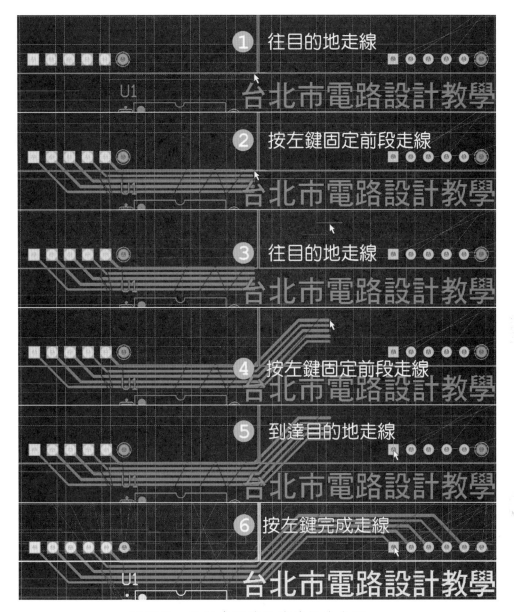

圖(54)　互動式匯流排佈線操作步驟

　　互動式匯流排佈線是一項非常棒的工具！但不少人不知道如何駕馭這個強大的利具，進而放棄。其實與間距有關，若佈線空間不夠，當然走不過去。而Altium Designer 有個自動縮減佈線空間的習性，自己會找近的、短的路徑，造成使用者難以駕馭！只要 Bus Spacing 設定小一點，就很好駕馭它。

7-5-3　互動式差訊線對佈線

在電路板上傳輸信號，傳統是以接地端為基準點，稱為單端信號(Single-End)。由於單端信號容易受干擾，信號容易衰減，並不適合高速傳輸。若要減少干擾與衰減，就採用差動訊號，差動訊號為一對訊號線之訊號差為信號，稱為**差訊線對**(Differential Pair)，而不以接地端為基準點。因此信號不易干擾與衰減，常用於高速傳輸的場合，例如 USB 信號線、PCIe 介面等。Altium Designer 提供相當友善的差訊線對佈線環境，在此將以 USB 為例，如圖(55)所示，說明如何在 Altium Designer 裡建立差訊線對，並進行其佈線。在電路圖裡，刻意將差訊線對之網路名稱定義為 USB_N、USB_P。

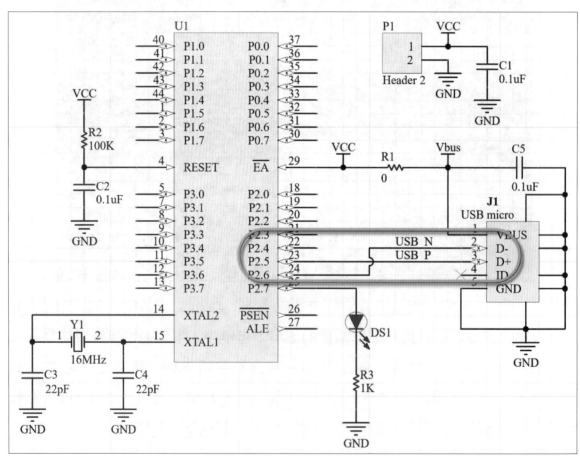

圖(55)　示範電路

第一種定義差訊線對的方法

在左邊面板區下方，選取 PCB 頁，開啟 PCB 面板。在最上面欄位選取 Differential Pairs Editor 選項，即可開啟 Differential Pairs Editor 面板，如圖(56) 所示，再按 **+ 新增** 鈕開啟差訊線對對話盒。

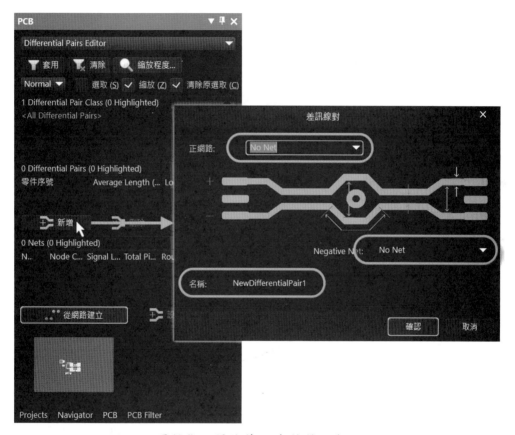

圖(56)　開啟差訊線對對話盒

在正網路欄位裡選取 USB_P 選項，在 Negative Net 欄位(漏翻譯)裡選取 USB_N 選項，在名稱欄位裡輸入 USB_DP 選項，最後按 **確認** 鈕關閉對話盒，即可產生一個差訊線對，如圖(57)所示。

圖(57) 完成定義差訊線對

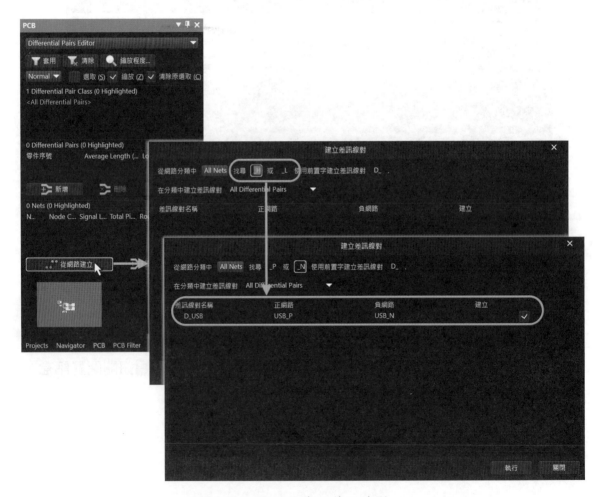

圖(58) 從網路建立差訊線對

第二種定義差訊線對的方法

在 Differential Pairs Editor 面板裡，按 [　從網路建立　] 鈕開啟建立差訊線對對話盒，如圖(58)所示。由於我們的差訊線對網路名稱為 USB_P、USB_N(依個人習慣)，所以在尋找欄位裡，修改為_P 與_N，程式將搜尋並列出符合的網路，建立名稱為 D_USB 的差訊線對，最後，按 [　執行　] 鈕關閉對話盒，並產生此差訊線對，如圖(59)所示。

圖(59)　　完成差訊線對之定義

互動式差訊線對佈線設計規則

對於互動式差訊線對佈線，最基本的設計規則就是兩條線等長、等距。若要設定互動式差訊線對佈線的設計規則，最簡單的方法是在 Differential Pairs Editor 面板裡，按 [　設計規則精靈　] 鈕開啟設計規則精靈，如圖(60)所示。按 [Next] 鈕切換到下一頁，即可設定此設計規則的前置字、等長設計規則名稱、差訊線對佈線規則名稱。當然，保持預設的名稱也不錯。

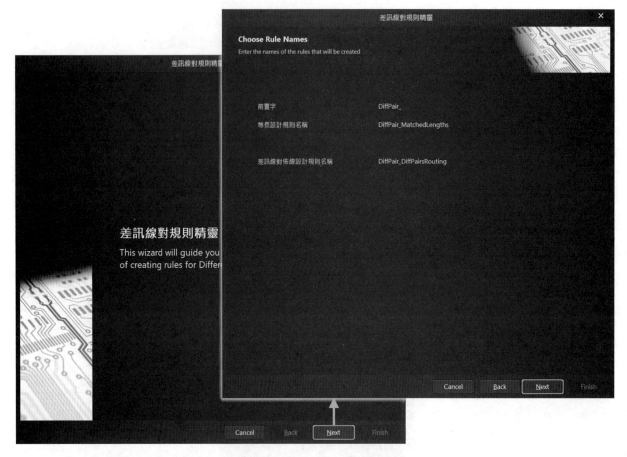

圖(60)　設計規則精靈

再按 Next 鈕切換到下一頁，即可設定此差訊線對的等長公差，也就是兩條走線的長度之最大相差量，如圖(61)所示。按 Next 鈕切換到下一頁，即可設定此差訊線對的線寬與安全間距，還有因為無法避免的因素，而無法達到耦合(等間距)的最大容忍度(在 Max Uncoupled Length 欄位裡設定)。在此將最小寬度欄位設定為 10mil、最適切寬度欄位設定為 10mil、最大寬度欄位設定為 10mil，也就是固定採用 10mil。

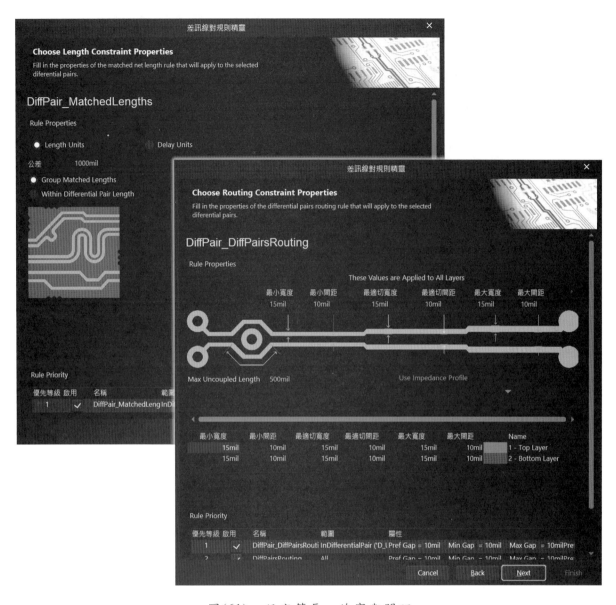

圖(61)　設定等長、線寬與間距

　　按 Next 鈕切換到下一頁,如圖(62)所示,其中已列出所設定的內容。若有不妥處,可按 Back 鈕退回去修改。若沒問題,則按 Finish 鈕關閉對話盒完成設定。

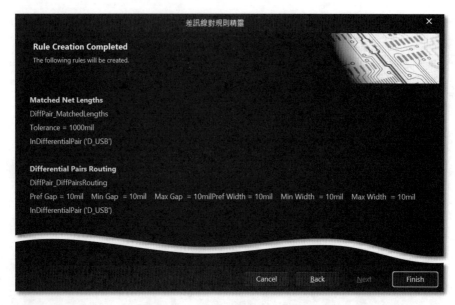

圖(62)　完成設計規則之設定

互動式差訊線對佈線

當我們要進行互動式差訊線對佈線時，則按慣用工具列裡的 🔳 鈕或按 ⌨ U 、
⌨ I 鍵，進入互動式差訊線對佈線狀態，如圖(63)所示，如下操作：

① 指向起點銲點，按一下滑鼠左鍵，開啟佈線。

② 移動滑鼠拉出走線。

③ 變化之前，按一下滑鼠左鍵，固定前段走線。

④ 移動滑鼠拉出新走線。

⑤ 變化之前，按一下滑鼠左鍵，固定前段走線。

⑥ 移至目的銲點。

⑦ 按一下滑鼠左鍵，完成此互動式差訊線對佈線。而目前仍在互動式差訊線對佈線狀態，可繼續進行其他差訊線對之佈線，或按滑鼠右鍵結束互動式差訊線對佈線狀態。

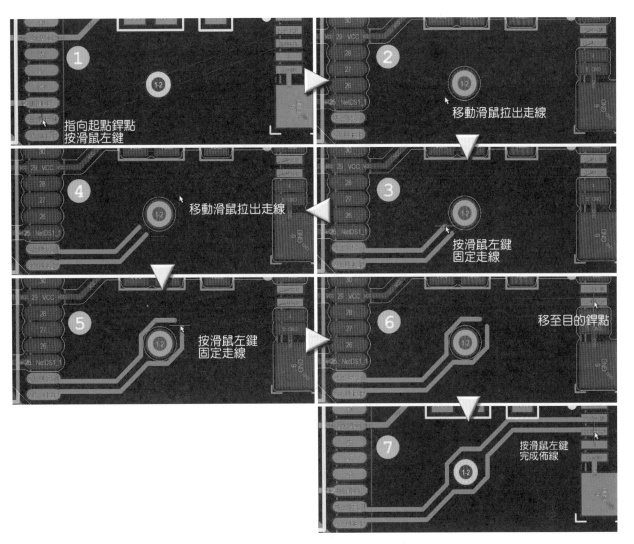

圖(63)　互動式差訊線對佈線

7-6 主動式佈線與佈線調整

在此將介紹主動式佈線(ActiveRoute)，這是自動化程度很高的佈線，也可在人為指導下進行自動佈線。不管怎樣，在進行佈線之前，必須指定所要佈線的預拉線。因此，本節先從 Altium Designer 提供的各種選取方式開始介紹。

選取再進化

在編輯電路板時，「選取圖件」是不可或缺的動作，而 Altium Designer 所提供的選取方式特別多，還暗藏玄機。

拖曳選取的玄機

在編輯區裡進行拖曳選取時，如圖(64)所示，若由右拖曳到左，則只要有碰到圖件就會被選取。若由左拖曳到右，則需完全包含的圖件，才會被選取。

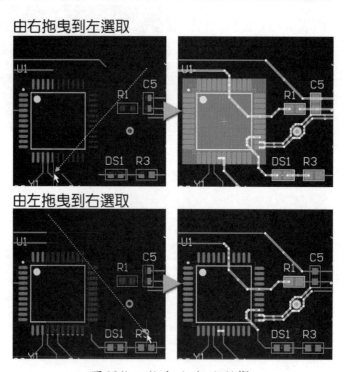

圖(64)　拖曳方向的影響

延伸選取

延伸選取是從部分選取延伸到相關圖件的選取,如圖(65)所示,如下說明:

① 按住 Ctrl 鍵,再按滑鼠左鍵,移動滑鼠拖曳選取部分圖件。其中按住 Ctrl 鍵是為了選取零件中的銲點。

② 放開滑鼠左鍵,再放開滑鼠左鍵,即可選取部分圖件(線段、銲點)。

③ 按 Tab 鍵延伸選取,以選取連接原本選取圖件的走線。

④ 按 Tab 鍵延伸選取,以選取連接原本選取圖件的銲點。

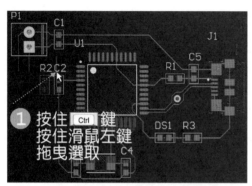
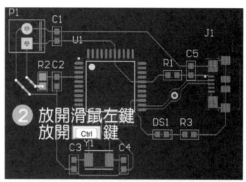
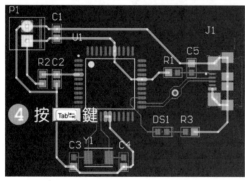
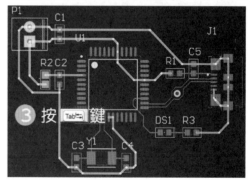

圖(65)　延伸選取

選取預拉線

預拉線很細、很難選取,除非是應用按住 Alt 鍵,再拖曳選取,如圖(66)所示,如下說明:

① 按住 Alt 鍵,再按住滑鼠左鍵,其中按住 Alt 鍵是為了選取預拉線的關鍵。

② 移動滑鼠拖曳選取預拉線。

❸ 放開滑鼠左鍵，放開 [Alt] 鍵，即可選取其中的預拉線。

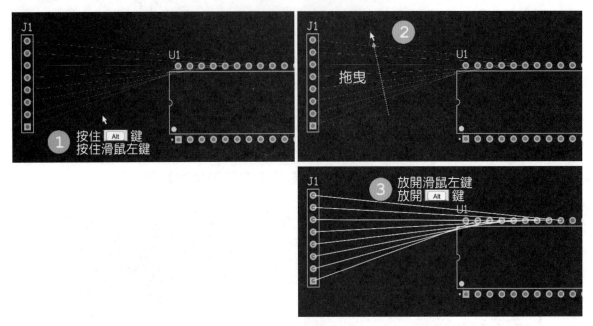

圖(66) 選取預拉線

主動式佈線－無引導線

在圖(66)裡，當選取所要佈線的預拉線後，按 [⇧Shift] + [A] 鍵即可進行主動式佈線，瞬間完成主動式佈線，如圖(67)所示。

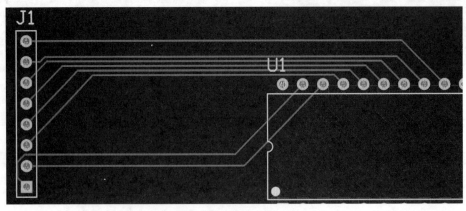

圖(67) 佈線結果

主動式佈線－應用引導線

Altium Designer

剛才快速應用主動式佈線，雖然簡單快速，但從圖(67)看來，並不如我們的期待。現在就應用延伸選取的方式，刪除這些佈線，如圖(68)所示，如下說明：

1. 按住 Ctrl 鍵，再按滑鼠左鍵，移動滑鼠拖曳選取部分圖件。

2. 放開滑鼠左鍵，再放開滑鼠左鍵，即可選取部分圖件(線段、銲點)。

3. 按 Tab 鍵延伸選取，以選取連接原本選取圖件的走線。

4. 按 Del 鍵即可刪除其中選取的走線，而選取的銲點不受影響。

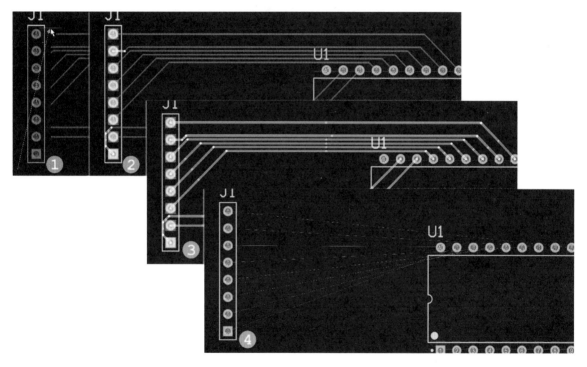

圖(68)　應用延伸選取刪除佈線

若編輯區沒有出現 PCB ActiveRoute 面板，則按編輯區右下方的 Panels 鈕拉出選單，再選取 PCB ActiveRoute 選項，即可 PCB ActiveRoute 面板，如圖(69)所示。可在其中的 Layers 區塊裡選取所要佈線的板層，若沒有指定佈線板層，則以目前的工作板層為佈線板層。

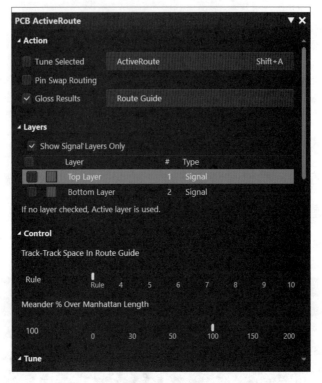

圖(69)　PCB ActiveRoute 面板

　　之前直接按 `⇧Shift` + `A` 鍵進行的主動式佈線，不容易滿足我們的需求。現在改採畫引導線的方式，指導主動式佈線的佈線路徑。在 PCB ActiveRoute 面板裡，按 `Route Guide` 鈕進入畫引導線狀態，如圖(70)所示，如下說明：

① 指向起點，按一下滑鼠左鍵。

② 移動滑鼠拉出引導線。

③ 按一下滑鼠左鍵固定前段引導線。

④ 按 `⇧` 鍵調寬引導線，按 `⇩` 鍵調寬引導線。

⑤ 按一下滑鼠左鍵固定前段引導線。

⑥ 按一下滑鼠右鍵，結束畫引導線。

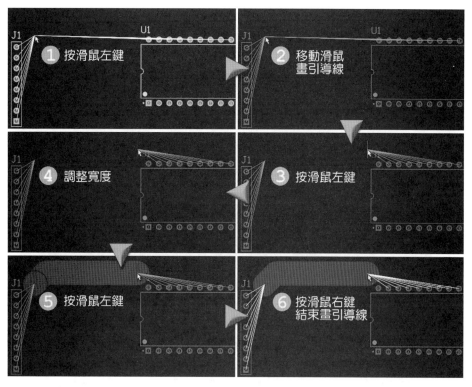

圖(70)　畫引導線

畫好引導線，按 ⇧Shift + A 鍵即可進行主動式佈線，其結果如圖(71)所示。

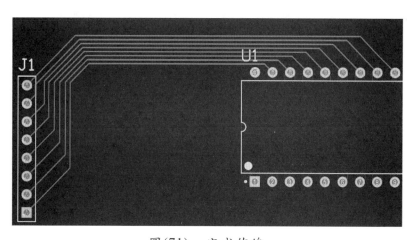

圖(71)　完成佈線

佈線難免不如預期，特別是自動佈線時，或由 Altium Designer 自行完成的主動式佈線，則需要以手工調整/修改佈線。當然，對於已完成的佈線，也可能會需要調整線寬、板層等。

線寬調整

對於已完成的走線，若要調整線寬，最直接的方式是指向該走線，快按滑鼠左鍵兩下，即可開啟其屬性對話盒，如圖(72)所示，然後在 Width 欄位裡指定新的線寬，當然還是要符合設計規則規定的線寬範圍。也可在 Layer 欄位裡，指定新的板層，再按 ＯＫ 鈕關閉對話盒，即可反應到該段走線(Segment)。

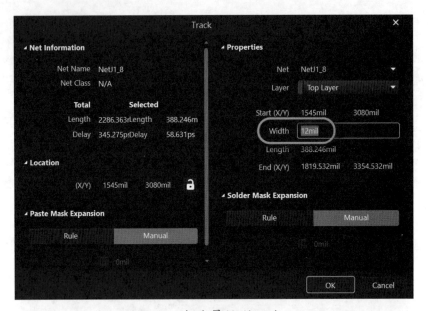

圖(72)　走線屬性對話盒

一段一段走線調整比較麻煩，通常會調整端點(即銲點)與端點間的走線之寬度，或整條網路之寬度。首先選取所要調整的走線，如下：

- 若要選取端點與端點間的走線，可按 Ｓ 、 Ｃ 鍵，進入選取線條狀態，指向所要選取的走線，按一下滑鼠左鍵，即可選取該條走線。

- 若要選取整條網路的走線，可按 Ｓ 、 Ｎ 鍵，進入選取線條狀態，指向所要選取的網路走線，按一下滑鼠左鍵，即可選取整條網路的走線。

這時候，仍在選取線條狀態，可直接改選取其他走線，若要加選其他條走線，則須按住 ⇧Shift 鍵，再指向所要加選的走線，按一下滑鼠左鍵，即可增加選取該走線。完成選取後，按編輯區右邊的 Properties 標籤，開啟其屬性面板，同樣在

Width 欄位裡指定新的線寬(必須符合設計規則規定)。也可在 Layer 欄位裡，指定新的板層，則即時反應到編輯區。

基本佈線調整技巧

Altium Designer 提供的推擠功能很強！我們可直覺式地推擠周圍的走線，以達到自我走線調整與周圍走線一起互動調整，省時省力。當我們要調整佈線時，首先選取所要調整的線段，使之出現三個控點，如圖(73)所示。

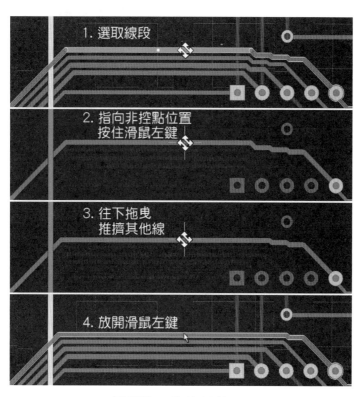

圖(73)　佈線調整

再指向非控點位置，按住滑鼠左鍵不放，往下拖曳，除可移動這條走線外，也可推擠其他鄰近走線，使本來彎彎曲曲的線，變成平順。最後放開滑鼠左鍵，即完成調整。

新線取代舊線

新線取代舊線是一項相當實用的修改線路技巧，如圖(74)所示，原本走線有點彎曲、有點亂走，或想讓此走線短一點。可按 鈕或按 P 、 T 鍵，進入互動式佈線狀態。指向所要修改的線路，按一下滑鼠左鍵，再拉出新線；到達另一端點(也是在該線路上)，再按一下滑鼠左鍵，不但完成該走線，原本的舊走線也自動刪除。

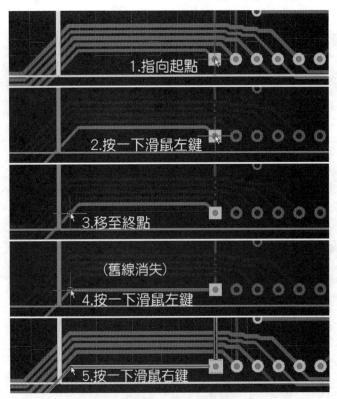

圖(74)　新線取代舊線

量測與電路板資訊

在電路板設計之中，經常要快速掌握尺寸，例如某一點到某一點之間的距離、某線的長度等等，Altium Designer 提供三種量測的方式，如下說明：

量測物件長度

若要知道某一條線(導線或一般線條)的長度，則先選取該線，再按 R 、 S 鍵，螢幕將出現訊息對話盒，如圖(75)所示，其中列出該走線的長度。

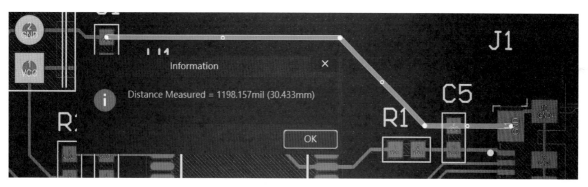

圖(75)　顯示選取走線的長度

按 OK 鈕即可關閉對話盒。

量測圖件距離

若要量測兩圖件之間距，則按 R 、 P 鍵進入量測狀態。游標上出現一個大十字線，指向所要量測的第一個圖件，按滑鼠左鍵，若該處有多個圖件，則會出現一個選單，指定所要量測的圖件後，再移至另一個所要量測的圖件，按滑鼠左鍵，螢幕將出現類似圖(76)的訊息對話盒，其中列出這兩個圖件之間距。若要關閉對話盒，則按 OK 鈕，但關閉對話盒後，仍在量測狀態，若要退出量測狀態，則按滑鼠右鍵即可。

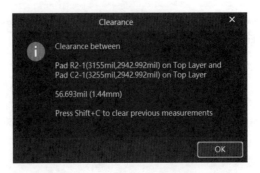

圖(76)　兩圖件之間距報告

量測兩點間距

　　若要量測兩點之間距，則按 R 、 M 鍵進入量測狀態。游標上出現一個大十字線，指向所要量測的第一點，按滑鼠左鍵，再移至另一點，按滑鼠左鍵，螢幕將出現一個類似圖(77)的訊息對話盒，其中列出這兩點之間距。若要關閉對話盒，則按 OK 鈕，但關閉對話盒後，仍在量測狀態，若要退出量測狀態，則按滑鼠右鍵即可。

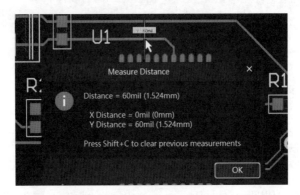

圖(77)　量測兩點之間距

　　除兩上述三種即時量測的工具外，對於電路板中的網路狀況與整體尺寸，也能提供快速的報表，如下說明：

網路狀況報表

當我們要知道整塊電路板裡的所有網路狀況，則按 R 、 L 鍵，即開啟網路狀況頁，如圖(78)所示。

圖(78)　網路狀況頁

其中列出電路板中的所有網路名稱，若要知道某條網路的詳細狀況，則指向該網路名稱，即可列出該網路的詳細資料。

電路板資訊報表

當我們要知道整塊電路板裡的相關資料，則按 R 、 B 鍵，即開啟電路板報告對話盒，如圖(79)所示，選取所要顯示的圖件，或按 全部開啟(A) 鈕顯示全部圖件，再按 報告 鈕即關閉對話盒，隨即開啟電路板資訊報告頁，如圖(80)所示。

圖(79)　電路板報告對話盒

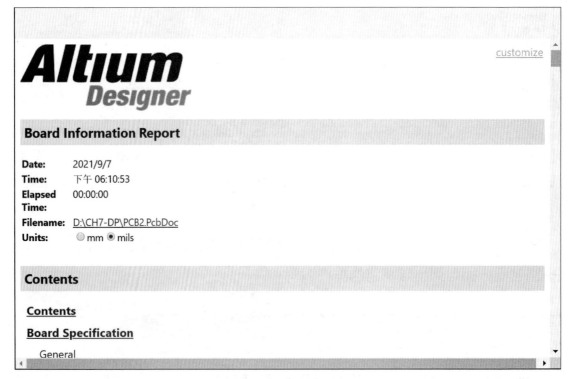

圖(80)　電路板資訊報告頁

7-8　本章習作

1　試述 Altium Designer 的電路板設計環境裡，提供多少板層？

2　在 Altium Designer 的電路板設計環境裡，如要開啟板層堆疊管理器，
應如何操作？

3　試述在電路板的結構裡，有哪幾種板層具有電氣傳導功能？

4　試述在 Altium Designer 的電路板設計環境裡，若要進入互動式佈線，
有何快速鍵？而在佈線過程裡，若要切換佈線板層，應如何操作？

5　試說明在 Altium Designer 在電路板設計環境裡，若要進行互動式佈線
的相關設定，應如何操作？

6　在 Altium Designer 在電路板設計環境裡，若要進行匯流排佈線時，其
操作步驟為何？

7　試述進行匯流排佈線時，有哪兩個重要因素影響佈線的流暢度？

8　試說明在 Altium Designer 在電路板設計環境裡，若要進行設計規則的
編輯，應如何操作？而設計規則可分為哪幾大類？

9　在線寬方面的設計規則裡，有哪幾項參數？

10　試述在 Altium Designer 在電路板設計環境裡，若要得知所設計電路板
的大小，應如何操作？

11　請接續 2-45 頁圖(46)之電路圖，設計其電路板。採單面板設計(底層佈
線)，佈線線寬為 20mil，可參考下圖：

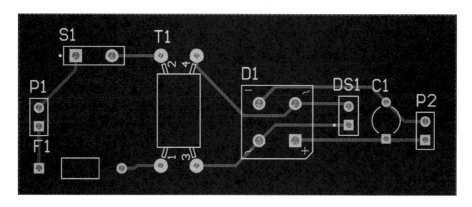

12   請接續 2-46 頁圖(47)之電路圖，設計其電路板。採單面板設計(頂層佈線)，佈線線寬為 20mil，可參考下圖：

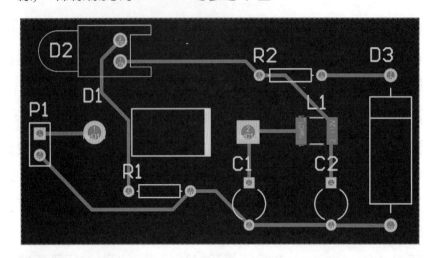

13   請接續 2-46 頁圖(48)之電路圖，設計其電路板。採雙面板設計，佈線線寬為 20mil，可參考下圖：

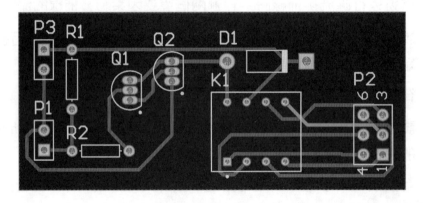

14   請接續 2-47 頁圖(49)之電路圖，設計其電路板。採雙面板設計，佈線線寬為 16mil，可參考下圖：

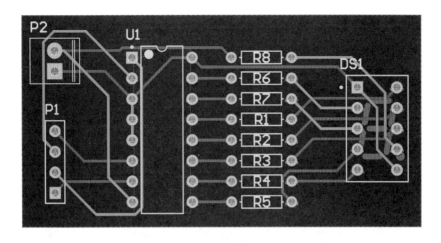

15　　請接續 2-47 頁圖(50)之電路圖，設計其電路板。採雙面板設計，佈線線寬為 20mil，可參考下圖：

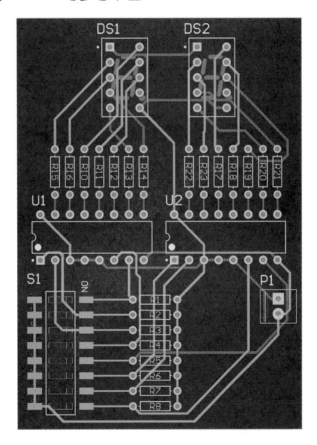

16　　請接續 3-30 頁圖(25)之電路圖，設計其電路板。採單面板設計(底層佈線)，佈線線寬為 20mil，可參考下圖：

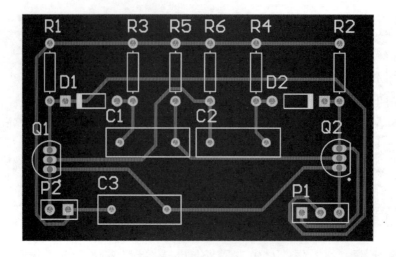

17　請接續 3-30 頁圖(26)之電路圖，設計其電路板。採單面板設計(底層佈線)，佈線線寬為 20mil，可參考下圖：

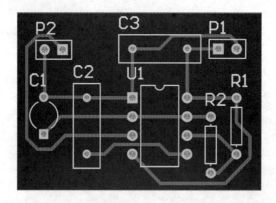

18　請接續 3-31 頁圖(27)之電路圖，設計其電路板。採雙面板設計，佈線線寬為 16mil，可參考下圖：

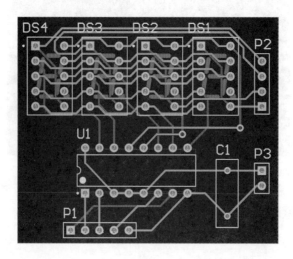

19　請接續 3-32 頁圖(28)之電路圖，設計其電路板。採雙面板設計，佈線線寬為 24mil，可參考下圖：

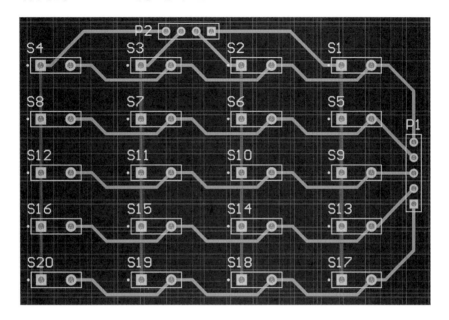

20　請接續 3-32 頁圖(29)之電路圖，設計其電路板。採單面板設計(底層佈線)，佈線線寬為 20mil，可參考下圖：

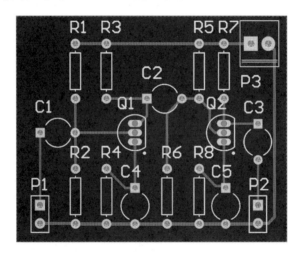

心得筆記

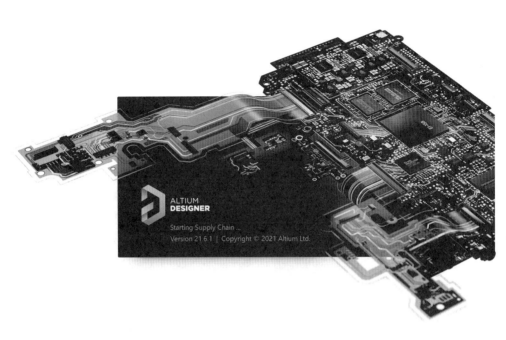

第 8 章

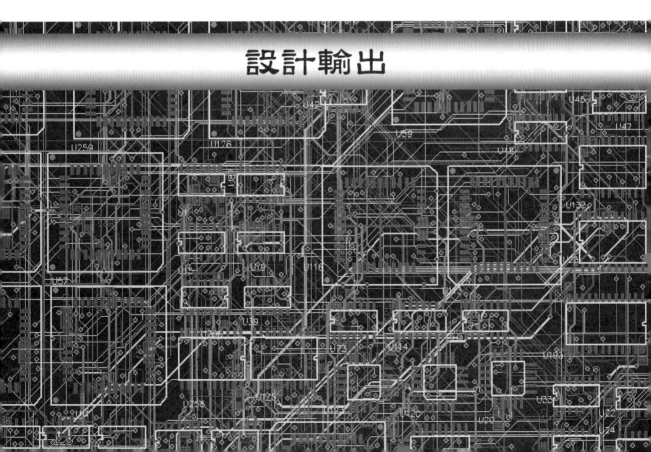

設計輸出

8-1 電路板 3D 展示

在設計電路板時，通常都是在 2D 的狀態下顯示。若要 3D 展示電路板，可按鍵盤上方的 ⬚3⬚ 鍵，即可切換為 3D 展示模式，如圖(1)所示。若要切換回 2D 展示，則鍵盤上方的 ⬚2⬚ 鍵。

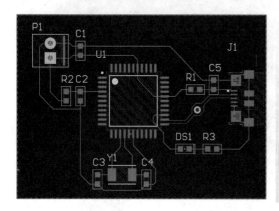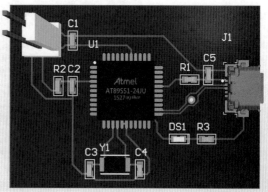

圖(1)　2D 顯示模式(左)、3D 顯示模式(右)

在 3D 展示模式下，可以旋轉整塊電路板。若要旋轉電路板，其步驟如下：

1. 指向電路板中，再按住 ⬚⇧Shift⬚ 鍵不放，則於該處將出現一個 3D 操控球，做為旋轉的中心點。若放開 ⬚⇧Shift⬚ 鍵，3D 操控球將消失。

2. 按住 ⬚⇧Shift⬚ 鍵不放，再指在 3D 操控球的中間，按住滑鼠右鍵不放，整塊電路板將隨手掌游標而轉動，如圖(2)所示。

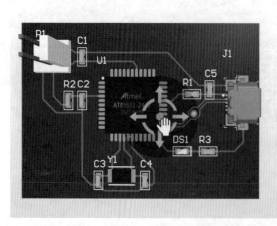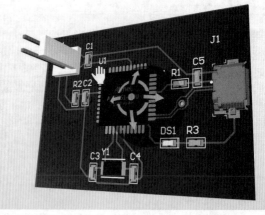

圖(2)　旋轉電路板

在 3D 操控球上，所指的位置不同，旋轉的方向不同，如圖(3)所示。若指在上、下鍵頭上進行旋轉，將限制只能上下轉。若指在左、右鍵頭上進行旋轉，將限制只能左右轉。若指在四個環上進行旋轉，將限制只能平面圓的旋轉。若指向其他位置(含 3D 操控球外)進行旋轉，都可自由自在進行 3D 旋轉。

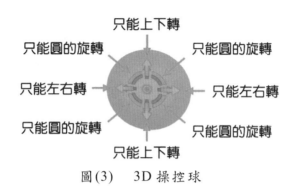

圖(3)　　3D 操控球

若不小心把電路板轉到看不見的地方，或電路板消失了，則可按 Ctrl + PgDn 鍵，即可找回完整的電路板。若按 9 鍵就能將電路板轉 90 度、按 8 鍵就能將電路板轉 45 度、按 0 鍵又可擺正。

8-2　輸出 3D PDF

在 Altium Designer 系統裡以 3D 展示電路板，自然是很理想。若要在沒有 Altium Designer 系統的環境下，也要讓客戶觀賞我們的電路板設計時，則可透過 3D PDF 檔。若要產生 3D PDF 檔，則在 Altium Designer 的電路板編輯環境裡，開啟所要輸出 3D PDF 檔的電路板設計，然後啟動[檔案]/[匯出]/[PDF3D]命令，在隨即出現的存檔對話盒裡，指定輸出的檔名與路徑，再按 存檔(S) 鈕，即可關閉對話盒，並開啟 Export 3D 對話盒，如圖(4)所示。

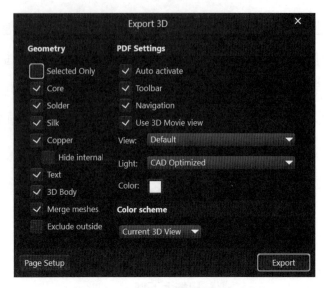

圖(4)　Export 3D 對話盒

在左邊的 Geometry 區塊為所要列在 PDF 裡的圖件，除非特別需求，最好保持預設選項，還可在所產生的 3D PDF 裡開關是否顯示其中圖件。在右邊的 PDF Settings 區塊為在 PDF 裡的設定，同樣的，最好保持預設選項，還可 PDF 閱讀器裡設定(更簡單)。按 Export 鈕即可關閉對話盒，產生 3D PDF 檔，並開啟所產生的 3D PDF 檔，如圖(5)所示。

圖(5)　開啟 3D PDF

此 PDF 閱讀器環境提供相當便利的操作工具，都可在編輯區上方的工具列中，找到所需的操作與設定工具，每個工具按鈕都有非常貼切的小提示(中文版 PDF Reader 提供中文小提示)，非常容易操作。

圖(6)　工具列

若要 3D 旋轉，則使用最左邊的按 ✦ 鈕，然後在編輯區裡，指向所要旋轉的中心點，按住滑鼠左鍵，即可隨滑鼠而旋轉。在左上區塊裡，所選取的圖件，將在編輯區裡凸顯該圖件。若取消圖件的選項，則該圖件將不會出現在編輯區。

8-3　列印電路板

當要列印電路板時，必須考慮其目的為觀賞或校對，還是要以實際尺寸列印，以做為手工電路板製作之用。首先介紹純為觀賞或校對之列印，如下：

頁面設定

在列印之前，需先查看或設定頁面，按 F 、 U 鍵即可開啟頁面設定對話盒如圖(7)所示，其中包含 5 個區塊，如下說明：

圖(7)　頁面設定對話盒

印表機紙張

本區塊的功能是設定列印紙張的尺寸與方向，可直接在尺寸欄位裡，指定印表紙之大小，並選取列印的方向選項，以決定採用直印還是橫印。

Offset

本區塊設定列印時，紙張四周的留白量。通常是選取水平欄位右邊的置中選項，與垂直欄位右邊的置中選項，讓電路板印在紙張的中央。

縮放比例

本區塊的功能是設定列印的比例。

修正

本區塊的功能是設定/補償印表機或紙張造成的誤差，主要是針對實際尺寸列印的設定。其中 X 與 Y 欄位分別為 X 軸與 Y 軸的補償調整。

色彩

本區塊設定列印的顏色模式，包括單色、彩色與灰階等模式。若採用黑白印表機，而選取彩色選項，將以灰階方式列印之。灰階與黑白之不同，在於黑白只有黑與白，而灰階具有不同層次。

在對話盒下方有四個按鈕，如下說明：

● **列印(P)** 鈕的功能是執行列印，按本按鈕後，將開啟列印對話盒，如圖 (8)所示，這個對話盒除提供列印功能外，也可在**印表機**區塊中的**名稱**欄位裡，選擇所要採用的印表機。而**指定範圍**區塊裡，可選擇所要列印的範圍。另外，在**份數**區塊中的**列印份數**欄位裡，選擇所要列印的份數。最後，按 **確認** 鈕即可列印。

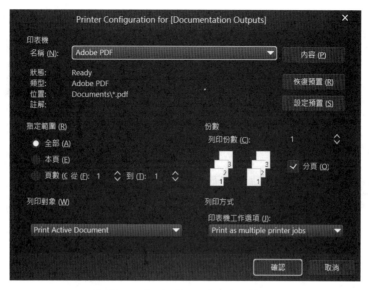

圖(8) 印表機設定對話盒

- 鈕的功能是開啟預覽列印對話盒,如 6-27 頁的圖(28),詳見 6-27 頁說明,在此不贅述。

- [進階...]鈕的功能是執行電路板列印內容設定,按本按鈕後,將開啟電路板列印設定印對話盒,如圖(9)所示。在此主要是在上方區塊中,自行設定列印內容,包括下列欄位:

  - 板層欄位列出所要列印的內容,以圖(9)為例,其中只有一個印件 (Multilayer Composite Print),這是一項疊圖組合印件,將其下列出的板層疊在一起印出。

  - 零件欄位列出兩種零件的選項,以供選擇印出。

  - 選項欄位列出列印選項,包括鑽孔、翻轉、TrueType 與設計檢視。

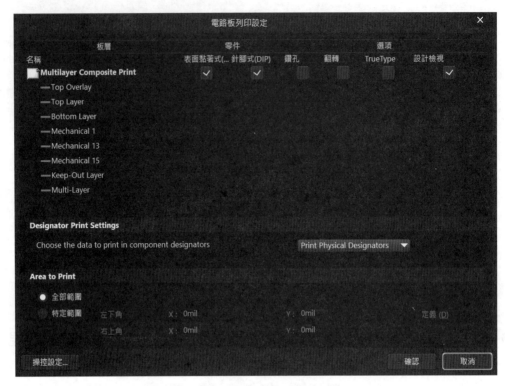

圖(9)　電路板列印設定對話盒

這個區塊表面上很簡單，而其功能操作藏在右鍵選單，指向區塊內按滑鼠右鍵拉下選單，如圖(10)所示。

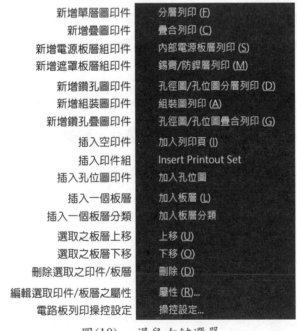

新增單層圖印件	分層列印 (F)
新增疊圖印件	疊合列印 (C)
新增電源板層組印件	內部電源板層列印 (S)
新增遮罩板層組印件	錫膏/防銲層列印 (M)
新增鑽孔圖印件	孔徑圖/孔位圖分層列印 (D)
新增組裝圖印件	組裝圖列印 (A)
新增鑽孔疊圖印件	孔徑圖/孔位圖疊合列印 (G)
插入空印件	加入列印頁 (I)
插入印件組	Insert Printout Set
插入孔位圖印件	加入孔位圖
插入一個板層	加入板層 (L)
插入一個板層分類	加入板層分類
選取之板層上移	上移 (U)
選取之板層下移	下移 (O)
刪除選取之印件/板層	刪除 (D)
編輯選取印件/板層之屬性	屬性 (R)...
電路板列印操控設定	操控設定...

圖(10)　滑鼠右鍵選單

其中有幾項需要特別說明，如下：

■ 若選擇分層列印選項，則會將電路板設計中，每個板層產生一個印件(Printout)，以雙層板為例，將產生 14 個印件(印出 14 張圖)，分別是 Top Layer、Bottom Layer、Top Silkscreen Overlay、Bottom Silkscreen Overlay、Top Solder Mask Print、Bottom Solder Mask Print、Mechanical 1、Mechanical 13、Mechanical 15、Top Pad Master、Bottom Pad Master、Keep Out Layer、Drill Drawing For(Top Layer-Bottom Layer)、Drill Guide For(Top Layer-Bottom Layer)。

■ 若選擇疊圖列印選項，則會將電路板設計中的板層疊合在一個印件，即 Multilayer Composite Print。以雙層板為例，此印件依序將 Top Overlay、Top Layer、Bottom Layer、Multi-Layer、Keep-Out Layer、Mechanical 1、Mechanical 13、Mechanical 15，而只印出 1 張疊圖。

■ 若在區塊裡指向印件，按滑鼠右鍵拉出選單，再選取屬性選項，即可開啟如圖(11)所示之列印輸出對話盒，其中就是電路板列印設定對話盒的小縮影。不過，在其中板層區塊內，將比較容易調整此印件中，各板層的順序。

圖(11)　列印輸出屬性對話盒

■ 若在區塊裡指向板層(Layer)，按滑鼠右鍵拉出選單，再選取屬性選項，即可開啟如圖(12)所示之對話盒。在此最主要的目的是設定板層中的各種圖件之列印模式，每個圖件右邊的欄位都可指定列印方式之選項，其中包括 Full(設定精細列印該圖件)、Draft(設定以草圖模式列印該圖件)、Off(設定不列印該圖件)。當然，也可以按下方的 精細 外框 隱藏 鈕，整體設定之。

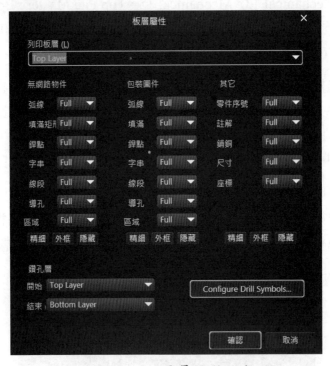

圖(12)　板層屬性對話盒

■ 若選擇操控設定選項，即可開啟電路板列印操控設定對話盒，如圖(13)所示。其中包括四個區塊，如下說明：

◆ Colors & Gray Scales 區塊提供板層的顏色配置，包括灰階(左)與彩色(右)配色，可直接點入色塊，以選擇所要使用的新顏色。

◆ Font Substitutions 區塊提供替代字型，原本預設的三種描邊字，都可在其右邊欄位中，指定所要取代的 TrueType 字型。

◆ Include on New Printouts 區塊提供在每個印件中，所要加入的機構層。

◆ Options 區塊提供額外加入的圖件與顏色選項。

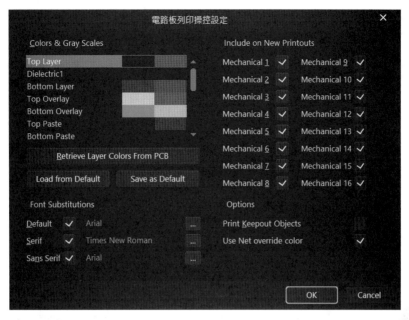

圖(13)　電路板列印操控設定對話盒

● 設定印表機...鈕的功能是設定印表機，按本按鈕後，將開啟列印對話盒，如 圖(8)所示，詳見 8-7 頁。

單層列印

若要製作手工板，並須採單層列印。當要單層列印時，則啟動[檔案]/[輔助 製造輸出]/[Final]命令，按直接按三下 F 鍵，即可開啟預覽列印對話盒，如圖 (14)所示。

在此包含 13 個圖，每個板層一張圖件。可指定所要列印的圖件。以**雙面板** 為例，則需要列印 Top Layer 與 Bottom Layer，也就是第 1 個圖件與第 2 個圖件。 最後，按 列印(P)鈕，即可開啟如圖(8)所示之對話盒(8-7 頁)，就可在其中列印 之。

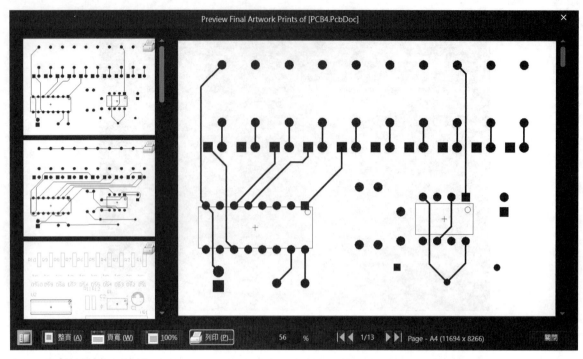

圖(14) 預覽列印對話盒

8-4　　輸出智慧型 PDF

　　Altium Designer 提供輸出 PDF 的功能，可以將電路圖、電路板、零件表等設計資料，做成 PDF 檔，以方便審查與校正。當要產生 PDF 檔時，則啟動[檔案]/[智慧型專案或文件輸出 PDF 檔案]/[Final]命令，直接按 F 、 M 鍵，即可開啟 PDF 輸出精靈，第一個對話盒為歡迎頁面，可直接按 Next 鈕，切換到下一個對話盒，如圖(15)所示。

　　在此可選擇輸出專案中的檔案，或目前編輯的電路板檔案，在此選取目前專案選項，再確認輸出檔案位置區塊中的資料是否符合的需求？再按 Next 鈕，切換到下一個對話盒，如圖(16)所示。

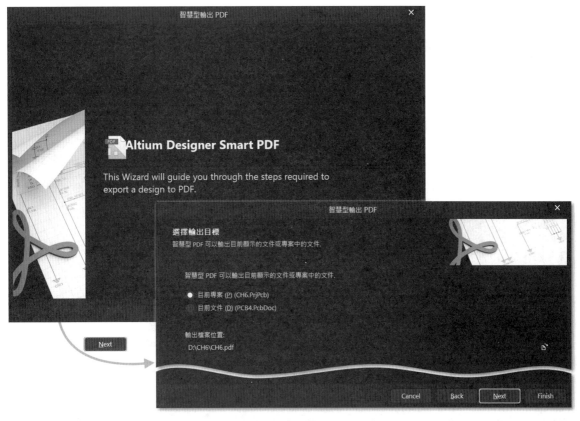

圖(15) 歡迎畫面與指定輸出目標

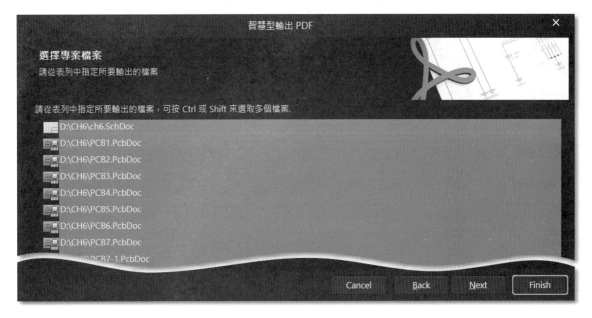

圖(16) 指定輸出項目

　　若所指定的專案裡有許多檔案，則可在此指定所要輸出的檔案(當然也可以全部輸出)，再按 Next 鈕切換到下一個對話盒，如圖(17)所示。

　　若要輸出零件表，則選取輸出零件表選項，也可以在樣板欄位裡，指定所要套用的 Excel 樣板(比較漂亮)，通常到這個階段就已經足夠，可直接按 Finish 鈕直接產生 PDF 檔。不過，在此還是循規蹈矩地，按 Next 鈕切換到下一個對話盒，以進行電路板印件的設定，如同 8-4 節(圖(9)，8-8 頁)。

圖(17)　設定輸出零件表與電路板印件編輯

按 Next 鈕切換到下一個對話盒，如圖(18)所示。其中可在 Zoom 區塊裡設定所產生的 PDF 檔之縮放設定，也可在 Additional Information 區塊裡，設定由設計中的指定圖件，建立 PDF 檔裡的書籤(Bookmark)。另外，Schematic include 區塊裡，可選擇將某些特殊圖件，一併放入 PDF 檔。而顏色模式也可設定，可在 Schematic Color Mode 區塊中設定電路圖的配色模式，在 PCB Color Mode 區塊中設定電路板的配色模式。

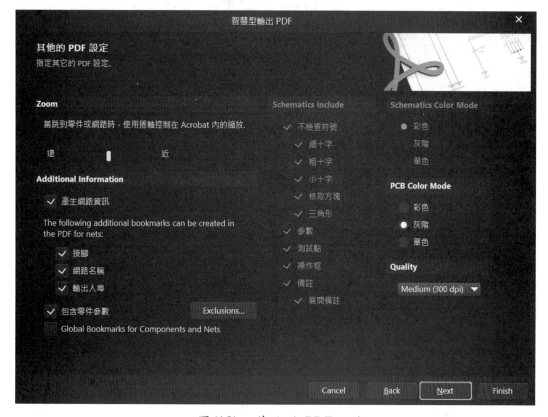

圖(18)　其他的 PDF 設定

再按 Next 鈕切換到下一個對話盒，如圖(19)所示，這是最後一個步驟，可選取是否再產生 PDF 檔後隨即開啟之，並將輸出工作檔(OutJob)存檔等。

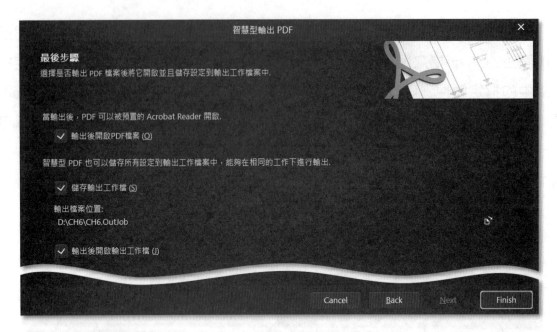

圖(19)　最後步驟

按 Finish 鈕直接產生 PDF 檔，並開啟之，如圖(20)所示。同樣的，我們可在左邊區塊中選取所要搜尋的圖件，則會在編輯區中凸顯之。

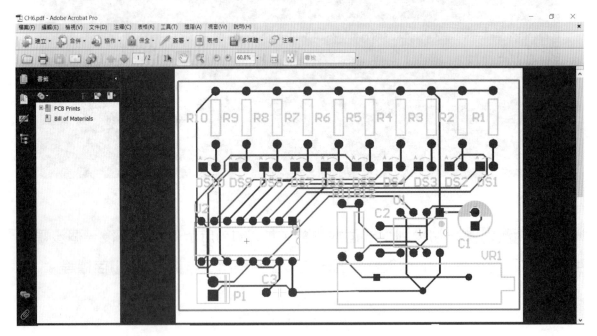

圖(20)　開啟 PDF 檔

除了 PDF 檔外，在 Altium Designer 裡，也產生輸出工作檔(ch6.OutJob)，其中包含輸出的相關設定，同時，開啟該檔案，如圖(21)所示。

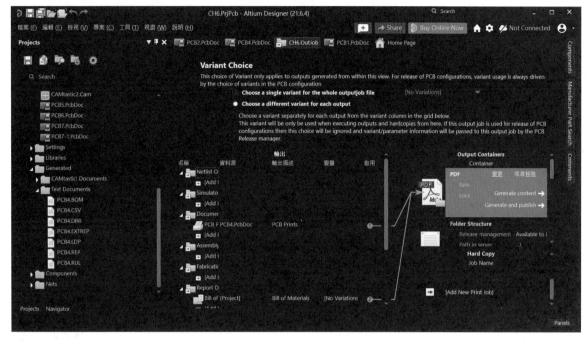

圖(21)　輸出工作檔

8-5　放置鑽孔表與板層堆疊圖

我們還可以將鑽孔表(Drill Table)與板層堆疊圖(Layer Stack Table)放置在電路板編輯區的圖紙上(不是電路板上)，以供參考。不管是鑽孔表或板層堆疊圖，都是參考資料，並沒有電氣屬性，但對於電路板製造與組裝有些許助益。

若要在電路板圖紙裡放置鑽孔表，則在電路板編輯環境裡，啟動[Place]/[鑽孔表]命令，則游標上將出現一個浮動的鑽孔表，移至適切位置，按滑鼠左鍵即可固定之，如圖(22)所示。

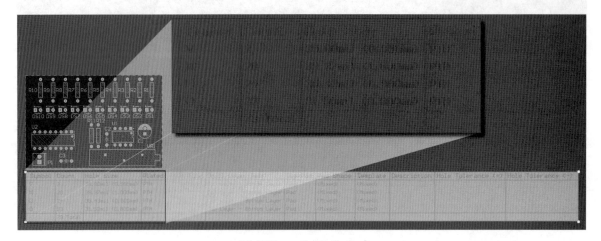

圖(22)　放置鑽孔表

如果電路板裡有鑽孔的變動(增減)，只要指向鑽孔表，快按滑鼠左鍵兩下，開啟其屬性對話盒，再按 ████ OK ████ 鈕關閉之，即可更新到此鑽孔表。

　　若要在電路板圖紙裡放置板層堆疊圖，則在電路板編輯環境裡，啟動 [Place]/[板層堆疊圖]命令，則游標上將出現一個浮動的板層堆疊圖，移至適切位置，按滑鼠左鍵即可固定之，如圖(23)所示。

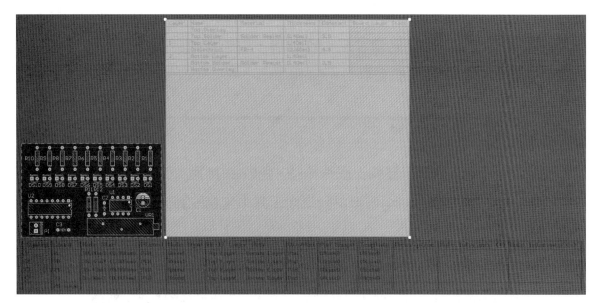

圖(23)　放置板層堆疊圖

　　如果電路板裡板層堆疊有變動(增減)，將直接反應到此板層堆疊圖。若其中有鑽孔表，鑽孔表將失效。

8-6 電腦輔助製造輸出

在 Altium Designer 裡所設計的電路板,可輸出輔助電路板製造的相關檔案,包括製造印刷電路板所需的底片檔(即 Gerber 檔)與鑽孔檔(即 NC Drill 檔)等。而這兩種檔案,也可以用來驅動電路板雕刻機,以製作測試板或樣品等少量電路板,可說是學生製作專題的利器。

8-6-1 輸出底片檔

在電路板編輯區裡,若要輸出底片檔時,則啟動[檔案]/[輔助製造輸出]/[Gerber Files]命令,螢幕出現如圖(24)所示之對話盒,其中包括 5 頁,如下說明:

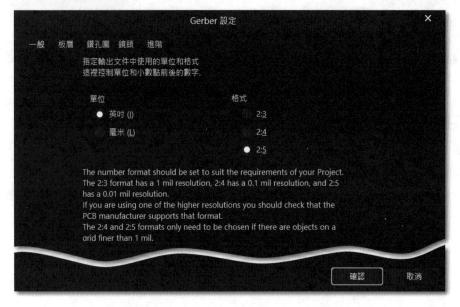

圖(24) Gerber 設定之一般頁

▶ 一般

在此設定所要輸出的 Gerber 檔,所採用的單位與數字格式。程式提供英吋或毫米兩種單位選項。而數字格式採用「整數位數:小數位數」來表示,例如 2:3 表示整數兩位、小數三數,所以小數位數越多越精密。若選擇英吋單位,則其數字格式有 2:3、2:4、2:5 三個選項。若選擇毫米單位(即

mm)，則其數字格式有 4:2、4:3、4:4 三個選項。不管選擇哪種單位與數字格式，都會記錄在所產生的底片檔的開頭，對於電子專長的工程師，相關性不大。不管哪種選擇，都可正確的產出電路板。

板層

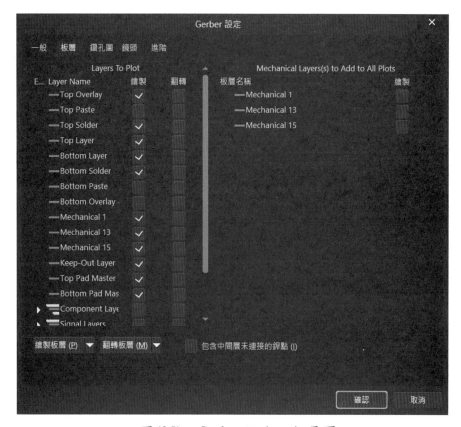

圖(25)　Gerber 設定之板層頁

在此設定所要輸出的板層，如圖(25)所示，這是必要的設定項目。程式預設並沒有指定輸出任何板層，必須在對話盒指定之。在此有兩個區塊，如下說明：

● 在左邊的 Layers To Plot 區塊裡列出所有板層，每個板層都有繪製與翻轉選項。若選取繪製選項，則會正常輸出該板層；若選取翻轉選項，則會翻轉輸出該板層，只有純手工製作電路板時，才會要求翻轉輸出某些板層。通常只要按下方的 繪製板層 (P) ▼ 鈕拉下選單，再指

定選取使用的選項，讓程式自動幫我們正確設定所要輸出的板層。

● 在右邊 Mechanical Layers(s) to Add to All Plots 區塊裡，可指定所要合併輸出的機構層。

鑽孔圖

在此設定，如圖(26)所示為鑽孔圖頁，鑽孔圖主要用於校對，並非絕對必要，在這一頁裡包括 Drill Drawing Plots 區塊(孔徑圖)與 Drill Guide Plots 區塊(孔位圖)，孔徑圖的功能是標示鑽孔的直徑，而標示的符號，可按 Configure Drill Symbols... 鈕，在隨即出現的對話盒裡指定之。另外，必須在孔徑圖區塊與孔位圖區塊裡，選取 Top Layer-Bottom Layer 選項，或選取 Plot all used drill pairs 選項，才會輸出該鑽孔圖。

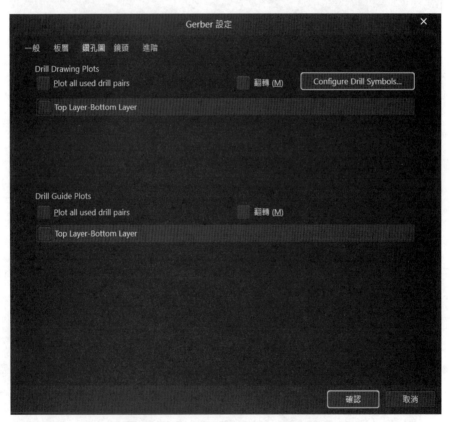

圖(26)　Gerber 設定之鑽孔圖頁

鏡頭

如圖(27)所示為鏡頭頁，製作底片檔時，鏡頭(Aperture)是主要的工具，就像畫圖時所用的畫筆一樣，鏡頭隨需要而有各式各樣的形狀與方式，通常(程式預設)是選取嵌入的鏡頭(RS274X)選項，讓程式自動產生鏡頭，不過這個選項的核取方塊在右邊，常被誤會。極少的特殊情況，需要使用者自行指定鏡頭，則需先取消選取嵌入的鏡頭(RS274X)選項，再利用右邊欄位下方的工具按鈕，自行建立鏡頭檔。其中最簡單的方式是按 根據電路板建立表 (C) 鈕，即可自動產生鏡頭，並列於欄位之中。

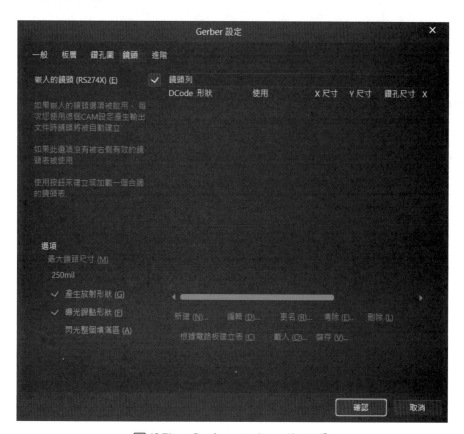

圖(27)　Gerber 設定之鏡頭頁

進階

如圖(28)所示為進階頁，在此並非必要的設定，保持預設狀態即可。其中包括 7 個區塊，如下說明：

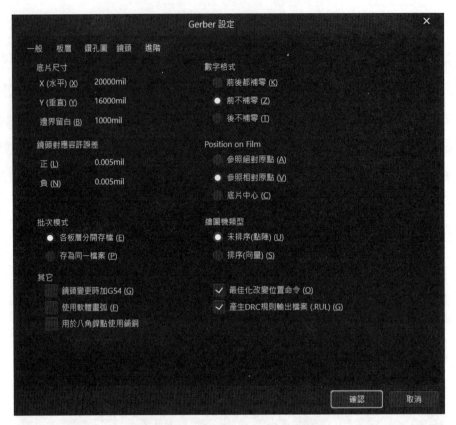

圖(28)　Gerber 設定之進階頁

- 底片尺寸區塊的功能是設定底片尺寸，其中包括 X(水平)欄位、Y(垂直)欄位與邊界留白欄位。當然，在此的設定都會記錄在底片檔裡，與實際光學式繪圖機所用的底片，並不一定相同，但也沒關係。

- 數字格式區塊的功能是設定如何達到一般頁裡所設定的數字格式，其中包括三個選項，如下說明：

  - 前後都補零選項設定若數字的整數部分，尚未達到設定的位數時，其左邊補 0，以達到規定位數；若數字的小數部分，尚未達到設定的位數時，其右邊補 0，以達到規定位數。

  - 前不補零選項設定若數字的整數部分，尚未達到設定的位數時，其左邊不要補 0；若數字的小數部分，尚未達到設定的位數時，其右邊補 0，以達到規定位數。

- ● 後不補零選項設定若數字的整數部分，尚未達到設定的位數時，其左邊補 0，以達到規定位數；若數字的小數部分，尚未達到設定的位數時，其右邊不要補 0。

● 鏡頭對應容許誤差區塊的功能是設定鏡頭誤差，這與光學式繪圖機有關，除非是電路板板廠，我們並不知道，但也沒關係。

● Position on Film 區塊的功能是設定底片的定位方式，其中包括參照絕對原點選項、參照相對原點選項與底片中心選項。當然，這也與光學式繪圖機有關，在此設定哪個選項都無妨，都將記錄在所產生的底片檔之中。

● 批次模式區塊的功能是設定批次模式，可指定各板層分開存檔選項，或存為同一個檔案選項。

● 繪圖機種類區塊的功能是設定繪圖機種類，其中包括兩種形式，未排序(點陣)選項設定採雷射光學繪圖機，為目前較多的機種。排序(向量)選項設定採傳統光學繪圖機。同樣地，在此的設定並不影響結果。

● 其它區塊的功能是設定下列選項：

- ■ 鏡頭變更時加 G54 選項設定在更換鏡頭之前，需先加一個 G54 指令。

- ■ 最佳化改變位置命令選項設定產生底片檔時，將改變位置的命令進行最佳化，以避免繞來繞去。

- ■ 使用軟體畫弧選項設定以軟體產生弧線路徑。

- ■ 產生 DRC 規則輸出檔(.RUL)選項設定一併產生設計規則檢查檔。

- ■ 用於八角銲點使用鋪銅選項設定對於八角形銲點，採用多邊形。

整個輸出底片檔的操作裡，除了在板層頁需要指定板層外，其餘都不必額外設定，最後按 [確認] 鈕關閉對話盒，即可產生底片檔，並開啟 CAMtastic，其中為新產生的底片編輯檔。若專案名稱為 Ch8.PrjPcb，專案所在路徑為 D:\AD8 裡，則所產生的所有底片檔在 D:\AD8\Project Outputs for Ch8 裡。

8-6-2　輸出鑽孔檔

　　除了底片檔外，鑽孔檔也是電路板製作不可或缺的檔案！當我們要輸出鑽孔檔時，則啟動[檔案]/[輔助製造輸出]/[NC Drill Files]命令，螢幕出現如圖(29)所示之對話盒。此對話盒像是 Gerber 設定對話盒的小縮影，將其中各頁的部分資料，放入此對話盒裡。實際上，底片檔與鑽孔檔非常類似，都是兩軸定位的控制程式檔。而在此根本不需要做任何更改，按 **確認** 鈕關閉對話盒，然後在隨即出現的匯入鑽孔資料對話盒裡，按 **確認** 鈕，即可產生鑽孔檔，並開啟另一個 CAMtastic，其中為新產生的鑽孔編輯檔。而所產生的鑽孔檔，與底片檔在同一個路徑裡。

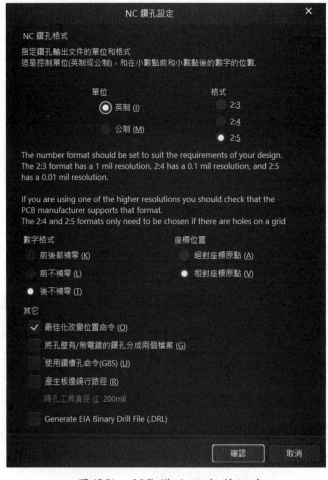

圖(29)　NC 鑽孔設定對話盒

8-7 產生專案零件庫

通常在完成設計之後，會收集專案中的零件，產生一個專案零件庫。Altium Designer 提供產生電路板零件庫(*.PcbLib)或整合式零件庫(*.IntLib)，若要產生電路板零件庫，則啟動[設計]/[Make PCB Library]命令，或直接按 D 、 P 鍵，程式即快速收集電路板中的零件，並產生一個電路板零件庫。緊接著，按 Ctrl 、 S 鍵存檔，才為真正的電路板零件庫，而所產生的檔案在專案所在之資料夾內。

若要產生專案之整合式零件庫，則啟動[設計]/[產生專案之整合式零件庫]命令，或直接按 D 、 A 鍵，程式即快速收集電路圖與電路板中的零件，並產生一個整合式零件庫，並自動存入專案所在之資料夾內，同時掛載在系統上。

8-8　本章習作

①　在 Altium Designer 裡，如何從 2D 顯示模式切換到 3D 顯示模式？又如何從 3D 顯示模式切換回 2D 顯示模式？

②　試述在 Altium Designer 的 3D 模式裡，如何旋轉視角？

③　試述在 Altium Designer 裡，輸出 3D PDF 檔？

④　試說明在 Altium Designer 裡，若要以彩色列印電路板的疊圖？

⑤　試說明在 Altium Designer 裡，若要列印單層電路板，應如何操作？

⑥　若要由專案產生 PDF 檔的輸出，其步驟為何？

⑦　若要輸出 Gerber 檔，其步驟為何？

⑧　若要輸出鑽孔檔，其步驟為何？

⑨　若要輸出智慧型 PDF，應如何操作？

⑩　若要由專案產生整合式零件庫，其步驟為何？

⑪　請接續 4-44～4-45 頁圖(43)～(45)之平坦式電路圖，設計其電路板，並產生 3D PDF 檔。採雙面板設計，電源線與接地線之佈線線寬為24mil、其他信號線之佈線線寬為 16mil，可參考下圖：

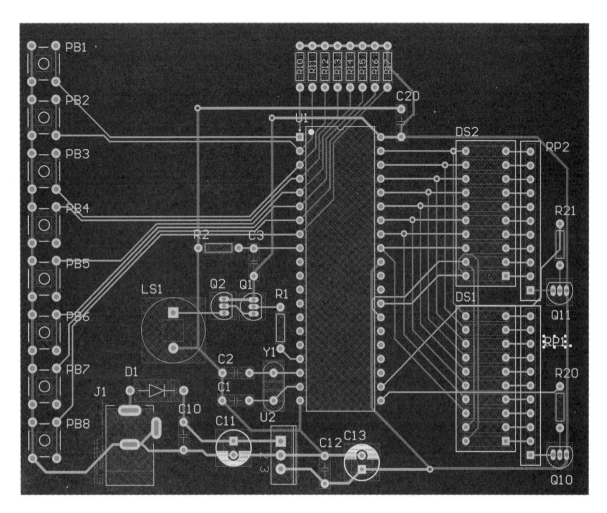

12 　請接續 4-46～4-47 頁圖(46)～(48)之平坦式電路圖，設計其電路板，
　　並輸出智慧型 PDF 檔。採雙面板設計，電源線與接地線之佈線線寬
　　為 24mil、其他信號線之佈線線寬為 16mil，可參考下圖：

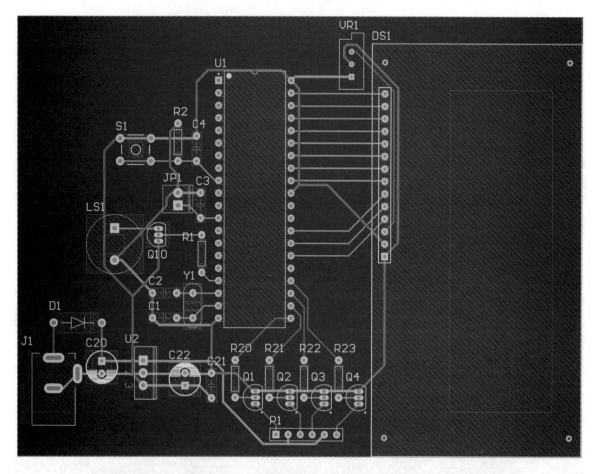

13　請接續 5-33 頁圖(43)之電路圖，設計其電路板，並放置鑽孔表。採單面板設計(底層佈線)，佈線線寬為 20mil，可參考下圖：

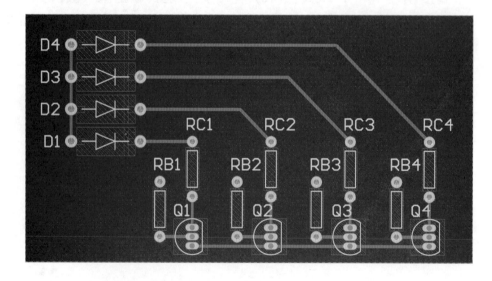

14　請接續 5-34 頁圖(44)之電路圖，設計其電路板，並輸出底片檔與鑽孔檔。採雙面板設計，佈線線寬為 16mil，可參考下圖：

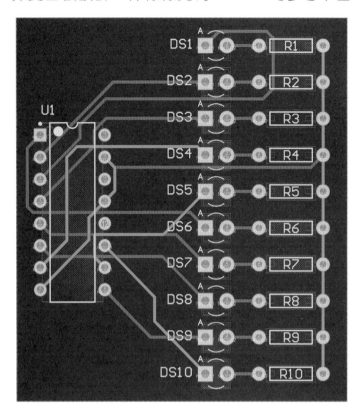

15　請接續 5-34 頁圖(45)之電路圖，設計其電路板，並產生整合式零件庫。採雙面板設計，佈線線寬為 16mil，可參考下圖：

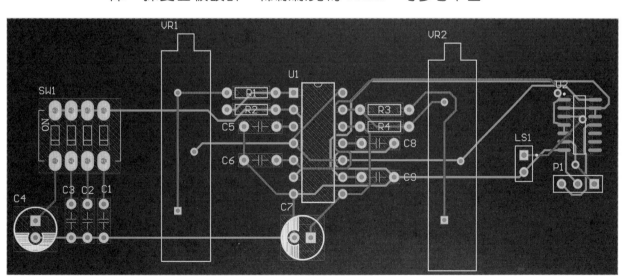

心得筆記

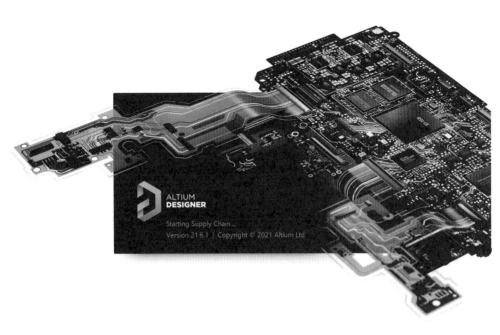

第 9 章

電路圖零件符號設計

9-1　零件庫結構與零件專案管理

在 Altium Designer 裡設計零件庫與設計電路板類似，都是從建立專案開始。編輯零件庫時，則是針對電路圖零件庫(Schematic Library)與電路板零件庫(PCB Library)，這兩種檔案(可能不止兩個檔案)就是原始檔案，經過編譯後，將產生整合式零件庫(Integrated Library)，在電路板設計時所採用的是整合式零件庫。如圖(1)所示為零件庫專案(*.LibPkg)、電路圖零件庫(*.SchLib)、電路板零件庫(*.PcbLib)與整合式零件庫(*.IntLib)的關係：

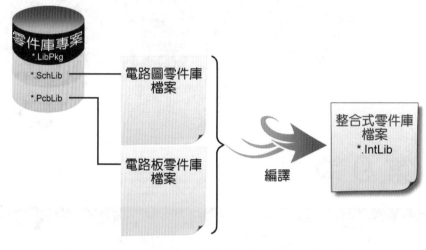

圖(1)　零件庫之關係

當我們要建立零件庫專案時，可按下列步驟操作：

新建專案

若要新增專案，可啟動[File]/[新增]/[零件庫]/[整合式零件庫專案]命令，即可開啟一個*空的*零件庫專案，在左邊 Projects 面板裡，將新增一個 Integratde_Library1. LibPkg 項目，而其下並沒有任何檔案。指向此項目，按滑鼠右鍵拉下選單，再選取 Save 選項，在隨即出現的對話盒裡，指定所要儲存的路徑與檔名，再按 存檔(S) 鈕關閉對話盒即可。

新建電路圖零件庫檔案

若要新增電路圖零件庫檔案，可指向此專案項目，按滑鼠右鍵拉下選單，再選取[新增檔案到專案]/[Schematic Library]選項，即可開啟一個*空的*電路圖零件庫檔案，並進入電路圖零件庫編輯環境，如圖(2)所示，左邊自動切換到 SCH Library 面板，其中預設一個空的 Component_1 零件。

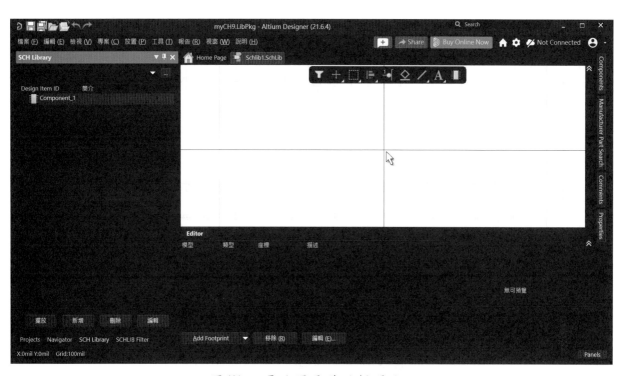

圖(2)　　電路圖零件編輯環境

同樣地，啟動[檔案]/[儲存]命令或按 Ctrl + S 鍵，然後在隨即出現的對話盒裡，指定所要儲存的檔名(自動儲存到專案資料夾)，再按 存檔(S) 鈕關閉對話盒即可。在此編輯環境裡，與電路圖編輯環境類似，但在編輯區下方多出一個模型欄位，在此可進行該零件的模型掛載與管理。若所選取的模型可預覽(如電路板之零件包裝等)，則可在其右邊的預覽區塊裡，看到此模型的圖形。

電路圖零件編輯區與電路圖編輯區，最大的不同是電路圖編輯區的原點(0,0)在左下方，所有編輯都在第一象限裡；而電路圖零件編輯區的原點在正中間，四個象限都可使用。當然，最好能在原點附近編輯，所產生的零件才不會難操作。

在左邊的面板裡，除了 Projects 面板外，電路圖零件編輯時，最常用的是 SCH Library 面板。所以開啟零件編輯環境時，預設為 SCH Library 面板。SCH Library 面板很單純，除最上方的篩選欄位外，在零件區塊裡列出該零件庫裡的所有零件之名稱，而下方還有四個操控按鈕，其中各項如下說明：

🔵 篩選欄位

在面板最上面的篩選欄位提供零件篩選功能，當此零件庫裡的零件太多時，導致不容易找到所要編輯的零件，就可應用此欄位進行篩選，例如在本欄位裡輸入 R，則所有零件名稱為 R 開頭的零件，將列於下面的零件區塊之中，以供選用。

🔵 零件區塊

零件區塊為零件編輯最主要的操作區塊，在此區塊裡列出零件庫裡的所有零件，若是新增的零件庫，程式預設一個名為「Component_1」的空零件。而在本區塊裡所選取的零件，將出現在右邊編輯區裡，以供編輯。另外，可使用區塊下面的按鈕，進行零件管理，如下說明：

- **擺放** 鈕的功能是切換到電路圖編輯區，將目前所編輯的零件，放置到其中。按本按鈕後，即切換到電路圖編輯區，且游標上將出現此零件，隨游標而浮動，按滑鼠左鍵，即可貼放到電路圖上。

- **新增** 鈕的功能是新增一個零件，按本按鈕後，螢幕出現如圖(3)所示之對話盒，在欄位中輸入所要新增零件的名稱，再按 **確認** 鈕關閉對話盒，即可新增一個零件。

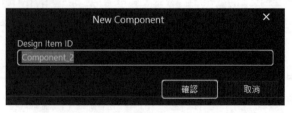

圖(3)　新增零件對話盒

- ● 　█ 刪除 █ 鈕的功能是刪除區塊中所選取的零件，按本按鈕後，在隨即出現的確認對話盒裡，按 █ Yes █ 鈕即可刪除之。

- ● 　█ 編輯 █ 鈕的功能是編輯區塊中所選取零件的預設屬性。按本按鈕後，即開啟視窗右邊的屬性面板，如圖(4)所示，即可在其中編輯其預設屬性。

圖(4)　預設屬性對話盒

9-2　電路圖零件符號編輯

在電路圖零件裡，主要包括 5 部分，如下：

- ● 第一部分是零件屬性，包括零件模型的連結。
- ● 第二部分是接腳，屬於零件之中最重要的電氣連接管道。
- ● 第三部分是零件圖案，沒有電氣性質，純粹給人看的符號圖案。
- ● 第四部分是掛載零件模型，如零件包裝(Footprint)，以延伸零件功能。
- ● 第五部分是連結供應商，以確保零件不過時，並能取得最新零件資訊。

9-2-1　預設屬性編輯

「預設屬性」是在電路圖編輯環境裡，當從零件庫取出零件時，該零件即擁有的基本屬性，例如零件序號、零件標註等。

在編輯電路圖零件之初，從左邊 SCH Library 面板裡，按 新增 鈕，並在隨即開啟的對話盒中，指定其零件名稱，再按 確認 鈕，新增一個零件。隨即編輯其預設屬性，按 編輯 鈕，即可在視窗右邊的屬性面板，編輯其預設屬性，如圖(4)所示。基本上，預設屬性是該零件預先設定的零件屬性，相當於取用該零件時的屬性。其中各項與一般零件的零件屬性面板大同小異，詳見 2-2 節(2-4 頁～2-11 頁)。在此有幾個基本且必要的預設零件屬性，一定要正確編輯，如下說明：

- Design Item ID 欄位為該零件在零件庫裡的名稱，也就是取用零件名稱。若要取用該零件，所採用的名稱。

- Designer 欄位為預設零件序號欄位，在新建的零件裡，此欄位為「*」。在此一定要按零件種類修改之，例如電阻器類的零件，可設定為「R?」；電容器類的零件，可設定為「C?」；電晶體類的零件，可設定為「Q?」；二極體類的零件，可設定為「D?」；IC 類的零件，可設定為「U?」，以此類推。其中的「?」是未定的序號，留給設計者自行定義，或由程式最後的整體編序。

- Comment 欄位為預設零件註解欄位，可用來顯示預設的零件編號、零件值等，沒有電氣屬性。

- Description 欄位為預設零件簡介，可輸入簡短的零件說明(可使用中文)。

其他項目並不需要急著設定之。

9-2-2　零件接腳編輯

當要放置接腳時，可按慣用工具列上的 ![按鈕] 鈕或按兩下 P 鍵，即進入放置接腳狀態，游標上出現一支浮動的接腳。這時候，可按 [　　　] 鍵逆時針旋轉此接腳。若要放置該接腳，則按滑鼠左鍵。若要編輯其屬性，可按 Tab 鍵開啟其屬性面板，如圖(5)所示，其中各項如下說明：

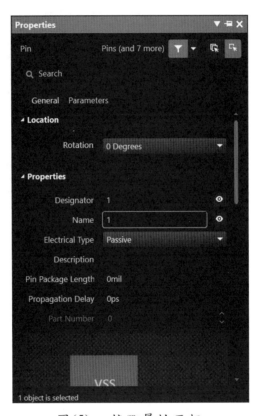

圖(5)　接腳屬性面板

⏺ Location 區塊

在此可設定接腳的方向，Rotation 欄位裡提供 0 Degrees、90 Degrees、180 Degrees 與 270 Degrees 選項，也就是在 Altium Designer 裡，接腳所能擺置的四種方向，如圖(6)所示為接腳的結構。

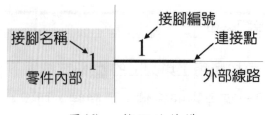

圖(6)　接腳的結構

● Properties 區塊

本區塊裡提供該接腳的基本屬性設定，其中各項如下說明：

● Designator 欄位為該接腳的接腳編號，具有電氣屬性，不可重複。同樣地，在欄位右邊的 ◉ 選項，可決定是否在接腳上顯示該接腳編號。

● Name 欄位為該接腳的接腳名稱，接腳名稱屬於指示性的文字，而非電氣圖件。不過，我們還是會為接腳定義一個貼切的接腳名稱。而在欄位右邊的 ◉ 選項，可決定是否在接腳上顯示該接腳名稱。

● Electrical Type 欄位為該接腳的接腳電氣特性或信號方向，按右邊按鈕可拉下選單，其中包括 8 個選項，如下說明：

■ Input 選項設定該接腳為輸入型接腳。

■ I/O 選項設定該接腳為輸出入雙向型接腳。

■ Output 選項設定該接腳為輸出型接腳。

■ Open Collector 選項設定該接腳為開集極式輸出型接腳。

■ Passive 選項設定該接腳為被動式接腳，若不知接腳的特性，可選用本選項。

■ HiZ 選項設定該接腳為三態式輸出型接腳。

■ Open Emitter 選項設定該接腳為開射極式輸出型接腳。

■ Power 選項設定該接腳為電源接腳(接地接腳也屬於此類型)。

● Description 欄位為該接腳的簡單說明，是給人看的，可用中文。

● Pin Package Length 欄位為該接腳的封裝長度。

● Propagation Delay 欄位為該接腳的傳輸延遲時間。

- Part Number 欄位是針對複合式包裝零件而設的，在此指定此接腳屬於哪個單元零件。

- 預覽區塊顯示目前所編輯的接腳。

- Pin Length 欄位設定該接腳的長度，接腳長度預設為 300mil，為了使用此零件時之線路連接方便，長度必須為 100mil 的倍數。並可在其右邊色塊設定其接腳顏色。

Symbols 區塊

本區塊裡提供該接腳端點符號的設定，如圖(7)所示，其中包括 5 個欄位，如下說明：

圖(7) Symbols 區塊

- Inside 欄位設定零件內部該接腳相對位置，所要放置的符號，其中包括下列選項：

  - No Symbol 選項設定該接腳內部沒有符號。

  - Postponed Output 選項設定該接腳內部放置一個延後輸出符號，即「。

  - Open Collector 選項設定該接腳內部放置一個開集極式輸出符號，即◇。

  - Hiz 選項設定該接腳內部放置一個高阻抗符號，即▽。

  - High Current 選項設定該接腳內部放置一個高電流輸出符號，即◁。

  - Pulse 選項設定該接腳內部放置一個脈波符號，即⌐⎿。

  - Schmitt 選項設定該接腳內部放置一個樞密特觸發符號，即◿。

  - Open Collector Pull Up 選項設定該接腳內部放置一個附提升電阻的開集極式輸出符號，即◈。

- Open Emitter 選項設定該接腳內部放置一個開射極式輸出符號，即 ◇。

- Open Emitter Pull Up 選項設定該接腳內部放置一個附提升電阻的開射極式輸出符號，即 ◇。

- Shift Left 選項設定該接腳內部放置一個由右而左的箭頭符號，即 ◁─。

- Open Output 選項設定該接腳內部放置一個開放式輸出符號，即 ◇。

● Inside Edge 欄位設定零件內部邊緣，該接腳相對位置上，所要放置的符號，其中包括兩個選項，若選擇 No Symbol 選項，設定沒有符號；若選擇 Clock 選項，則出現一個時鐘脈波符號，也就是個小三角形。

● Outside Edge 欄位設定零件內部邊緣，該接腳相對位置上，所要放置的符號，其中包括 4 個選項，如下說明：

- No Symbol 選項設定該接腳外部邊緣沒有符號。

- Dot 選項設定該接腳外部邊緣放置一個代表反相的小圓圈。

- Active Low Input 選項設定該接腳外部邊緣放置一個代表低態動作輸入的符號，即 ───▷│。

- Active Low Output 選項設定該接腳外部邊緣放置一個代表低態動作輸出的符號，即 ───◁。

● Outside 欄位設定零件外部，該接腳相對位置上，所要放置的符號，其中包括 7 個選項，如下說明：

- No Symbol 選項設定該接腳外部沒有符號。

- Right Left Signal Flow 選項設定該接腳外部放置一個由右而左的箭頭，代表其信號方向，即 ◁───。

- Analog Signal In 選項設定該接腳外部放置一個類比信號輸入符號，即 ───┐│。

- Not Logic Connection 選項設定該接腳外部放置一個代表非邏輯連接符號，即 ─────╫。

- Digital Signal In 選項設定該接腳外部放置一個數位信號輸入符號，即 ⎯⎯⎯#| 。

- Left Right Signal Flow 選項設定該接腳外部放置一個由左而右的箭頭，代表其信號方向，即 |⎯⎯⎯ 。

- Bidirectional Signal Flow 選項設定該接腳外部放置一個代表雙向信號的雙箭頭符號，即 ⎯⎯⎯<|> 。

● Line Width 欄位為設定該接腳的粗細，其中包括 Smallest、Small 等兩種線寬。

Designator 區塊

本區塊裡提供該接腳編號的字型與位置等相關設定，如圖(8)所示，其中各項如下說明：

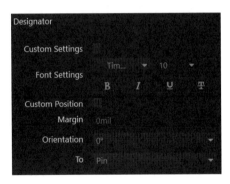

圖(8)　Designator 區塊

● Custom Settings 選項設定開放由使用者自行定義字型，選取本選項後，才可在其下的 Font Settings 右邊設定字型、大小、顏色，以及樣式。

● Custom Position 選項設定開放由使用者自行定義接腳編號與邊界的距離、接腳編號的方向與位置等，選取本選項後，才可在其下的欄位中設定，如下說明：

- Margin 欄位設定接腳編號與邊界的距離，如圖(9)所示。

- Orientation 欄位設定接腳編號的方向，0 或 90 度。

- To 欄位設定相對位置，可以接腳(Pin 選項)的相對位置，或零件(Component 選項)的相對位置。

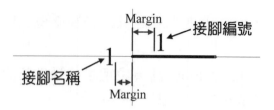

圖(9)　接腳編號與邊界的距離

◗ Name 區塊

本區塊裡提供該接腳名稱的字型與位置等相關設定，如圖(10)所示，其中各項與 Designator 區塊相同，在此不贅述。

圖(10)　Name 區塊

　　對於已固定的接腳，可直接拖曳改變其位置；在拖曳的過程裡，也可按 ▭ 鍵改變接腳方向。同樣的，指向接腳快按滑鼠左鍵兩下，可開啟其屬性對話盒，而屬性對話盒的內容，與屬性面板的內容一樣，我們就可在其中編輯其屬性。若要刪除已固定的接腳，則選取之，再按 Del 鍵即可刪除之。

9-2-3　零件圖案編輯

電路圖零件即電路圖符號(Symbol)，若依零件的圖案來區分，電路圖的零件可分為「方塊圖式零件」與「非方塊圖式零件」兩類，顧名思義，方塊圖式零件就是以方塊圖(矩形)為零件主體，如 IC 類的零件；而非方塊圖式零件不是以方塊圖，如電晶體、電阻器等。

▶ 轉換圖(Alternate)

同一個零件可能有不同的圖案或表達方式，如圖(11)所示，最典型的是邏輯閘的第摩根(De Morgan)轉換圖，而常見的電阻器有兩種不同的符號。

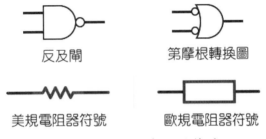

反及閘　　　　　　第摩根轉換圖

美規電阻器符號　　歐規電阻器符號

圖(11)　相同零件不同符號

Altium Designer 提供**轉換圖**的功能，也就是一個零件可以有多個圖案與表達方式，除了基本零件符號(Normal)外，若有第二種表達方式(不同圖案)，則稱為 Alternate1、若有第三種表達方式，則稱為 Alternate2，以此類推。當然，不管多少個轉換圖，都必須在設計電路圖零件時，就要繪製完成。使用者使用該零件時，才能切換或選擇所要使用的零件圖或零件符號。以圖(11)中的反及閘為例，左邊為正常的零件符號，再新增一個轉換圖(Alternate1)，如右邊的第摩根轉換圖。把這兩個圖包入同一個零件，隨使用者的需要，可顯示正常圖或轉換圖。再舉一個實例，電阻器符號有美規與歐規，若將美規電阻器符號與歐規電阻器符號包入同一個零件，隨使用者的需要，可顯示美規電阻器符號(正常圖)或歐規電阻器符號(轉換圖)。

● 複合式包裝零件之一

在一個零件內部含有多個類似單元零件(Part)，稱之為複合式包裝零件，以 7400 為例，其內部含有四個反及閘，如圖(12)所示就是個典型的範例。早期為了使用與管理方便，提供複合式包裝零件的設計，讓零件設計時，不必一再重複繪製零件圖，繪製電路圖時，也不必取用一個大大的零件圖，而造成線路連接或空間配置的困擾。雖然零件內含有多個相同圖案的單元零件，並不很多，但複合式包裝零件的重要性，卻在增加中！

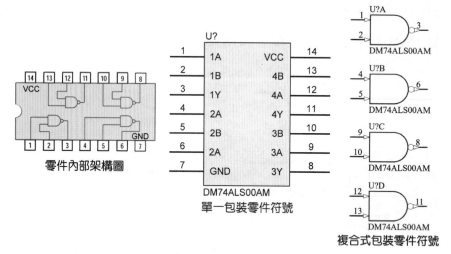

零件內部架構圖　　單一包裝零件符號　　複合式包裝零件符號

圖(12)　複合式包裝零件(相同單元零件)

● 複合式包裝零件之二

現在的複合式包裝零件常應用在「超大型」零件，例如 CPLD、FPGA、MCU 等，一個零件可能有數百支接腳，而接腳之性質也有區分，即使是類似功能的接腳，也可以區分群組(Bank)。像這類零件，若不採用複合式包裝零件的零件圖，則取用零件時，將面對零件圖過大的窘境！同時，若要找尋其中一支接腳，也都很費功夫，讓電路圖的繪圖與讀圖效率降低，電路圖的價值也就降低了。

這種情況，可採用不同單元零件圖的複合式包裝零件設計，如圖(13)所示，EPM3064AL44-10 是一顆 CPLD，卻只有 44 支接腳，但依功能區分為 8 個單元零件，如此將更好應用！

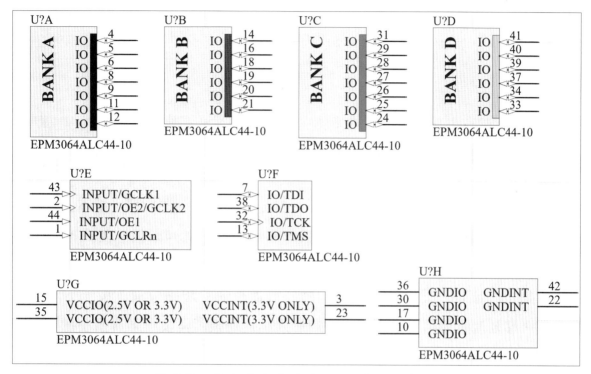

圖(13)　複合式包裝零件(不同單元零件)

基本零件符號設計

方塊圖式零件是以方塊圖為主體，接腳圍繞在方塊圖四周，常用在 IC 類的零件，如 NE555、CD4017、89S51 等，如圖(14)之左圖所示。而非方塊圖式零件直接繪製零件圖案(符號)，接腳連接圖案而非方塊，如圖(14)之右圖所示。

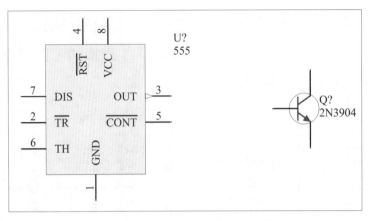

圖(14) 方塊圖式零件(左)與非方塊圖式零件(右)

方塊圖式零件之編輯

方塊圖式零件是由一個矩形圖案與接腳組成，比較容易編輯。基本上，在電路圖零件編輯區裡的操作，與電路圖編輯區裡的操作類似。當要繪製矩形時，可啟動[放置]/[矩形]命令或按 P 、 R 鍵，即進入繪製矩形狀態，游標上將出現一個十字線，指向所要放置矩形的起點位置，按一下滑鼠左鍵，移動滑鼠即可拉出矩形，當矩形大小適切後，再按一下滑鼠左鍵，即可完成該矩形。這時候，仍在繪製矩形狀態，可繼續繪製矩形，或按一下滑鼠右鍵，結束繪製矩形狀態。在此有兩點注意事項：

1. 矩形為零件主體，最好在原點(0,0)附近，千萬不要離原點太遠！才不會造成日後該零件難以操控。

2. 繪製矩形時，注意格點間距，編輯區左下角的 Grid 所指示的格點間距，最好是 100mil 或 50mil。若不是，可按 G 鍵切換格點間距。

另外，當矩形繪製完成後，若要調整其大小時，只要指向該矩形，按一下滑鼠左鍵選取之，該矩形的四周將出現 8 個控點，拖曳控點即可調整其大小。

非方塊圖式零件之編輯

非方塊圖式零件是以繪製圖案的方式來表達，可能包括圓形(橢圓形)、線條等不具電氣屬性的圖件。在零件編輯環境裡繪製圖案，比在電路圖編輯環境裡繪製圖案簡單，繪圖工具集中在[放置]功能表裡。而其繪製方式，與在電路圖編輯環境裡繪製的方法一樣。當要繪製橢圓形時，可啟動[放置]/[橢圓]命令，或直接按 P 、 E 鍵，即進入繪製橢圓形狀態，游標上將出現一個十字線，指向所要放置橢圓形的圓心位置，按一下滑鼠左鍵，移動滑鼠拉出 X 軸半徑，當 X 軸半徑適切後，再按一下滑鼠左鍵；緊接著，移動滑鼠拉出 Y 軸半徑，當 Y 軸半徑適切後，再按一下滑鼠左鍵，即可完成該橢圓形。這時候，仍在繪製橢圓形狀態，我們可繼續繪製橢圓形，或按一下滑鼠右鍵，結束繪製橢圓形狀態。當 X 軸半徑與 Y 軸半徑時，就是圓形。

當要繪製線條時，可啟動[放置]/[線段]命令，或直接按 P 、 L 鍵，即進入繪製線條狀態，游標上將出現一個十字線，指向所要繪製線段的起點，按一下滑鼠左鍵，移動滑鼠拉出線條。這時候，可按 ⇧Shift + ⎵ 鍵切換轉角模式(記得切換到英文模式，詳見 2-30 頁)。到達下一個點時，再按一下滑鼠左鍵即可完成這一段線；再繼續移動滑至下一個點，按一下滑鼠左鍵，即可連接至第二個點，以此類推。當不想再連接時，則按一下滑鼠右鍵。這時候，仍在繪製線條狀態，可繼續繪製線條，或按一下滑鼠右鍵，結束繪製線條狀態。

轉換圖設計簡介

「轉換圖」是一個零件多個符號圖的設計，而轉換圖的設計與管理，可在模型工具列中操作，如圖(15)所示。但在預設狀態下，並沒有開放模型工具列，需啟動[檢視]/[工具列]/[模型工具]命令，開/關模型工具列，其中各項如下說明：

圖(15)　模型工具列

- [模式 ▾]鈕可拉下選單，選取其中模式選項，如 Normal、Alternate 1 等，以切換到該模式的圖形編輯區。

- [＋]鈕的功能是新增模式，按本按鈕將新增一個轉換圖模式。

- [－]鈕的功能是刪除目前編輯的轉換圖模式，按本按鈕後，在隨即出現的確認對話盒中，按 [Yes] 鈕即可刪除目前編輯的轉換圖模式。

- [◀]鈕的功能是切換到前一個轉換圖模式。

- [▶]鈕的功能是切換到後一個轉換圖模式。

- [Rename] 鈕的功能是為目前的轉換圖模式重新命名，可使用中文，但 Normal 圖模式不可更名。

當完成零件圖的設計後，若要為此零件建立轉換圖，可啟動[工具]/[模式]/[**新增模式**]命令，或按模型工具列裡的[＋]鈕，即可新增一個轉換圖(Alternate1)，同時，準備一個全新的編輯區，就可在其中編輯此轉換圖，包括圖案、接腳等。若要切換回基本圖(Normal)的編輯區，可按[◀]鈕或按[模式 ▾]鈕拉下選單，再選取 Normal 選項。同樣地，按[▶]鈕或按[模式 ▾]鈕拉下選單，再選取 Alternate1 選項，或在模式欄位裡，選擇 Alternate1 選項切換回轉換圖編輯區。若要刪除轉換圖，可按[－]鈕，然後在隨即開啟的確認對話盒裡，按 [Yes] 鈕，即可刪除該轉換圖。

複合式包裝零件設計簡介

當要建構複合式包裝零件時，首先在編輯區裡，編輯第一個單元零件圖，然後啟動[工具]/[新增單元零件]命令，或直接按[T]、[W]鍵，即可新增一個單元零件，同時開啟一個新的編輯區，其在左邊面板裡的零件區塊，目前所編輯的零件之左邊將多一個▷，指向這個▷，按滑鼠左鍵展開之，其中將依序列出 Part A、Part B 等，選取 Part A，將可切換到第一個單元零件的編輯區；同樣地，選取 Part B，將可切換到第二個單元零件的編輯區，以此類推。

若要刪除單元零件，可啟動[工具]/[移除單元零件]命令，或直接按[T]鍵兩下，然後在隨即開啟的確認對話盒裡，按 [Yes] 鈕，即可刪除該單元零件。

9-2-4　掛載模型

　　在零件編輯環境裡，可以在屬性面板裡或模型編輯區裡進行零件模型的管理。當然，在模型編輯區裡管理零件模型比較方便。如圖(16)所示，在零件編輯區下方就是模型編輯區與模型預覽區，若所操作的模型屬於可預覽的，如Footprint(零件包裝)，則可在模型預覽區預覽。

圖(16)　模型編輯區

　　所掛載的模型，將條列在區塊裡，而零件模型的管理，可利用區塊下面的三個按鈕，如下說明：

● 　Add Footprint ▼鈕的功能是新增零件模型，而這個按鈕分為兩部分，若指向右邊的下拉鈕(▽)，按滑鼠左鍵，即可拉下選單，其中包括 6 個選項，如下說明：

　■ Footprint 選項的功能是新增電路板零件包裝，以作為電路板設計之用，選取本選項後，螢幕出現如圖(17)所示之對話盒。在零件包裝模型區塊裡的名稱欄位，輸入所要連結之 Footprint。我們可按 瀏覽 (B)... 鈕進入瀏覽 Footprint，而指定 Footprint 之後，該 Footprint 的圖案將顯示在下方的預覽區塊裡。若所要連結的 Footprint，尚未編輯(不存在)也沒關係，直接在名稱欄位輸入名稱，待該 Footprint 完成編輯，且存檔後，即可連結之。最後，按 確認 鈕即可完成掛載的動作。另外，一個零件可以掛載多個 Footprint。

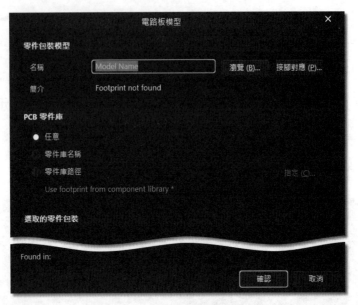

圖(17)　電路板模型對話盒

■　Pin Info 選項的功能是新增 FPGA 的接腳資訊模型檔，選取本選項
　　後，在隨即出現的對話盒裡，指定所要掛載的接腳資訊模型檔，再
　　按 開啟(O) 鈕關閉對話盒即可。

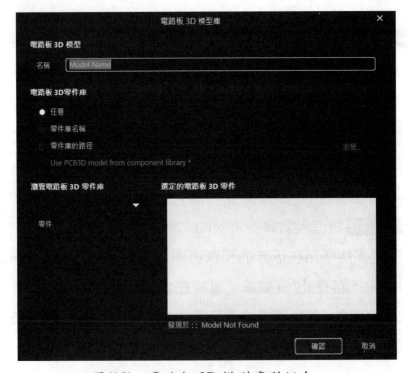

圖(18)　電路板 3D 模型庫對話盒

■ PCB3D 選項的功能是新增電路板 3D 模型，以作為電路板 3D 展示之用，選取本選項後，螢幕出現如圖(18)所示之對話盒。在零件板 3D 模型區塊裡的名稱欄位，輸入所要連結之 3D 模型，再按 確認 鈕即可完成掛載的動作。

■ Simulation 選項的功能是新增電路模擬零件模型，以作為電路模擬之用，選取本選項後，螢幕出現如圖(19)所示之對話盒。Altium Designer 所能接受的電路模擬模型很多，包括自編的模型、Spice 子電路等，若有現成的模型檔案，則可直接在 Model Name 欄位裡指定之，而其相關說明也會出現在其下的 Description 欄位裡。當然，也可按 Model Name 欄位右邊的 Browse... 鈕，以瀏覽模型檔案。最後，按 OK 鈕即可完成掛載的動作。

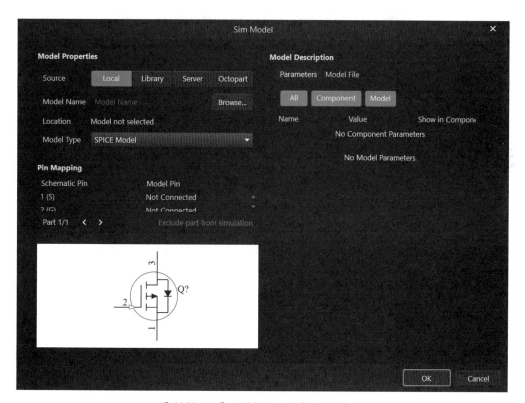

圖(19)　電路模擬模型對話盒

■ Ibis Model 選項的功能是新增輸入/輸出緩衝器資訊標準(I/O Buffer Information Specification, IBIS)模型，以為電路板信號完整性分析之用，選取本選項後，螢幕出現如圖(20)所示之對話盒。在 Ibis Model 區塊內的 Name 欄位裡，輸入所要掛載的 Ibis 模型名稱，再按 確認 鈕即可完成掛載的動作。

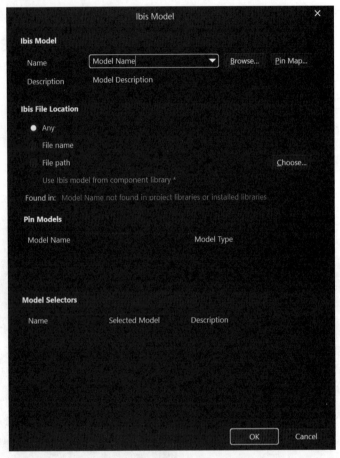

圖(20)　Ibis 模型對話盒

■ Signal Integrity 選項的功能是新增電路板信號完整性分析模型，以作為電路板信號完整性分析之用，選取本選項後，螢幕出現如圖(21)所示之對話盒。在 Model 區塊內的 Model Name 欄位裡，輸入所要掛載的電路板信號分析模型名稱，再按 OK 鈕即可完成掛載的動作。

圖(21)　電路板信號完整性分析對話盒

- 　移除 (R)　鈕的功能是移除零件模型，先在區塊裡選取所要刪除的零件模型，按本鈕後，在隨即開啟的確認對話盒裡，按　Yes　鈕即可刪除之。

- 　編輯 (E)...　鈕的功能是編輯零件模型，而所選取的零件模型，按本按鈕後，所開啟的對話盒也不一樣，基本上與剛才所介紹的新增零件模型的對話盒相同。

9-2-5　供應商連結

　　零件與其供應商連結，有助於電路設計，這是近年來電路設計軟體的重要趨勢！若要為目前編輯的零件(例如 AO4801)建立供應商連結，則指向編輯區之空白處，按滑鼠左鍵，以確定沒有選取任何圖件。再按左邊 Properties 標籤，開啟屬性面板裡，拉到最下面的 Part Choices 區塊按 Edit Supplier Links... 鈕，螢幕出現如圖(22)所示之對話盒，其中尚未連結任何供應商，所以其中沒有任何連結資料。

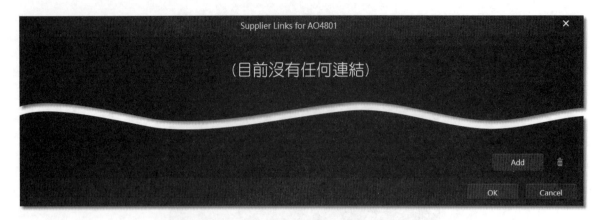

圖(22)　連結供應商資料

按右下方的　Add　鈕，即可進行搜尋，並將搜尋結果，列在下面的區塊裡，如圖(23)所示。

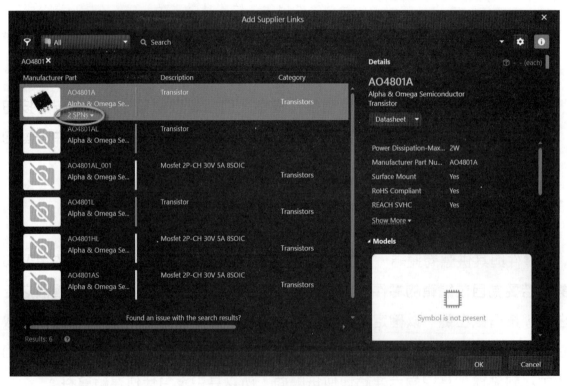

圖(23)　搜尋結果

在區塊下面顯示「Results: 6」，表示搜尋到 6 筆符合的資料，在此可瀏覽所搜尋到的每筆資料，每筆資料都是由供應商所提供的，這些供應商可能在世界各

國，包括台灣(如 Digi-Key)等。而每個項目左下顯示有多少個供應商提供該零件，例如 2SPNs 表示有兩家供應商提供該零件，可點開看這兩家的供貨狀況。

在右邊 Detail 區塊所列出該零件的資料，只是簡單的敘述，而最左邊為零件照片，從零件照片就可得知該零件的包裝，若在供應商欄位中的供應商，剛好是我們所熟識的，或曾經向他們購買過，也就可以選擇要連結哪個項目。選取該項目後，其詳細資料將出現在最下面的區塊裡。選好之後，按 OK 鈕關閉對話盒，即可將所選項目帶回前一個對話盒，如圖(24)所示。

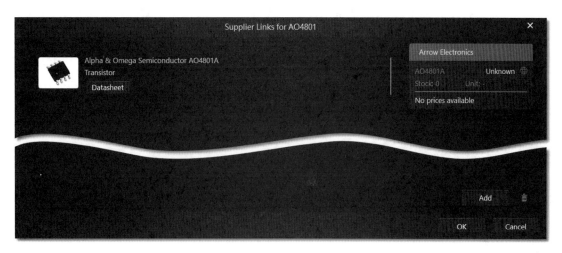

圖(24)　連結一個供應商

隨需要，一個零件可連結多個供應商，也可以同樣的操作繼續連結其他供應商。若不想再進行連結，可按 OK 鈕關閉對話盒，並將所連結的供應商，放在其屬性面板的 Part Choices 區塊裡，如圖(25)所示。而按其中的 Datasheet 鈕，即可開啟其 datasheet。

圖(25)　完成供應商連結

9-3 實例演練

在此將以各種具代表性的零件符號設計技巧為例,演練其設計技巧。

9-3-1 方塊圖式零件設計範例

在此將設計一個內建兩個 P 通道的 MOSFET,其零件名稱為 AO4801。這是一個表面黏著式包裝(SOIC8)的零件,便宜且容易買到!雖然是表面黏著式零件,卻非常容易以手工銲接,可說是由針腳式零件跨入表面黏著式零件的橋樑。而其靜態電氣規格為耐壓 30V、最大電流為 5A,相當適合於個人專題製作。如表(1)所示為 AO4801 的接腳表,在已開啟的零件庫編輯專案(myCH9.LibPkg) 裡 , 新增並開啟一個電路圖零件檔案 , 並存為 CH9_SCH.SchLib,然後按下列步驟操作:

表(1)　AO4801 接腳表

接腳編號	接腳名稱		I/O 形式	備註
1	S2		被動式(Passive)	第二個 MOSFET
2	G2		輸入型(Input)	第二個 MOSFET
3	S1		被動式(Passive)	第一個 MOSFET
4	G1		輸入型(Input)	第一個 MOSFET
5	D1		被動式(Passive)	第一個 MOSFET
6	D1		被動式(Passive)	第一個 MOSFET
7	D2		被動式(Passive)	第二個 MOSFET
8	D2		被動式(Passive)	第二個 MOSFET

1. 若在 SCH Library 面板裡的零件區塊裡,已存在一個新的(空白的)零件,則將此空白的零件,編輯為 AO4801。若零件區塊裡,沒有空白的零件,則按 新增 鈕新增零件,並指定其名稱為 AO4801。

2. 首先編輯此零件的預設屬性,在 SCH Library 面板裡選取此零件,並按 編輯 鈕開啟其屬性面板,然後進行下列的操作:

2.1 確認 Design Item ID 欄位為 AO4801。

2.2　在 Designator 欄位裡輸入 U?，做為預設零件序號，而其右邊◉選項保
　　　持為顯示狀態。

2.3　在 Comment 欄位裡輸入 AO4801，做為預設零件註解，右邊◉選項保
　　　持為顯示狀態。

2.4　在 Description 欄位裡輸入「Dual P-CH MOSFET, 30V/5A, SOIC8」，以
　　　為此零件的簡介。

3.　在屬性面板的 Parameters 區塊裡，按 Add... ▼ 鈕拉出選單，再選取 Footprint
　　選項開啟電路板模型對話盒，如圖(17)所示(9-20 頁)。在名稱欄位裡輸入
　　「SOIC8」，並確定 PCB 零件庫區塊裡，保持選取任意選項，再按 確認 鈕。

4.　在屬性面板的 Part Choices 區塊裡，進行下列操作：

　4.1　按 Edit Supplier Links... 鈕，在隨即出現的對話盒裡(圖(22)，9-24 頁)，按 Add
　　　　鈕開啟如圖(23)所示之對話盒(9-24 頁)，進行搜尋並列出搜尋結果。

　4.2　在選取所要連結的供應商，按 OK 鈕關閉對話盒，即可將所選取的項
　　　　目帶回前一個對話盒，如圖(24)所示(9-25 頁)。

　4.3　若不想再進行連結，可按 OK 鈕關閉對話盒，並將所連結的供應商，
　　　　放在其屬性面板的 Part Choices 區塊裡，如圖(25)所示。完成連結，同
　　　　時編輯區裡，也將出現一個參數。

5.　緊接著編輯零件接腳，指向編輯區，按滑鼠左鍵，由面板區切換到編輯區。
　　再按 P 鍵兩下，並按 Tab↹ 鍵開啟接腳屬性面板，再按下列步驟編輯之：

　5.1　在 Rotation 欄位裡設定為 180 Degrees。

　5.2　在 Designator 接腳名稱欄位裡輸入 1。

　5.3　在 Name 欄位裡輸入 S2。

　5.4　在 Type 欄位裡設定為 Passive。

　5.5　最後，按⏸鈕關閉屬性面板，游標上將出現一支浮動的接腳，接腳朝左、
　　　　文字(接腳名稱)朝右，指向(0,0)座標，按滑鼠左鍵，放置一支接腳；再
　　　　下移一格(0,-100)，按滑鼠左鍵，放置一支接腳，以此類推。

　5.6　連續放置 4 支接腳後，按 　　　　 鍵兩下改變接腳方向。再從(500,-300)
　　　　開始由下而上，再放 4 支接腳，最後按滑鼠右鍵結束放置接腳狀態。

6. 按表(1)所示，分別編輯各接腳的接腳名稱(Name)與 Type(I/O 形式)，其結果如圖(26)之左圖所示。

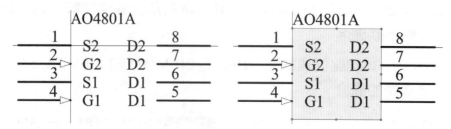

圖(26)　完成接腳編輯(左)、完成零件體(右)

7. 按 ⌷P⌷ 、 ⌷R⌷ 鍵進入繪製矩形狀態，然後在(0,100)、(500,-400)之間繪製一個矩形，按滑鼠右鍵結束繪製矩形狀態。再啟動[編輯]/[搬移]/[下推一層]命令，再指向此矩形，按滑鼠左鍵將此矩形移至文字下方，按滑鼠右鍵結束搬移，其結果如圖(26)之右圖所示。

8. 其中的「AO4801A」為供貨廠商參數，可不顯示。指向此參數，快按滑鼠左鍵兩下，開啟其屬性對話盒，如圖(27)所示，按 Value 欄位右邊的顯示按鈕(◉ ➜ ◌)，再按 ⌷OK⌷ 鈕關閉對話盒即可。最後，按 ⌷Ctrl⌷ + ⌷S⌷ 鍵存檔。

圖(27)　參數屬性對話盒

9-3-2 非方塊圖式零件設計範例

在此將設計一個通用的 P 通道 MOSFET 零件符號，如圖(28)所示。

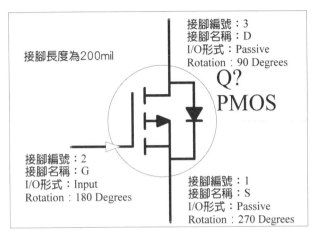

接腳編號：3
接腳名稱：D
I/O形式：Passive
Rotation：90 Degrees

接腳長度為200mil

Q?
PMOS

接腳編號：2
接腳名稱：G
I/O形式：Input
Rotation：180 Degrees

接腳編號：1
接腳名稱：S
I/O形式：Passive
Rotation：270 Degrees

圖(28)　PMOS 符號

接續 9-3-1 節的操作，當我們完成第一個零件的設計之後，再按下列步驟設計第二個零件(名稱為 PMOS)：

1. 在左邊 SCH Library 面板下方，按 █新增█ 鈕，然後在隨即出現的對話盒裡，輸入 PMOS，以為新增零件的名稱，再按 █確認█ 鈕關閉對話盒，即可新增一個零件。

2. 緊接著編輯此零件的預設屬性，按 █編輯█ 鈕開啟其屬性面板，然後進行下列的操作：

   2.1 在 Designator 欄位裡輸入 Q?，以為預設零件序號，而其右邊 ◉ 選項保持為顯示狀態。

   2.2 在 Comment 欄位裡輸入 PMOS，以為預設零件註解，右邊 ◉ 選項保持為顯示狀態。

   2.3 在 Description 欄位裡輸入「P 通道 MOSFET」，以為此零件的簡介。

3. 在屬性面板的 Parameters 區塊裡，按 █Add... ▾█ 鈕拉出選單，再選取 Footprint 選項開啟電路板模型對話盒，在名稱欄位裡輸入「TO-92A」，並確定 PCB 零件庫區塊裡，保持選取任意選項，再按 █確認█ 鈕即可。

4. 圖案編輯：編輯區有點小，可按編輯區右下方的 ⟨⟨ 鈕將模組編輯區收起來，以擴大零件編輯區，再按下列步驟操作：

4.1 按 G 鍵將格點設定為 50mil，按 P 、 L 鍵，進入畫線狀態，按 Tab 鍵開啟屬性面板，並確定線寬為 Small、顏色為黑色。再按 ⏸ 鈕回到編輯區。

4.2 指向(-50,200)位置按一下滑鼠左鍵，移至(-50,0)位置按一下滑鼠左鍵，再移至(-100,0)位置按一下滑鼠左鍵，完成一條線按一下滑鼠右鍵，這時候仍在畫線狀態。

4.3 同樣的方法，再繪製 4 條線，其節點座標如下：

● (0,200)、(100,200)、(100,300)
● (0,100)、(100,100)、(100,0)
● (0,0)、(100,0)、(100,-100)
● (100,250)、(200,250)、(200,-50)、(100,-50)

4.4 按 G 鍵將格點設定為 10mil，再繪製 4 條線，其節點座標如下：

● (0,230)、(0,170)
● (0,130)、(0,70)
● (0,30)、(0,-30)
● (170,100)、(230,100)

4.5 完成上述線條後，按滑鼠右鍵結束畫線狀態。再按 P 、 Y 鍵，進入畫多邊形狀態，按 Tab 鍵開啟屬性面板，並確定邊寬(Border)為 Small、顏色為黑色、填滿顏色(Fill Color)也是黑色，再按 ⏸ 鈕回到編輯區。

4.6 指向(100,100)，按一下滑鼠左鍵；移至(50,120)，按一下滑鼠左鍵；移至(50,80)，按一下滑鼠左鍵，形成一個三角形，按滑鼠右鍵結束此三角形的繪製，而仍在畫多邊形狀態。

4.7 指向(200,100)，按一下滑鼠左鍵；移至(170,150)，按一下滑鼠左鍵；移至(230,150)，按一下滑鼠左鍵，形成另一個三角形，按滑鼠右鍵結束此三角形的繪製，再按滑鼠右鍵結束畫多邊形狀態。

4.8　繪製圓形：按 P 、 E 鍵，進入畫橢圓形狀態，指向(70,100)位置，按一下滑鼠左鍵，水平移動滑鼠拉出一個橢圓，按一下滑鼠左鍵，垂直移動滑鼠拉出一個橢圓，大概蓋住剛才繪製的圖案，按一下滑鼠左鍵完成此橢圓，再按一下滑鼠右鍵，結束畫橢圓形狀態。

4.9　指向這個橢圓，快按滑鼠左鍵兩下，開啟其屬性對話盒，並確定邊線寬度(Border)為 Smallest、顏色保持為藍色、X Radius 欄位設定為 220mil、Y Radius 欄位設定為 220mil、填滿顏色(Fill Color)也保持為白色，再按 OK 鈕關閉對話盒。

4.10 啟動[編輯]/[搬移]/[下推一層]命令，再指向此橢圓形，按滑鼠左鍵將此橢圓移至下方，按滑鼠右鍵結束搬移，其結果如圖(29)所示。

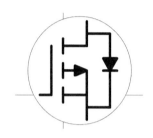

圖(29)　完成圖案編輯

5.　按 G 鍵，將格點間距設定為 100mil。再按 P 鍵兩下，進入放置接腳狀態，並按 Tab 鍵開啟其屬性面板，再按下列編輯：

5.1　在 Designator 欄位裡輸入 1，並設定其右邊的選項為 （不顯示）。

5.2　在 Name 欄位裡保持為 S，並設定其右邊的選項為 （不顯示）。

5.3　在 Electrical Type 欄位裡設定為 Passive。

5.4　在 Pin Length 欄位裡改為 200mil。

5.5　在 Rotation 欄位裡改選 270 Degrees 選項。

5.6　按 鈕關閉面板，游標上將出現一支浮動的接腳，指向(100,-100)位置，按滑鼠左鍵，放置此接腳；再按 鍵兩下，移至(100,300)位置，按滑鼠左鍵，放置一支接腳；再按一下 鍵，移至(-100,0)位置，按滑鼠左鍵，放置一支接腳。按滑鼠右鍵，結束放置接腳。

5.7　指向左邊接腳，快按滑鼠左鍵兩下，開啟其屬性對話盒，將 Name 欄位的內容改為 G，Electrical Type 欄位裡設定為 Input，即完成此接腳的屬性編輯，按 OK 鈕關閉對話盒。

5.8 指向上方接腳，快按滑鼠左鍵兩下，開啟其屬性對話盒，將 Name 欄位的內容改為 D，即完成此接腳的屬性編輯，按 OK 鈕關閉對話盒。

6. 最後，按 Ctrl + S 鍵存檔，完成此零件設計。

9-3-3 　轉換圖式零件設計範例

在此將設計一個同時具有美規與歐規的電阻器，不過，在此將借用現有的零件圖。在 Miscellaneous Devices.IntLib 裡不但有美規的電阻器(Res1)，也有歐規的電阻器(Res2)，接續 9-7-2 節的操作，按下列步驟設計第三個零件：

1. 按 Ctrl + O 鍵，在隨即開啟的對話盒中，指定 C:\使用者\公用\公用文件\Altium\AD21\Library 路徑下的 Miscellaneous Devices.IntLib，再按 開啟(O) 鈕，螢幕出現如圖(30)所示之對話盒，按 萃取來源 (E) 鈕即可開啟此專案，並出現在 Projects 面板裡。

圖(30)　詢問對話盒

2. 在 Projects 面板裡，指向剛開啟的 Miscellaneous Devices.LibPkg 專案下的 Miscellaneous Devices.SchLib，即可開啟此檔案。在其 SCH Library 面板裡，選取 Res1 項，則此零件將出現在編輯區，如圖(31)所示。

3. 指向 SCH Library 面板裡的 Res1 項，按滑鼠右鍵拉下選單，再選取複製選項。然後按編輯區上方的 CH9_SCH.SchLib 標籤，切換到 CH9_SCH.SchLib，再指向 SCH Library 面板裡零件區塊，按滑鼠右鍵拉下選單，再選取貼上選項，即可取得此零件。

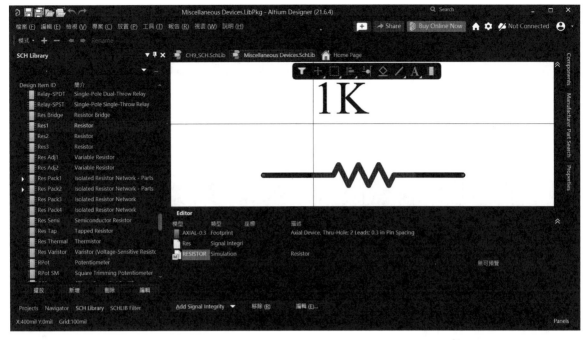

圖(31)　開啟 Res1 零件

4.　接下來編輯此零件的預設屬性，在 SCH Library 面板下方，按 ▇編輯▇ 鈕開啟其屬性面板，然後進行下列的操作：

4.1　在 Design Item ID 欄位裡改為 RES，以為新的電阻器名稱。

4.2　在 Comment 欄位裡輸入 1K，做為預設零件註解，並設定其右邊的選項為 ◉(顯示)。

4.3　在下方 Parameters 區塊裡，按 Value 左邊的 ◉ 鈕，使之變成 ◉，就不再顯示這個電路模擬用的電阻值。

4.4　指向編輯區按一下滑鼠左鍵，回到編輯區。

5.　指向編輯區按一下滑鼠左鍵，回到編輯區。這個電阻器的圖案偏離原點，按 ▢ G ▢ 鍵，將格點間距設定為 100mil。再拖曳選取整個圖案(包括接腳)，再將它往上拖曳到原點上。

6.　正常圖(Normal)編輯完成(即美規電阻器)，按 ▢ Ctrl ▢ + ▢ S ▢ 鍵存檔。再啟動[工具]/[模式]/[新增模式]命令，將出現一個空白的編輯區，以編輯轉換圖。

7. 按編輯區上方的 Miscellaneous Devices.SchLib 標籤，切換到 Miscellaneous Devices.SchLib。選取 SCH Library 面板裡的 Res2 項，編輯區裡將出現此零件。在編輯區裡拖曳選取此零件圖與接腳，按滑鼠右鍵拉下選單，在選取複製選項。

8. 按編輯區上方的 CH9_SCH.SchLib 標籤，切換到 CH9_SCH.SchLib，再按滑鼠右鍵拉下選單，在選取貼上選項即可，如圖(32)所示。

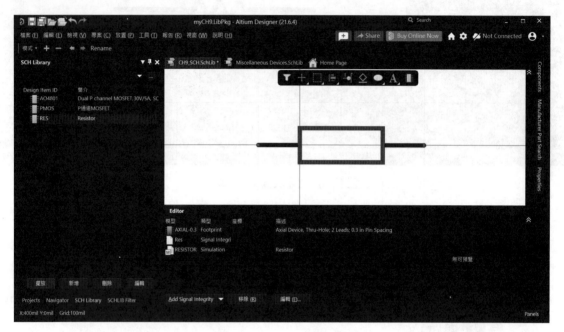

圖(32) 完成轉換圖

9. 日後在編輯電路圖，若使用此零件時，而要切換正常圖與轉換圖，則開啟此零件的屬性對話盒(或屬性面板)，就可在其中 Graphical 區塊的 Mode 欄位中選取 Normal 或 Alternate1 選項，以切換之。

10. 最後，按 Ctrl + S 鍵存檔，完成此零件設計。

9-3-4　複合式包裝零件設計範例－相同單元零件圖

在此設計一個內含兩個相同單元零件圖的複合式包裝零件，其接腳配置如下：

● Part A：S1=3、G1=4、D1=5、D1=6

● Part B：S2=1、G2=2、D2=7、D2=8

其中 D1 與 D2 各兩支接腳(各對應到兩個銲點)。在此將借用 9-3-2 節所設計的 PMOS 零件圖，以建構一個 AO4801 零件，接續 9-3-3 節，再按下列步驟操作：

1. 為了節省編輯預設屬性的功夫，在此將直接複製 SCH Library 面板裡的 AO4801(在 9-3-1 節裡所設計的)，再貼上，即可得到一個名為 AO4801_1 的零件，連預設屬性也一併複製過來。

2. 在 SCH Library 面板裡選取 AO4801_1 項，編輯區裡就有一個方塊圖式的 AO4801。拖曳選取編輯區裡的所有圖案與接腳，再按 Del 鍵刪除之，清空編輯區，而留下其預設屬性。

3. 在 SCH Library 面板裡選取 PMOS 項，然後拖曳選取編輯區裡的所有圖案與接腳，再按 Ctrl + C 鍵複製，並指向原點按滑鼠左鍵。

4. 在 SCH Library 面板裡選取 AO4801_1 項，指向編輯區按滑鼠左鍵，切換到編輯區，再按 Ctrl + V 鍵貼上，游標上就有浮動的 PMOS 圖案，移至原點附近適切位置，按滑鼠左鍵固定之。

5. 在 SCH Library 面板裡按 編輯 鈕，開啟屬性面板，在 of Parts 欄位右邊，將 🔒 切換為 🔓。

6. 在編輯區裡，按住 ⇧Shift 鍵不放，指向上方接腳(即 D 腳)將它往右拖曳一格，即可複製一支接腳，如圖(33)之左圖所示。按 P 、 L 鍵，並補畫一小段線，如圖(33)之右圖所示。

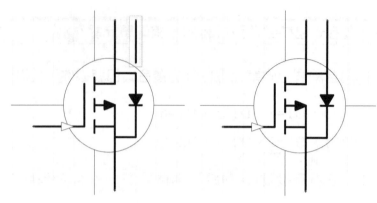

圖(33)　複製一支接腳(左)、補畫一小段線(右)

7. 編輯接腳編號與接腳名稱：

　7.1 指向下方接腳，快按滑鼠左鍵兩下，開啟其屬性對話盒，將 Designer 欄位的內容改為 3、Name 欄位的內容改為 S1，再按 OK 鈕關閉對話盒。

　7.2 指向中間接腳，快按滑鼠左鍵兩下，開啟其屬性對話盒，將 Designer 欄位的內容改為 4、Name 欄位的內容改為 G1，再按 OK 鈕關閉對話盒。

　7.3 指向上方左邊接腳，快按滑鼠左鍵兩下，開啟其屬性對話盒，將 Designer 欄位的內容改為 5、Name 欄位的內容改為 D1，再按 OK 鈕關閉對話盒。

　7.4 指向上方右邊接腳，快按滑鼠左鍵兩下，開啟其屬性對話盒，將 Designer 欄位的內容改為 6、Name 欄位的內容改為 D1，再按 OK 鈕關閉對話盒。

8. 在編輯區裡拖曳選取所有圖案與接腳，按 Ctrl + C 鍵，再指向原點按滑鼠左鍵複製之。

9. 啟動[工具]/[新增單元零件]命令或按 T 、 W 鍵，即可新增一個單元零件。在左邊 SCH Library 面板裡，按 AO4801_1 右邊的▽，展開其下的單元零件，並選取 Part B 項，則出現空白的編輯區。

10. 指向編輯區按滑鼠左鍵，切換到編輯區，再按 Ctrl + V 鍵，游標上就有浮動的 PMOS 圖案，移至原點附近適切位置，按滑鼠左鍵固定之。

11. 編輯接腳編號與接腳名稱：

　11.1 指向下方接腳，快按滑鼠左鍵兩下，開啟其屬性對話盒，將 Designer 欄位的內容改為 1、Name 欄位的內容改為 S2，再按 OK 鈕關閉對話盒。

11.2 指向中間接腳，快按滑鼠左鍵兩下，開啟其屬性對話盒，將 Designer 欄位的內容改為 2、Name 欄位的內容改為 G2，再按　OK　鈕關閉對話盒。

11.3 指向上方左邊接腳，快按滑鼠左鍵兩下，開啟其屬性對話盒，將 Designer 欄位的內容改為 7、Name 欄位的內容改為 D2，再按　OK　鈕關閉對話盒。

11.4 指向上方右邊接腳，快按滑鼠左鍵兩下，開啟其屬性對話盒，將 Designer 欄位的內容改為 8、Name 欄位的內容改為 D2，再按　OK　鈕關閉對話盒。

12. 日後使用這個零件時，若已編輯零件序號，例如零件序號為 U1，則第一個 AO4801_1 為 U1A，下一個為 U1B，再下一個為 U2A，以此類推。若要切換已放置的單元零件，則開可啟此零件的屬性對話盒(或屬性面板)，就可在其中 Part 欄位中選取 Part A 或 Part B 選項，以切換之。

13. 最後，按 Ctrl + S 鍵存檔，完成此零件設計。

9-3-5　複合式包裝零件設計範例－相異單元零件圖

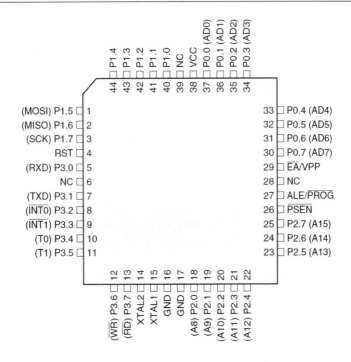

圖(34)　AT89S51-TQFP 圖

表(2)　89S51-TQFP 接腳表

接腳編號	接腳名稱	I/O 形式	接腳編號	接腳名稱	I/O 形式
Port 0 (Part A)			Port 1 (Part B)		
37	P0.0	I/O	40	P1.0	I/O
36	P0.1	I/O	41	P1.1	I/O
35	P0.2	I/O	42	P1.2	I/O
34	P0.3	I/O	43	P1,3	I/O
33	P0.4	I/O	44	P1.4	I/O
32	P0.5	I/O	1	P1.5	I/O
31	P0.6	I/O	2	P1.6	I/O
30	P0.7	I/O	3	P1.7	I/O
Port 2 (Part C)			Port 3 (Part D)		
18	P2.0	I/O	5	P3.0	I/O
19	P2.1	I/O	7	P3.1	I/O
20	P2.2	I/O	8	P3.2	I/O
21	P2.3	I/O	9	P3.3	I/O
22	P2.4	I/O	10	P3.4	I/O
23	P2.5	I/O	11	P3.5	I/O
24	P2.6	I/O	12	P3.6	I/O
25	P2.7	I/O	13	P3.7	I/O
Control (Part E)			PWR&CLK (Part F)		
29	E\A\	Input	38	VCC	Power
27	ALE	Output	17	GND	Power
26	P\S\E\N\	Output	16	GND	Power
4	RST	Input	15	XTAL1	Input
6	NC	Passive	14	XTAL2	Output
28	NC	Passive			
39	NC	Passive			

　　在此將以 TQFP44 包裝的 AT89S51 為例，如圖(34)所示為其接腳圖。應用複合式包裝的方式，按功能將此 MCU 區分為 6 個單元零件(Part A～Part F)，如表(2)所示，每個單元零件採用方塊圖式設計，相當於編輯 6 個方塊圖式零件圖。接續 9-3-4 節，再按下列步驟設計此複合式包裝零件：

1. 若在 SCH Library 面板裡的零件區塊裡，按 新增 鈕新增零件，在隨即開啟的對話盒裡，指定其名稱為 AT89S51-TQFP，按 確認 鈕關閉對話盒。

2. 首先編輯此零件的預設屬性，在 SCH Library 面板裡的零件區塊裡選取此零件，並按 編輯 鈕開啟其預設屬性面板，然後進行下列的操作：

   2.1 在 Designator 欄位裡輸入 U?，以為預設零件序號，而其右邊 ◉ 選項保持為顯示狀態。

   2.2 在 Comment 欄位裡輸入 AT89S51-TQFP，以為預設零件註解，右邊 ◉ 選項保持為顯示狀態。

   2.3 在 Description 欄位裡輸入「8-bit MCU, TQFP44」，以為此零件的簡介。

3. 在屬性面板的 Parameters 區塊裡，按 Add... ▾ 鈕拉出選單，再選取 Footprint 選項開啟電路板模型對話盒，如圖(17)所示(9-20 頁)。在名稱欄位裡輸入「TQFP44」，並確定 PCB 零件庫區塊裡，保持選取任意選項，再按 確認 鈕即可。

4. 在屬性面板的 Part Choices 區塊裡，進行下列操作：

   4.1 按 Edit Supplier Links... 鈕，然後在隨即出現的對話盒裡(如圖(22)所示，9-24 頁)。

   4.2 按 Add 鈕開啟如圖(23)所示之對話盒(9-24 頁)，進行搜尋並列出搜尋結果。

   4.3 在其中選取所要連結的供應商，按 OK 鈕關閉對話盒，即可將所選項目帶回前一個對話盒，如圖(24)所示(9-25 頁)。

   4.4 若不想再進行連結，可按 OK 鈕關閉對話盒，並將所連結的供應商，放在其屬性面板的 Part Choices 區塊裡，如圖(35)所示。

圖(35)　已連結供應商

4.5 完成連結，同時編輯區裡，也將出現一個參數。這個參數不需要顯示，在屬性面板裡的 Parameters 區塊裡，按此項右邊的 ◎ 鈕，使之不顯示 (◎)，如圖(36)所示。

圖(36) 設定不要顯示參數

5. 緊接著編輯第一個單元零件(Part A)之接腳，指向編輯區，按一下滑鼠左鍵，由面板區切換到編輯區。按 G 鍵切換格點間距為 100mil，再按 P 鍵兩下，並按 Tab 鍵開啟接腳屬性面板，再按下列步驟編輯之：

5.1 在 Rotation 欄位裡設定為 0 Degrees。

5.2 在 Designator **接腳名稱**欄位裡輸入 37。

5.3 在 Name 欄位裡輸入 P0.0。

5.4 在 Electrical Type 欄位裡設定為 I/O。

5.5 最後，按 ⏸ 鈕關閉屬性面板，游標上將出現一支浮動的接腳，接腳朝左、文字(接腳名稱)朝右，指向(0,0)座標，按滑鼠左鍵，放置一支接腳；再下移一格(0,-100)，按滑鼠左鍵，放置一支接腳，以此類推，連續放置 8 支接腳後，按滑鼠右鍵結束放置接腳狀態。

6. 按表(2)所示，分別編輯各接腳的接腳編號(Designator)、接腳名稱(Name)與 I/O 形式(Electrical Type)。由於自動增號的關係，接腳名稱分別為 P0.0、P0.1 依序增號，符合我們的需求；I/O 形式保持為 I/O，也符合我們的需求，所以只須更改接腳編號即可，如圖(37)之左圖所示。

7. 按 P 、 R 鍵進入繪製矩形狀態，然後在(0,100)、(500,-400)之間繪製一個矩形，按滑鼠右鍵結束繪製矩形狀態。啟動[編輯]/[搬移]/[下推一層]命令，

再指向此矩形，按滑鼠左鍵將此矩形移至文字下方，按滑鼠右鍵結束搬移，其結果如圖(37)之右圖所示。

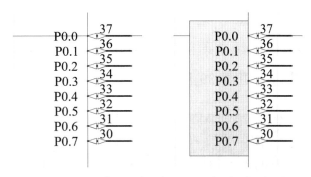

圖(37)　接腳編輯完成(左)、完成零件體(右)

8.　在左邊 SCH Library 面板裡，按 AT89S51-右邊的 ▽，展開其下的單元零件，並選取 Part B 項，則出現空白的編輯區。

9.　依據表(2)的接腳資料，重複步驟 5 到步驟 8，分別編輯 Part B、Part C、Part D、Part E、Part F 單元零件，其結果如圖(38)所示。

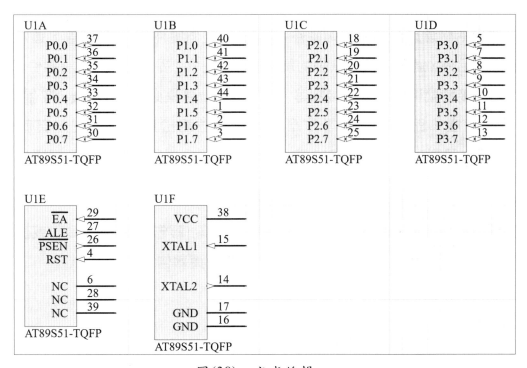

圖(38)　完成編輯

10. 最後，按 Ctrl + S 鍵存檔，完成此零件設計。

9-4　零件檢查與報告

當設計好零件之後，可應用程式提供的檢查功能，以確認零件是否符合設計規則？首先來看看可以檢查哪些項目，啟動[報告]/[零件規則檢查]命令，或直接按 [R] 鍵兩下，即可開啟如圖(39)所示之對話盒。

圖(39)　零件規則檢查對話盒

其中包括檢查重覆的項目如零件名稱(針對整個零件庫)、接腳等，這兩項都是必要的。另外，還可以檢查缺少的項目，例如簡介、零件包裝、預設零件序號、接腳名稱、接腳號碼與缺少的接腳等，其中接腳號碼是必要的。最後，按 確認 鈕關閉對話盒，即進行整個零件庫的檢查，並將檢查結果列在一頁報告裡(*.err)，其中只列出不符合規定的部分。若完全符合規定，則報告頁裡將是空白的。

若要單獨查看目前編輯區所編輯的零件，啟動[報告]/[零件]命令，或直接按 [R]、[C] 鍵，則整個零件的狀況，將列在一頁報告裡(*.cmp)。

9-5　本章習作

1　試述在 Altium Designer 裡，各種零件庫的關係？

2　試簡述 Altium Designer 的 SCH Library 面板裡，包含哪些組件？其作用為何？

3　試述在 Altium Designer 的零件接腳之電氣形式？

4　若要在 Altium Designer 的零件庫裡，建立供應商連結，應如何操作？

5　試說明在 Altium Designer 的電路圖零件裡，可掛載哪幾種零件模型？並簡述這些零件模型的功能？

6　試述 Altium Designer 的電路圖零件裡，有哪幾種複合式包裝零件？

7　若要為所編輯的零件，新增一個轉換圖，應如何操作？而在轉換圖之間，如何切換？

8　若要檢查整個電路圖零件庫裡的零件，是否符合設計規則，應如何操作？

9　若要將編輯區裡，某個參數值不要顯示，應如何操作？

10　試說明複合式包裝零件的建構方式？

心得筆記

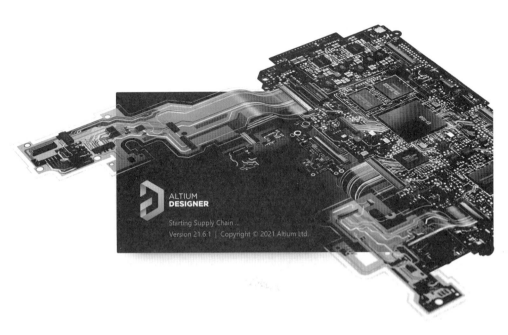

第 10 章

電路板零件包裝圖設計

10-1　電路板零件編輯環境簡介

接續第 9 章的電路圖零件符號設計，指向零件庫專案，按滑鼠右鍵拉下選單，再選取[新增檔案到專案]/[PCB Library]選項，即可開啟一個*空的*電路板零件庫檔案，並進入電路板零件庫編輯環境，如圖(1)所示，左邊自動切換到 PCB Library 面板，其中預設一個空的 PCBCOMPONET_1 零件。按 Ctrl + S 鍵，在隨即出現的對話盒裡，將此檔案存為 CH9_PCB.PcbLib。

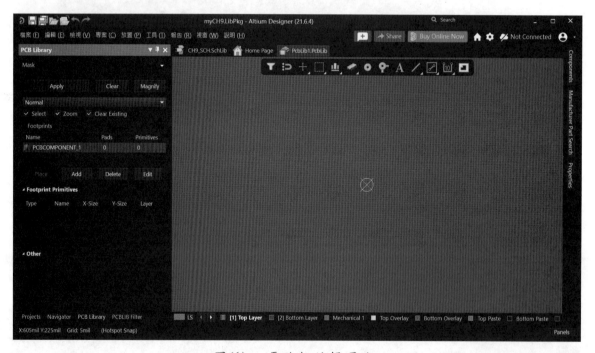

圖(1)　電路板編輯環境

電路板零件編輯環境與電路板編輯環境大同小異，操作方法也一樣。左邊的 PCB Library 面板維持先前版本的複雜性，其中各項如下說明：

● 上方篩選區塊

在 PCB Library 面板最上面為**篩選**區塊，包括 Mask 欄位、按鈕與選項等，如下說明：

- Mask 欄位的功能是篩選零件名稱區塊裡的零件名稱，例如在欄位裡輸入 A，則零件名稱區塊裡，將列出含 A 的零件名稱，其中字母不分大小寫，也可混用萬用字元*。

- Apply 鈕的功能是套用篩選，也就是在 Footprint Primitive 區塊裡選取的組件，將套用所設定的選項方式，而從編輯區中篩選出來。

- Clear 鈕的功能是清除篩選，將編輯區中被篩選的圖件與狀況，恢復為非篩選狀態，也就是正常狀態。

- Magnify 鈕的功能是局部放大，按本按鈕後，游標上將出現一個放大鏡符號，指向編輯區所要放大之處，則該處將被放大展示在下方的 Other 區塊裡，不過，實用性不高。

- Normal 鈕的功能是設定篩選模式，當篩選時，處理非篩選項目與環境的方式，以凸顯篩選圖件，其中包括三個選項，如下說明，如圖(2)所示。

  - Normal 選項設定篩選時，非篩選項目仍正常顯示。
  - Mask 選項設定篩選時，非篩選項目將單色顯示。
  - Dim 選項設定篩選時，非篩選項目將淡化。

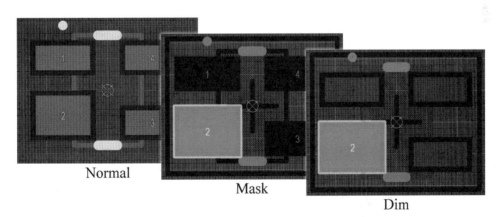

Normal

Mask

Dim

圖(2)　篩選效果

- Select 選項的功能是當篩選時，在編輯區裡，該零件將為選取狀態(高亮顯示)，如圖(3)所示。

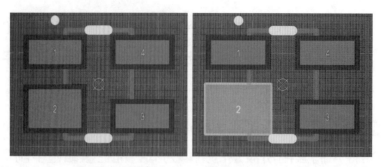

圖(3)　　Select 選項的效果(左圖不選取本選項，右圖選取本選項)

● Zoom 選項的功能是當篩選時，編輯區將自動縮放，以較佳大小展示所篩選的圖件。

● Clear Existing 選項的功能是當篩選時，將取消之前所選取的組件項目。

零件名稱區塊

在本區塊裡列出零件庫中所有零件的名稱，而本區塊的操作可使用區塊下方按鈕來操作，如下說明：

● [Place] 鈕的功能是將編輯區裡的零件(Footprint)，試放置到電路板編輯環境。不過，必須有開啟的電路板編輯環境，才可使用本功能。

● [Add] 鈕的功能是新增零件，按本按鈕後，零件區塊裡隨即新增一個新零件，同時也將出現空白編輯區。

● [Delete] 鈕的功能是刪除所選取的零件，按本按鈕後，在隨即出現的確認對話盒裡按 [Yes] 鈕，即可刪除該零件。

● [Edit] 鈕的功能是編輯屬性，選取所要編輯的零件，再按本按鈕，即可開啟其屬性對話盒，如圖(4)所示，其中各項如下說明：

圖(4)　　零件包裝屬性對話盒

- 名稱欄位設定此零件包裝之名稱，電路圖零件就是以此名稱連結到電路板零件包裝。

- 簡介欄位為此零件包裝之簡單說明。

- Type 欄位為此零件包裝之種類，其中包括下列選項：

  - Standard 選項設定為標準的電路板零件包裝。

  - Mechanical 選項設定為機構圖件。

  - Graphical 選項設定為圖形圖件。

  - Net Tie (In BOM)選項設定為網路連接零件，而會列入零件表。

  - Net Tie 選項設定為網路連接零件，但不列入零件表。

  - Standard (No BOM)選項設定為標準的電路板零件包裝，但不列入零件表。

  - Jumper 選項為跳線零件。

- 高度欄位設定此零件包裝之高度，若沒有輸入單位(mm 或 mil)，則以當時設定的單位制為其單位。

- Area 欄位為此零件包裝之面積，若不知道，則不必輸入。

Footprint Primitive 區塊

在本區塊內列出編輯區裡的所有圖件，包括電氣圖件與非電氣圖件。在其中所選取的圖件，將立即反應在編輯區裡。

Other 區塊

在本區塊為編輯區裡的所有圖件，其中有個白框，框內為目前編輯區所看的部分，若拖曳這個框即可改變編輯區所看部分的位置。

10-2 基本零件包裝設計

基本上，電路圖的零件著重於電氣性質與概念的傳達，而電路板的零件(即Footprint)著重於實際尺寸，所以在設計電路板的零件之前，必須先掌握電路板零件尺寸資料。另外，在本章裡，除了考量為設計電路板所需的尺寸外，也將進一步以 3D 的角度來設計電路板零件，讓電路板設計進入 3D 實體設計的領域。

10-2-1 屬性編輯

相對於電路圖零件的屬性，電路板零件包裝的屬性簡單多了！若要編輯零件包裝的屬性，則在 PCB Library 面板裡的零件名稱區塊中，選取所要編輯的零件，再按區塊下方的 Edit 鈕，即可開啟其屬性對話盒，如圖(4)所示，詳見 10-4 頁，在此不贅述。

常用的零件包裝有不少是 TO 開頭名稱的，「**TO**」是指 **Transistor Outline**，這類零件包裝是早期針對電晶體設計的零件包裝標準，包括小功率、中功率與高功率電晶體，其中 TO-220 屬於中功率零件包裝。當然，現在 TO 開頭的零件包裝不一定用於電晶體，例如 LM7805 系列、LM1117 系列穩壓 IC 等，也使用這種零件包裝。例如要設計一個 TO-220 的零件包裝，其屬性編輯操作步驟如下：

1. 在 PCB Library 面板裡，按 Add 鈕新增一個空零件。再按 Edit 鈕，即可開啟其屬性對話盒。

2. 在屬性對話盒裡，按下列輸入：

    2.1 在名稱欄位裡輸入「TO-220」。

    2.2 在簡介欄位裡輸入「中功率包裝」。

    2.3 在 Type 欄位裡保持為「Standard」。

    2.4 在高度欄位裡輸入「20mm」，這個值是根據 datasheet。

3. 按 確認 鈕關閉對話盒，完成屬性編輯。

10-2-2　銲點編輯

銲點(Pad)是零件包裝中，主要的電氣圖件。基本上，銲點可分為針腳式(Through-hole Technology, TH 或 THT)銲點與表面黏著式(Surface Mount Technology, SMT)銲點，針腳式銲點穿過每個板層，所以在每個板層都有該銲點，稱為 Multi-Layer 圖件。表面黏著式銲點只存在於頂層(單層)，當零件要貼在底層時，只要將該零件翻面即可。

若要放置銲點，則指向編輯區按一下滑鼠左鍵，切換到編輯區，再按慣用工具列上的 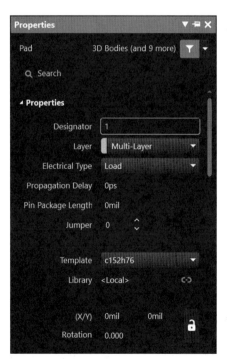 鈕或按 ⎡ P ⎤ 鍵兩下，進入放置銲點狀態，游標上也將出現一個浮動的銲點，隨游標而動,通常都會先定義銲點的屬性,只要按 ⎡Tab⇄⎤ 鍵即可開啟其屬性面板，如圖(5)所示，其中包括 5 個區塊，如下說明：

圖(5)　銲點屬性面板－Properties 區塊

◐ Properties 區塊

本區塊提供該銲點的一般屬性設定，其中各項如下說明：

- Designator 欄位為該銲點的編號。

- Layer 欄位為該銲點放置的板層，雖然可指定放置在任何板層，但通常針腳式銲點都指定為 Multi-Layer 選項，而表面黏著式銲點指定為 Top Layer 選項或 Bottom Layer 選項。

- Electrical Type 欄位為銲點的當前電氣狀態，設定其傳輸線特性。其中包括 Load、Source 或 Terminator 等三個選項，如下：

  - Source 為網路起點(信號起始節點)。

  - Load 為網路中點(信號中間節點)。

  - Terminator 為網路終點(信號結束節點)。

  當網路需要菊狀鏈佈線拓撲(Daisy chain routing topologies)之一時，將設定為 Source 和 Terminator。

- Propagation Delay 欄位為傳輸延遲，即信號從發送端傳輸到接收端所需的時間。

- Pin Package Length 欄位為接腳封裝長度。

- Jumper 欄位為銲點提供跳線連接標識號，其範圍為 1 到 1000。當我們在電路板上使用跳線連接時，跳線連接使用外部導線實體連接電路板上的銲點，而不使用電路板上的走線或電氣物件。跳線值告訴程式哪些銲點被視為「已連接」。只能在零件包裝內的銲點間創建跳線連接，使用的銲點必須使用相同的跳線值，並且還必須共享相同的網路。而跳線連接在電路板編輯環境裡顯示為彎曲的連接線。

- Template 欄位為銲點的樣板。

- Library 選項為銲點樣板來自哪個樣板庫。

- (X/Y)欄位分別為銲點中心，與編輯區原點間的水平/垂直距離。

- Rotation 欄位為銲點放置的角度，其精密度為 0.001°。

Pad Stack 區塊

本區塊提供銲點堆疊之設定，如圖(6)所示，由於長度的關係，在此將他切成兩部分。其中包括三部分，如下說明：

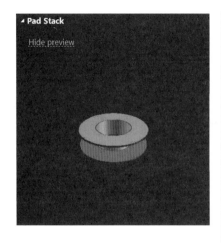
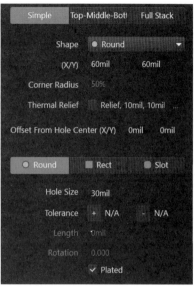

圖(6)　銲點屬性面板－Pad Stack 區塊

● 上方為銲點堆疊之預覽區(圖(6)之左圖)，游標指在其中，按住 ⇧Shift 鍵，再按住滑鼠右鍵，即可隨滑鼠的移動，而旋轉此銲點堆疊。

● 銲點堆疊設定：Altium Designer 提供三種銲點堆疊架構，如下：

　　■ 按 [Simple] 鈕為簡單的銲點堆疊架構設定，如圖(6)之右上圖，只要設定一個板層的銲點屬性，即可適用於所有板層。

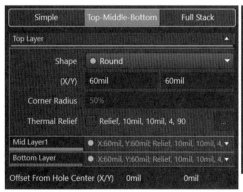
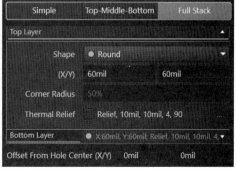

圖(7)　不同的銲點堆疊架構之屬性設定

■ 按 `Top-Middle-Bottom` 鈕為頂層-中間板層-底層的銲點堆疊架構設定，如圖(7) 之左圖，可分別頂層、中間板層與底層之銲點屬性設定，而中間板層 的銲點屬性設定，將適用於所有中間板層。所以其下的將有三個屬性 頁，每個板層一個屬性頁裡，可指向其右邊的三角形按滑鼠左鍵來收 縮或展開該頁。

■ 按 `Full Stack` 鈕為全銲點堆疊架構設定，如圖(7)之右圖，可分別設定 每個板層的銲點屬性，而其下的屬性頁將按板層分頁，每個板層一個 屬性頁，若是雙層板就有兩個板層屬性頁，六層板就有六個板層屬性 頁，以此類推。同樣的，可指向其右邊的三角形按滑鼠左鍵來收縮或 展開該頁。

不管是哪種銲點堆疊架構屬性頁，其屬性項目都一樣，如下說明：

■ Shape 欄位設定銲點形狀，其中提供 4 種形狀的選項，如下說明：

◆ Round 選項設定採用圓形銲點或橢圓形銲點。

◆ Rectangular 選項設定採用方形銲點或矩形銲點。

◆ Octagonal 選項設定採用八角形銲點。

◆ Rounded Rectangular 選項設定採用圓角方形銲點或圓角矩形銲 點。

■ (X/Y)欄位設定銲點的 X 軸與 Y 軸尺寸。

■ Corner Radius 欄位設定銲點轉角之半徑，這是針對圓角方形銲點或圓 角矩形銲點而設的(選取 Rounded Rectangular 選項才可設定)。

■ Thermal Relief 右邊選項設定採用隔熱式連接(即花瓣式連接)，主要是 針對電源板層或相同網路之鋪銅的連接。

■ Offset From Hole Center (X/Y)欄位設定銲點上的鑽孔位置之 X 軸偏移 量與 Y 軸偏移量。

● 銲點之鑽孔種類設定：Altium Designer 提供三種銲點鑽孔，如圖(6)之右下 圖所示(10-9 頁)，如下說明：

■ 按 `○ Round` 鈕設定採用圓形鑽孔。

- 按 ▨ Rect 鈕設定採用方形鑽孔(即方孔)，與一般鑽孔不一樣，不是用鑽的，而是繞孔技術，製程比較麻煩，成本也比較高。

- 按 ▨ Slot 鈕設定採用槽孔(即長條鑽孔)，這也是採用繞孔技術。

- Hole Size 欄位設定鑽孔尺寸。

- Tolerance 欄位設定鑽孔尺寸之公差。

- Length 欄位設定長條孔之長度，採用槽孔時，本欄位才可用。

- Rotation 欄位設定鑽孔之旋轉角度，其精密度為 0.001°。

- Plated 選項設定要鍍孔(導通)。

Paste Mask Expansion 區塊

本區塊的功能是設定銲點上的錫膏層延伸量，主要是針對表面黏著式銲點。錫膏層的目的是在銲點上預鋪錫，以利表面黏著式零件之銲接，如圖(8)所示，在銲點上預鋪錫，通常會內縮一點，以防錫膏溢出。

圖(8)　錫膏層的延伸量

如圖(9)所示，其中各項如下說明：

圖(9)　銲點屬性面板－Paste Mask Expansion 區塊

- ████ Rule ████ 選項設定該銲點的錫膏層延伸量，將依據當時的設計規則，通常我們會選取此選項。

-  選項設定該銲點的錫膏層延伸量，將採下方欄位的設定值，負值代表內縮。

🔵 **Solder Mask Expansion 區塊**

本區塊的功能是設定銲點上的防銲層延伸量，主要是針對針腳式銲點，但表面黏著式銲點也適用。防銲層(又稱阻銲層)是在電路板上絹印一層防銲漆，防銲漆不會沾錫，有助於自動銲接。如圖(10)所示，絹印防銲漆時，對於要銲接的銲點上，應該要空出來(不要有防銲漆)，而要空出量就是防銲層延伸量。

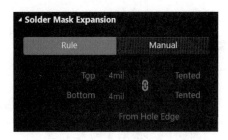

圖(10)　防銲層的延伸量

如圖(11)所示，其中各項如下說明：

圖(11)　銲點屬性面板－Solder Mask Expansion 區塊

- Rule 選項設定該銲點的防銲層延伸量，將依據當時的設計規則，通常我們會選取此選項。

- Manual 選項設定該銲點的防銲層延伸量，將採下方 Top 欄位與 Bottom 欄位的設定值。通常採正值，代表往外擴張量。

- Tented 選項設定該銲點的防銲層，全部覆蓋防銲漆，以保護該銲點(或導孔)。通常防銲層的覆蓋(Tented)選項是針對導孔(Via)，較少用在銲點上，除非該銲點不插入接腳。基本上，銲點與導孔類似，如圖(12)所示，選取 Top 欄位右邊的 Tented 選項，不選取 Bottom 欄位右邊的 Tented 選項。

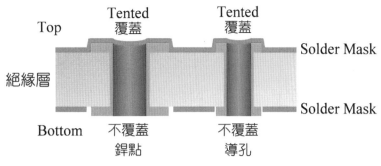

圖(12)　頂層覆蓋銲點，底層不覆蓋銲點

- From Hole Edge 選項設定防銲層的開口將遵循銲點的形狀。因此，防銲層與銲點形狀和尺寸無關，而是根據孔的尺寸和形狀進行縮放

▶ Testpoint 區塊

本區塊的功能是設定以該銲點為測試點的相關設定，如圖(13)所示，其中各項如下說明：

圖(13)　銲點屬性面板－Testpoint 區塊

- Fabrication 右邊兩個選項的功能是設定製造時所使用的測試點，若選取 Top 選項，則將銲點的頂層設定為製造測試點。若選取 Bottom 選項，則將銲點的底層設定為製造測試點。

- Assembly 右邊兩個選項的功能是設定組裝時所使用的測試點，若選取 Top 選項，則將銲點的頂層設定為組裝測試點。若選取 Bottom 選項，則將銲點的底層設定為組裝測試點。

接續 10-2-2 節，在此將編輯 TO-220 的銲點，根據 TO-220 的 datasheet，其尺寸如圖(14)所示，如下說明：

❶ 零件插入電路板後的高度為 18.95mm，所以我們將零件高度定義為 20mm(10-6 頁)。

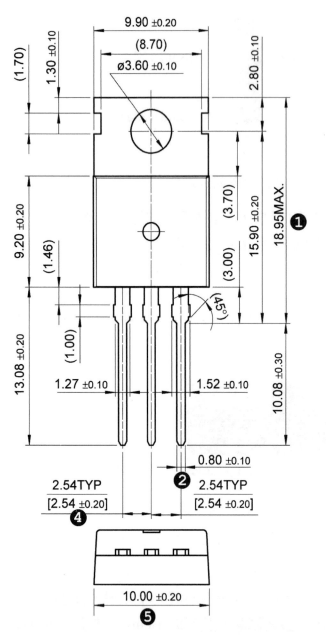

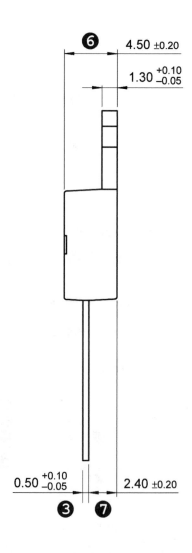

單位：mm

圖(14)　TO-220 尺寸

❷ 接腳寬度為 0.8mm，接腳厚度為 0.5mm(❸)，所以銲點的鑽孔直徑一定要大於 0.8mm，在此指定為 1.1mm，才能順利插件。若將銲點直徑設定為 1.9mm，則銲點的環寬為 0.35mm。

❹ 腳間距為 2.54mm，則銲點與銲點之安全間距為 0.64mm (2.54-1.9)。

❺ 零件最寬部分為 10mm，零件厚度為 4.5mm(❻)，所以在 Footprint 上可繪製一個 10mm×4.5mm 的矩形，作為零件外框。

❼ 零件接腳與其背部距離為 2.4mm。

根據上述資料，可繪製工作圖，如圖(15)所示。再按下列步驟放置銲點：

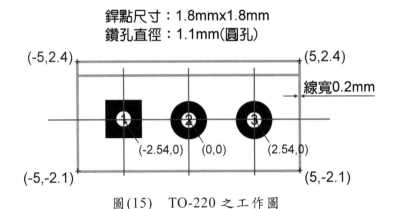

圖(15)　TO-220 之工作圖

1. 指在編輯區按滑鼠左鍵，切換到編輯區。

2. 按 ⬤ 鈕或按 P 鍵兩下，進入放置銲點狀態。

3. 按 Tab 鍵開啟銲點之屬性面板，再按下列設定：

3.1　Designer 欄位保持為 1。

3.2　Layer 欄位保持為 Multi-Layer。

3.3　按 Simple 鈕採簡單模式。

3.4　Shape 欄位設定為 Rectangular。

3.5　(X/Y) 欄位分別設定為 1.9mm、1.9mm。

3.6　按 Round 鈕採圓形鑽孔。

3.7　鑽孔尺寸欄位設定為 1.1mm。

3.8　保持選取 Plated 選項(鍍孔)。

3.9　按 ⏸ 鈕完成銲點屬性編輯，回到編輯區。

4. 游標移至(-2.54, 0)位置，按滑鼠左鍵放置第 1 個銲點。

5. 按 [Tab] 鍵開啟銲點之屬性面板，將 Shape 欄位設定為 Round，按 ⑪ 鈕完成銲點屬性編輯。

6. 游標移至(0, 0)位置，按滑鼠左鍵放置第 2 個銲點。再游標移至(2.54, 0)位置，按滑鼠左鍵放置第 3 個銲點。

7. 按滑鼠右鍵結束放置銲點，如圖(16)所示。

圖(16)　放置銲點

10-2-3　圖案編輯

在電路板的零件設計裡，圖案的繪製比較少，通常是標示零件的外框或記號，而最重要的是，圖案繪製在頂層覆蓋層(Top Overlay)，或稱為頂層絹印層(Top Silkscreen)。這些圖案並不要導電，而是以油墨絹印在電路板上，給人看的。

當我們要繪製線條時，首先在編輯區下方的板層標籤列裡，選取 Top Overlay 標籤(黃色)，切換到頂層覆蓋層，再啟動[放置]/[線段]命令或直接按 [P]、[L] 鍵，即進入繪製線條狀態，游標上將出現一個十字線，指向所要繪製線段的起點，按一下滑鼠左鍵，移動滑鼠拉出線條。這時候，可按 [⇧Shift] + [   ] 鍵切換轉角模式(在英文模式下，詳見 2-30 頁)。到達下一個點時，再按一下滑鼠左鍵即可完成這一段線；再繼續移動滑至下一個點，按一下滑鼠左鍵，即可連接至第二個點，以此類推。若不想繼續畫這一條線時，則按一下滑鼠右鍵。這時候，仍在繪製線條狀態，可繼續繪製其他線條，或按一下滑鼠右鍵，結束繪製線條狀態。

同樣是在頂層覆蓋層，若要標示指示性的文字，如標示+或 A 等，可按慣用工具列上的 A 鈕或按 [P]、[S] 鍵，即進入放置文字狀態，游標上出現一個字串(String)，再按 [Tab] 鍵開啟其屬性面板，如圖(17)所示，其中各項如下說明：

Properties 區塊

本區塊的功能是設定文字相關的屬性，如圖(17)所示，其中各項如下說明：

圖(17) 字串屬性面板

- Text 右邊為文字輸入區塊，在此設定該文字的內容，若需要換行，可按 ⟨⇧Shift⟩ + ⟨Enter⟩ 鍵。

- (x)₊ 鈕的功能是提供特殊字串，如表(1)所示。

表(1) 特殊字串

特殊字串	說 明	特殊字串	說 明
.Application_BuildNumber	軟體版本	.Arc_Count	弧線數量
.Comment	零件註解	.Component_Count	零件數量
.ComputerName	電腦名稱	.Designator	零件序號
.Fill_Count	填滿區數量	.Hole_Count	鑽孔數量
.Item	項目	.ItemAndRevision	項目及版本
.ItemRevision	項目版本	.ItemRevisionBase	項目基本版本
.ItemRevisionLevel1	項目版本階層 1	.ItemRevisionLevel1AndBase	項目版本階層 1 及基本

表(1)　特殊字串(續)

特殊字串	說　明	特殊字串	說　明
.ItemRevisionLevel2	項目版本階層 2	.ItemRevisionLevel2AndLevel1	項目版本階層 1 及階層 2
.Layer_Name	板層名稱	.Legend	圖例
.ModifiedDate	修改日期	.ModifiedTime	修改時間
.Net_Count	網路數量	.Net_Names_On_Layer	板層上的網路名稱
.Pad_Count	銲點數量	.Pattern	圖樣
.Pcb_File_Name	電路板檔案名稱	.Pcb_File_Name_No_Path	電路板檔案名稱(無路徑)
.PCBConfigurationName	電路板組態名稱	.Plot_File_Name	繪製檔案名稱
.Poly_Count	多邊形數量	.Print_Date	列印日期
.Print_Scale	列印比例	.Print_Time	列印時間
.Printout_Nme	印件名稱	.SlotHole_Count	槽孔數量
.SquareHole_Count	方孔數量	.String_Count	字串數量
.Total_Thickness	總厚度	.Track_Count	線段數量
.VariantName	零件變異名稱	.VersionControl_PrjFolderRevNumber	VCS 專案資料夾版本號碼
.VersionControl_ProFolderRevNumber	VCS 資料夾版本號碼	.VersionControl_RevNumber	VCS 版本號碼
.Via_Count	導孔數量		

- Layer 欄位設定此字串所要放置的板層，通常在 Top Overlay 層。

- Mirror 選項設定將此字串左右翻轉，通常在底層或底層覆蓋層的字串必須翻轉。

- Text Height 欄位設定文字大小。

Font Type 區塊

本區塊的功能是設定文字的字型，可按其中的字型種類，而有不同的設定項目，如下說明：

- 按 TrueType 鈕設定採用 True Type 字型，若要在電路板裡放置中文字型，需選取 True Type 字型，而下方的區塊改變如圖(18)所示，其中各項如下說明：

圖(18)　True Type 字型屬性

- 在 Justification 右邊選擇文字的左右對齊方式(　　　　　)與上下對齊方式(　　　　)。

- 在 Font 欄位裡指定所要採用的字型。

- 按 B 鈕設定為粗體字。

- 按 I 鈕設定為斜體字。

- 按 Inverted 鈕設定為反白字。若選取本選項，則選項下面將多出字框的寬度設定欄位(Width)，以及字框的高度設定欄位(Height)。

● 按 Stroke 鈕設定採用描邊字，下方的區塊改變如圖(19)所示，其中各項如下說明：

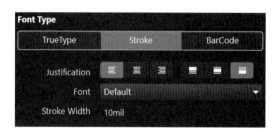

圖(19)　描邊字屬性

- 在 Justification 右邊選擇文字的左右對齊方式(　　　　　)與上下對齊方式(　　　　)。

- 在 Font 欄位裡指定所要採用的字型。

- 在 Stroke Width 欄位裡設定字型的筆劃粗細。

● 按 BarCode 鈕設定產生條碼，而下方的區塊改變如圖(20)所示，其中各項如下說明：

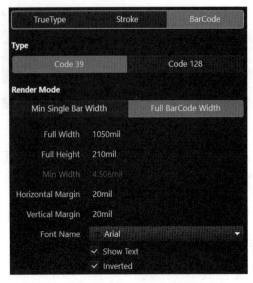

圖(20) 條碼屬性

■ 在 Type 下方選擇條碼的種類，在此提供兩種條碼選項，如下說明：

◆ 按 [Code 39] 鈕設定採用 Code 39 條碼，或稱 Code 3 of 9，這是美國國防部的標準，也用於汽車行業。

◆ 按 [Code 128] 鈕設定採用 Code 128 條碼，全球貿易識別標準，支持任何 ASCII 128 字串集(包括所有數字、字元和標點符號)。

■ 在 Render Mode 下方選擇條碼顯示的展現模式，在此提供兩種模式，如下說明：

◆ 按 [Min Single Bar Width] 鈕設定為最小寬度條碼。

◆ 按 [Full BarCode Width] 鈕設定為全寬度條碼。

■ Full Width 欄位設定條碼的完整寬度，若按 [Min Single Bar Width] 鈕，則本欄位不可使用。

■ Full Height 欄位設定條碼的完整高度。

■ Min Width 欄位設定條碼的最小寬度，若按 [Full BarCode Width] 鈕，則本欄位不可使用。

■ Horizontal Margin 欄位設定條碼之左右邊界留白。

■ Vertical Margin 欄位設定條碼之上下邊界留白。

■ Font Name 欄位設定條碼上的文字之字型。

■ Show Text 選項設定在條碼上方顯示其實際字串，即在 Text 區塊裡所輸入的字串。

■ Inverted 選項設定反白顯示條碼。

Border Mode 區塊

本區塊的功能是設定文字的邊框留白，如圖(21)所示，其中各項如下說明：

圖(21)　Border Mode 區塊

● 按 Margin 鈕設定採用邊框間距的方式，而在下方的 Margin Border 欄位中指定留白的間距。

● 按 Offset 鈕設定採用文字偏移的方式，而在下方的 Text Offset 欄位中指定文字偏移量。

字串設定完成後，按 ⏸ 鈕關閉面板，設定結果將反應到游標上的字串(或條碼)，移至所要放置該字串的位置，按一下滑鼠左鍵，即可固定於該處。這時候，仍在放置文字狀態，我們可繼續放置文字，或按一下滑鼠右鍵，結束放置文字狀態。

接續 10-2-2 節的操作，在此將根據 10-15 頁的圖(15)繪製零件圖案，在此盡量用鍵盤，而不動滑鼠，如下操作：

1. 在下方板層標籤列裡，選取 Top Overlay 標籤，切換到 Top Overlay 板層。

2. 按 G 鍵，然後選取 0.100mm 選項，將格點間距設定為 0.1mm。

3. 按 P 、 L 鍵進入畫線狀態，按 Tab 鍵開啟屬性面板，將 Line Width 欄位設定為 0.2mm，再按 ⏸ 鈕關閉屬性面板。

4. 按 J 、 L 鍵進入跳躍狀態，並在隨即出現的對話盒裡，在 X 欄位輸入 -5mm、Y 欄位輸入 2.4mm，再按 OK 鈕關閉對話盒，即可跳至(-5, 2.4)位置，按 Enter 鍵定義為線條的起點。

5. 按 ⃞J⃞ 、 ⃞L⃞ 鍵進入跳躍狀態，並在隨即出現的對話盒裡，在 Y 欄位輸入 -2.1mm，再按 ⃞OK⃞ 鈕關閉對話盒，即可跳至(-5, -2.1)位置，按 ⃞Enter⃞ 鍵畫出第一條線。

6. 按 ⃞J⃞ 、 ⃞L⃞ 鍵進入跳躍狀態，並在隨即出現的對話盒裡，在 X 欄位輸入 5mm，再按 ⃞OK⃞ 鈕關閉對話盒，即可跳至(5, -2.1)位置，按 ⃞Enter⃞ 鍵畫出第二條線。

7. 按 ⃞J⃞ 、 ⃞L⃞ 鍵進入跳躍狀態，並在隨即出現的對話盒裡，在 Y 欄位輸入 2.4mm，再按 ⃞OK⃞ 鈕關閉對話盒，即可跳至(5, 2.4)位置，按 ⃞Enter⃞ 鍵畫出第三條線。

8. 按 ⃞J⃞ 、 ⃞L⃞ 鍵進入跳躍狀態，並在隨即出現的對話盒裡，在 X 欄位輸入 -5mm，再按 ⃞OK⃞ 鈕關閉對話盒，即可跳至(-5, 2.4)位置，按 ⃞Enter⃞ 鍵兩下畫出第四條線。再按 ⃞Esc⃞ 鍵結束繪製該邊框，但仍在畫線狀態。

9. 此框內還有一條橫線，而這條橫線的尺寸不重要，不要太靠近銲點即可。按 ⃞J⃞ 、 ⃞L⃞ 鍵進入跳躍狀態，並在隨即出現的對話盒裡，在 X 欄位輸入 -5mm、Y 欄位輸入 1.6mm，再按 ⃞OK⃞ 鈕關閉對話盒，即可跳至(-5, 1.6)位置，按 ⃞Enter⃞ 鍵。

10. 按 ⃞J⃞ 、 ⃞L⃞ 鍵進入跳躍狀態，並在隨即出現的對話盒裡，在 X 欄位輸入 5mm，再按 ⃞OK⃞ 鈕關閉對話盒，即可跳至(5, 1.6)位置，按 ⃞Enter⃞ 鍵畫出一條線。再按 ⃞Esc⃞ 鍵兩下結束畫線狀態，其結果如圖(22)所示。

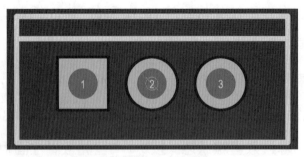

圖(22)　完成繪製圖案

　3D 模型編輯

Altium Designer 裡是一個 3D 電路板設計軟體，而 3D 電路板的建構必須由零件開始。換言之，在電路板零件裡，如有定義 3D 模型，則可展現 3D。若零件沒有提供 3D 模型，即使進入 3D 模式，該零件將只是個空白的位置(不會出現零件實體)。既然是「零件實體」，尺寸一定要正確，而尺寸來自該零件的 datasheet，而電子零件的包裝也逐漸標準化，通常都是採 **JEDEC**(即 **J**oint **E**lectron **D**evices **E**ngineering **C**ouncil)所制定的零件包裝標準，如圖(14)所示(10-14 頁)的針腳式的 TO-220。

這個圖描述得很精細，若要建造如此精確的 3D 模型，恐怕必須使用專門的 3D 繪圖軟體，如 Solid Works、ProE、Auto CAD Inventor、3D MAX 等，再把建構好的實體模型存為*.step 檔，即可供給 Altium Designer 使用。而在網路上，也可以搜尋到不少已建好的機械、電機、電子零組件的 3D 模型，都可以在 Altium Designer 裡直接套用。

雖然 Altium Designer 是個電路設計軟體，而不是專門的 3D 繪圖軟體。但在 Altium Designer 裡也提供簡單、夠用的 3D 模型設計功能。若要建立 3D 模型，可在電板零件編輯環境裡，在慣用工具列裡，按住 🔲 鈕拉下選單，再選取 🔲 鈕，或直接按 [P]、[B] 鍵，即進入放置 3D 模型狀態，游標多出十字線(動作游標)。按 [Tab] 鍵開啟其屬性面板，如圖(23)所示，最上面為共同屬性區塊，而其下將隨選擇的 3D 模型模式而不同，如下說明：

◗ Location 區塊

本區塊內顯示 3D 圖件所在位置，也可使用其右邊的鎖住鈕(🔓 ➔ 🔒)，將他鎖住，以防止不小心被移動。

◗ Properties 區塊

本區塊提供 3D 圖件的一般屬性設定，其中各項如下說明：

- Identifier 欄位為此 3D 圖件的識別名稱，可使用中文、可重複，也可不指定。而指定識別名稱當然有助於日後的編輯。

- Board Side 欄位為此 3D 圖件放置的板層方向，其中包括 Top 與 Bottom 兩種選項，若選取 Top 選項，則 3D 圖件以頂層為基礎，往上長出。若選取 Bottom 選項，則 3D 圖件以底層為基礎，往下長出。通常都採用 Top 選項。

- Layer 欄位為此 3D 圖件所放置的板層，通常都是放置在機構層，至於哪個機構層，並不重要，但最好不要衝突。

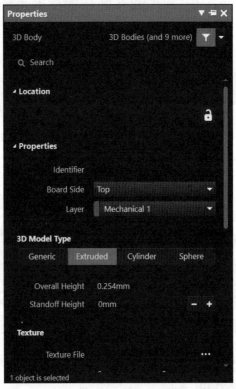

圖(23) 3D Body 屬性面板－Properties 區塊

突出模式

突出(Extruded)或稱為抽出，這是最常用的 3D 圖件製作方式。通常 3D 圖件的編輯方式是在 2D 模式下，先繪製一個平面圖(可為各種形狀)，以定義該 3D 圖件的外形，再指定其往上延伸的高度，就是一個 3D 圖件。

在 3D Model Type 下面，按 Extruded 鈕即出現突出模式的設定項目，由於面板很長，在此將它截成兩部分，分置於左右，如圖(24)所示，其中各項如下說明：

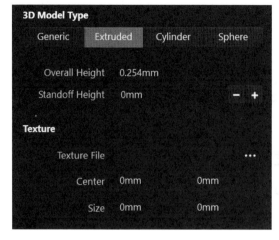
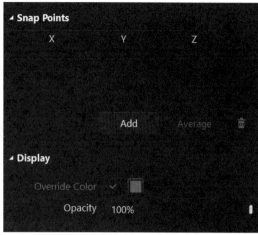

圖(24)　突出模式 3D 圖件之屬性

- Overall Height 欄位為此 3D 圖件的總高度，也就是從電路板表面到此 3D 圖件最頂端的長度。

- Standoff Height 欄位為此 3D 圖件的起始高度，也就是從電路板表面到此 3D 圖件最底端的長度。正值代表此 3D 圖件是懸空的，負值代表此 3D 圖件將穿過電路板，往下延伸。

- Texture 區塊設定此 3D 圖件的頂端的圖案，其中各項如下說明：

  ■ Texture File 欄位指定所要貼上 3D 圖件頂端的圖案檔，在此接受 *.bmp、*.dds、*.dib、*.hdr、*.jpg、*.pfm、*.png、*.ppm，以及*.tga 等檔案格式。

  ■ Center 欄位指定貼上的中心點位置座標。

  ■ Size 欄位指定圖片的寬度與高度。

- Snap Point 區塊設定吸附點，按 Add 鈕可新增吸附點。

- Display 區塊設定此 3D 圖件的顯示顏色與透明度，如下說明：

■ 選取 Override Color 右邊的選項，即可於其右邊色塊中指定此 3D 圖件的顏色。

■ Opacity 欄位為此 3D 圖件的透明度，100%為不透明、0%為完全透明，也可在其右邊滑軸中拖曳設定。而可改變的最小刻度為 1%，比早期版本好太多了。

突出模式是採用「長出」的方式，例如要在電路板上放置一支接腳，而這支接腳插入電路板 2mm，總長度為 14mm，接腳的截面為 0.5mm×0.8mm，如圖(25)所示。先在 2D 顯示平面上，繪製一個 0.5mm×0.8mm 的矩形，再以此面積，由 -2mm(電路板上表面為 0)開始，往上長出(拉出)14mm 的長度即可，如下操作：

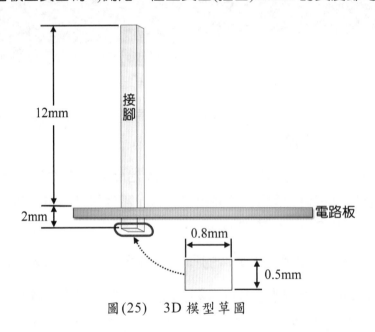

圖(25)　3D 模型草圖

● 若不是在2D顯示模式，則按 2 鍵，切換為2D顯示模式。按 P 、 B 鍵，即進入放置 3D 模型狀態，然後按 Tab 鍵開啟其屬性面板。

● 在屬性面板的 Properties 區塊裡，如下設定：

■ Identifier 欄位裡輸入 pin1，作為其識別碼。

■ Board Side 欄位裡選取 Top 選項，表示由頂層長出接腳。

■ Layer 欄位裡保持預設的選取 Mechanical 1 選項。

● 在 3D Body 面板裡，按 Extruded 鈕設定採用突出模式。

- 在 Overall Height 欄位裡指定為 12mm，在 Standoff Height 欄位裡指定為 -2mm。

- 在 Display 區塊裡，設定接腳的顏色與透明度。

- 按 ⏸ 鈕關閉面板。

- 繪製形狀圖：

  - 若目前編輯區採用 mil 為單位，可按 ⎡ Q ⎤ 鍵切換為 mm。緊接著，按 ⎡ G ⎤ 鍵拉下選單，在選取 0.100mm 選項。

  - 指向(-0.4mm, 0.5mm)，按滑鼠左鍵；移至(0.4mm, 0.5mm)，按滑鼠左鍵；移至(0.4mm, 0mm)，按滑鼠左鍵；移至(-0.4mm, 0mm)，按滑鼠左鍵，再按滑鼠右鍵，即完成一個 2D 矩形，如圖(26)所示，也就是 3D 的針腳。

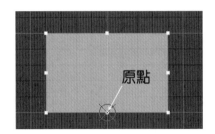

圖(26)　完成底面積之繪製

- 若要看 3D 模型，可按 ⎡ 3 ⎤ 鍵進入 3D 展示模式。按住 ⎡⇧Shift⎤ 鍵，游標上出現一個 3D 操控球。在指向 3D 操控球中間，按住滑鼠左鍵不放，移動滑鼠，即可操控 3D 畫面，如圖(27)所示。若要切換回 2D 模式，可按 ⎡ 2 ⎤ 鍵。

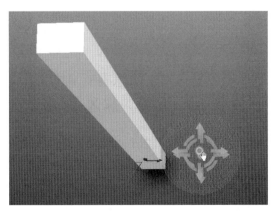

圖(27)　3D 展示

上述為簡單的「突出」應用，但實際情況，可能沒有這麼簡單！以 10-14 頁的圖(14)為例，其中 3 支接腳以垂直方向來看，接腳之截面為長方形，但寬度有變化。若要建構一個完全一樣的形狀，在 Altium Designer 裡不太可能做得出來。必須犧牲一些小細節，如圖(28)所示，而這些小細節，應該不會有很大的影響。如此一來，可以分為兩部分來操作：

● 第一部分的起始高度為 -2mm，總高度為 10.08mm，截面積為 0.8mm×0.5mm。這一部分，剛才已示範操作過。

● 第二部分的起始高度為 10.08mm，總高度為 3.0mm，截面積為 1.27mm×0.5mm。

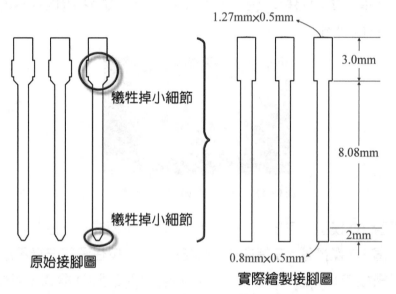

圖(28)　犧牲小細節

若要完成第二部分，請按下列操作：

● 接續剛才的操作，若不是在 2D 顯示模式，則按 `2` 鍵，切換為 2D 顯示模式。按 `P`、`B` 鍵，即進入放置 3D 模型狀態，然後按 `Tab⇆` 鍵開啟其屬性面板。

● 在 Properties 區塊裡，如下設定：

　■ Identifier 欄位裡輸入 pin2，作為其識別碼。

- ■ Board Side 欄位裡選取 Top 選項，表示由頂層長出接腳。

- ■ Layer 欄位裡保持預設的選取 Mechanical 1 選項。

- 在 3D Body 面板裡，按 [Extruded] 鈕設定採用突出模式。

- 在 Overall Height 欄位裡指定為 3mm，在 Standoff Height 欄位裡指定為 8.08mm。

- 在 Display 區塊裡，設定接腳的顏色與透明度。

- 按 ⏸ 鈕關閉面板。

- 繪製形狀圖：

  - ■ 若目前編輯區採用 mil 為單位，可按 [Q] 鍵切換為 mm。緊接著，按 [G] 鍵拉下選單，在選取 0.025mm 選項。

  - ■ 指向(-0.625mm, 0.5mm)，按滑鼠左鍵；移至(0.625mm, 0.5mm)，按滑鼠左鍵；移至(0.625mm, 0mm)，按滑鼠左鍵；移至(-0.625mm, 0mm)，按滑鼠左鍵，再按滑鼠右鍵，即完成一個 2D 矩形，其結果如圖(29)所示。

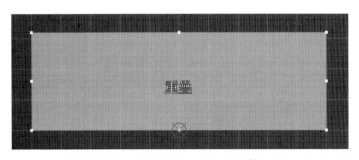

圖(29)　完成底面積之繪製

- 若要看 3D 模型，可按 [3] 鍵進入 3D 展示模式。按住 [⇧Shift] 鍵，游標上出現一個 3D 操控球。在指向 3D 操控球中間，按住滑鼠右鍵不放，移動滑鼠，即可操控 3D 畫面，如圖(30)所示。若要切換回 2D 模式，可按 [2] 鍵。

3D 圖件當然可以複製，做好一組接腳後，則在 2D 顯示模式下，拖曳選取之，按 [Ctrl] + [C] 鍵，並指定參考點(如銲點中心位置)，複製之。再按 [Ctrl] + [V] 鍵，移至適切位置，按滑鼠左鍵即可貼上。

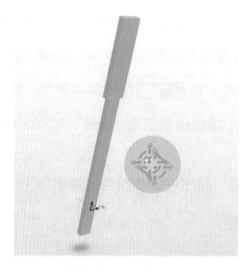

圖(30)　3D 展示

◉ ▶ 圓柱模式

圓柱(Cylinder)模式與突出模式類似，都是採用「長出」的方式，而圓柱模式的操作比較簡單。圓柱的形狀主要是圓的半徑與長度，都可在屬性面板中定義，而在 3D 模式或 2D 模式下進行皆可。

在 3D Model Type 下面，按 Cylinder 鈕即出現圓柱模式的設定項目，由於面板很長，在此將它截成兩部分，分置於左右，如圖(31)所示，右邊部分與突出模式一樣，詳見 10-25 頁，左邊部分之各項如下說明：

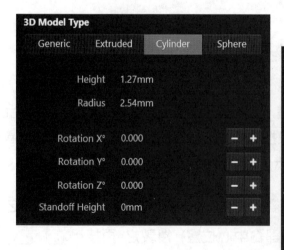

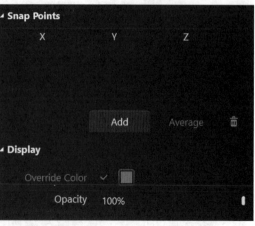

圖(31)　圓柱模式 3D 圖件之屬性

- Height 欄位為此圓柱體的總高度。

- Radius 欄位為此圓柱體的半徑。

- Rotation X°欄位為此圓柱體繞 X 軸的旋轉角(以度為單位)。按右邊的 ■ 鈕可減少 90°、■ 鈕可增加 90°。當然也可在欄位中指定角度(精密度為 0.001°)。

- Rotation Y°欄位為此圓柱體的半徑繞 Y 軸的旋轉角(以度為單位)。按右邊的 ■ 鈕可減少 90°、■ 鈕可增加 90°。當然也可在欄位中指定角度(精密度為 0.001°)。

- Rotation Z°欄位為此圓柱體的半徑繞 Z 軸的旋轉角(以度為單位)。按右邊的 ■ 鈕可減少 90°、■ 鈕可增加 90°。當然也可在欄位中指定角度(精密度為 0.001°)。

- Standoff Height 欄位為此圓柱體的起始高度，也就是從電路板表面到此圓柱體最底端的長度。正值代表此圓柱體是懸空的，負值代表此圓柱體將穿過電路板，往下延伸。

若要建構圓形底面積之 3D 模型，則須採用**圓柱**模式。此外，**圓柱**模式還能旋轉，所以能夠製作 90 度之彎腳，如圖(32)所示，這支接腳由水平與垂直兩部分所組成，垂直部分插入電路板 2mm，總長度為 6mm，接腳的半徑為 0.4mm。水平部分總長度為 8mm，接腳的半徑為 0.4mm。進行下列操作：

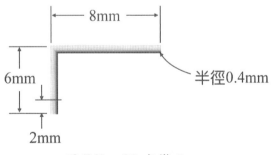

圖(32)　90 度彎腳

- 接續剛才的操作，若不是在 2D 顯示模式，則按 2 鍵，切換為 2D 顯示模式。按 P 、 B 鍵，即進入放置 3D 模型狀態，然後按 Tab 鍵開啟其屬性面板。

- 在 Properties 區塊裡，如下設定：

  - Identifier 欄位裡輸入「垂直」，作為其識別碼。

  - Board Side 欄位裡選取 Top 選項，表示由頂層長出接腳。

  - Layer 欄位裡保持預設的選取 Mechanical 1 選項。

- 在 3D Body 面板裡，按 Cylinder 鈕設定採用圓柱模式。

- 在 Height 欄位裡指定為 6mm、Radius 欄位裡指定為 0.4mm、Standoff Height 欄位裡指定為-2mm。

- Rotation X°欄位、Rotation Y°欄位與 Rotation Z°欄位都保持為 0。

- 在 Display 區塊裡，設定接腳的顏色與透明度。

- 按 Ⅲ 鈕關閉面板。

- 指向原點(0, 0)，按一下滑鼠左鍵，即產生一個正方型(其實是圓形)。

- 此時仍在放置 3D 圓柱狀態，按 Tab 鍵開啟其屬性面板。

- 緊接著建構水平部分。在 Properties 區塊裡，將 Identifier 欄位裡改為「水平」，作為其識別碼，其他不變。

- 在 Height 欄位裡改為 8mm、Radius 欄位裡保持為 0.4mm、Standoff Height 欄位裡指定為 4mm。

- Rotation Y°右邊改為 90(即轉 90 度)。

- 按 Ⅲ 鈕關閉面板。

- 移動游標，讓這支接腳的左邊與垂直接腳的左邊對齊，再按滑鼠左鍵固定之。完成這組接腳設計，如圖(33)所示，按滑鼠右鍵結束放置圓柱體。

圖(33)　完成接腳設計

● 若要看 3D 模型，可按 ⬚ 3 ⬚ 鍵進入 3D 展示模式。按住 ⬚⇧Shift⬚ 鍵，游標上出現一個 3D 操控球。在指向 3D 操控球中間，按住滑鼠右鍵不放，移動滑鼠，即可操控 3D 畫面，如圖(34)所示。

圖(34)　3D 展示

球體模式

在電路板零件設計上，比較少使用「球體」，通常會用在兩支圓柱連接處，如圖(34)所示，垂直圓柱體與水平圓柱體連接處，並不是很平順，若使用球體來銜接，就很順暢。

在 3D Model Type 下面，按 ⬚ Sphere ⬚ 鈕即出現球體模式的設定項目，由於面板很長，在此將它截成兩部分，分置於左右，如圖(35)所示，右邊部分與突出模式一樣，詳見 10-25 頁，左邊部分之各項如下說明：

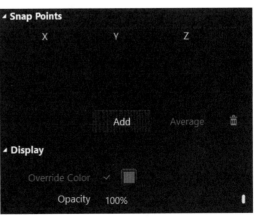

圖(35)　球體模式 3D 圖件之屬性

- Radius 欄位為此球體的半徑。

- Standoff Height 欄位為此球體的起始高度，也就是從電路板表面到此球體最低面的距離。正值代表此球體是懸空的，負值代表此球體將穿過電路板，往下延伸。按右邊的 ■ 鈕可減少 1mm、＋鈕可增加 1mm。當然也可在欄位中指定起始高度。

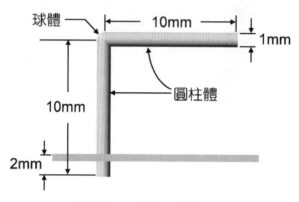

圖(36)　球體之應用

如圖(36)所示，在此要使用一個直徑為 1mm 之球體，以連接垂直圓柱體與水平圓柱體，這兩個圓柱體已放置妥當，如圖(37)所示。再按下列步驟放置球體：

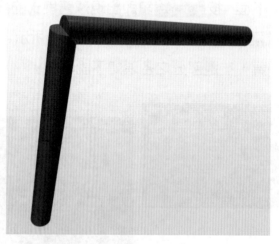

圖(37)　尚未使用球體連接

- 接續剛才的操作，若不是在 2D 顯示模式，則按 2 鍵，切換為 2D 顯示模式。按 P 、 B 鍵，即進入放置 3D 模型狀態，然後按 Tab 鍵開啟其屬性面板。

- 在 Properties 區塊裡，如下設定：

  - Identifier 欄位裡輸入「連接點」，作為其識別碼。

  - Board Side 欄位裡選取 Top 選項，表示由頂層長出接腳。

  - Layer 欄位裡保持預設的選取 Mechanical 1 選項。

- 在 3D Body 面板裡，按 Sphere 鈕設定採用球體模式。

- 在 Radius 欄位裡指定為 0.5mm、Standoff Height 欄位裡指定為-2mm。

- 按 鈕關閉面板。

- 移動游標，讓這支接腳的左邊與垂直接腳的左邊對齊，再按滑鼠左鍵固定之。完成連接這組接腳，按滑鼠右鍵結束放置球體。

- 若要選取重疊圖件，則指向重疊處，按滑鼠左鍵，將選取最上方圖件；再按滑鼠左鍵，將改選取其下一個圖件，以此循環選取。若要編輯重疊圖件，則指向重疊處，快按滑鼠左鍵兩下，即可拉出選單，如圖(38)所示，即可在選單中選取所要編輯的圖件。

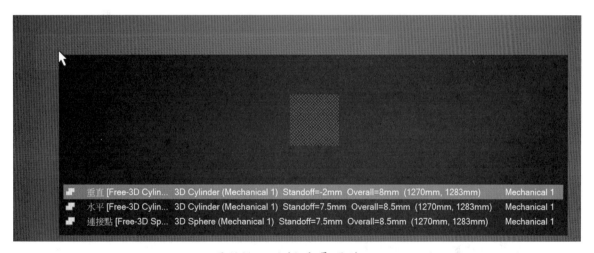

圖(38)　編輯重疊圖件

- 若要看 3D 模型，可按 3 鍵進入 3D 展示模式。按住 ⇧Shift 鍵，游標上出現一個 3D 操控球。在指向 3D 操控球中間，按住滑鼠右鍵不放，移動滑鼠，即可操控 3D 畫面，如圖(39)所示，連接處變平滑順暢了。

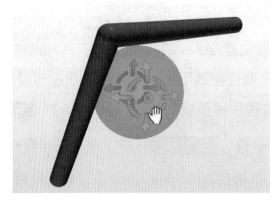

圖(39)　3D 展示

STEP 模型

STEP(Standard for the **E**xchange of **P**roduct Model Data)是一個工業界標準格式，即 ISO 10303。大部分的 CAD/CAE 軟體都有支援此格式檔，可使用 Solid Works、ProE 等，編輯完成 3D 模型，再將它載入 Altium Designer。另外，在網路上，也可以找到許多現成的 3D 模型，例如 3D ContentCentral 網址：http://www.3dcontentcentral.tw/default.aspx等，但須先註冊加入會員。

在 3D Model Type 下面，按 Generic 鈕即出現 STEP 模型的設定項目，由於面板很長，在此將它截成兩部分，分置於左右，如圖(31)所示，右邊部分與突出模式一樣，詳見 10-25 頁，左邊部分之各項如下說明：

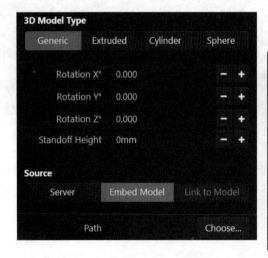
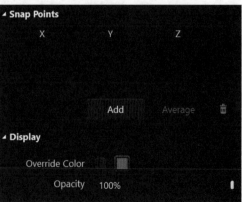

圖(40)　STEP 模型之屬性

- Rotation X°欄位為此 STEP 模型繞 X 軸的旋轉角(以度為單位)。按右邊的 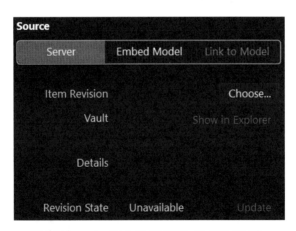鈕可減少 90°、鈕可增加 90°。當然也可在欄位中指定角度(精密度為 0.001°)。

- Rotation Y°欄位為此 STEP 模型繞 Y 軸的旋轉角(以度為單位)。按右邊的 鈕可減少 90°、鈕可增加 90°。當然也可在欄位中指定角度(精密度為 0.001°)。

- Rotation Z°欄位為此 STEP 模型繞 Z 軸的旋轉角(以度為單位)。按右邊的 鈕可減少 90°、鈕可增加 90°。當然也可在欄位中指定角度(精密度為 0.001°)。

- Standoff Height 欄位為此 STEP 模型的起始高度，也就是從電路板表面到此 STEP 模型最底端的長度。正值代表此 STEP 模型是懸空的，負值代表此 STEP 模型將穿過電路板，往下延伸。

- Source 下方的按鈕可選擇 STEP 模型的來源，如下說明：

  - 按 鈕設定由雲端伺服器取得 3D 模型，按本按鈕此區塊改變如圖(41)所示，其中各項如下說明：

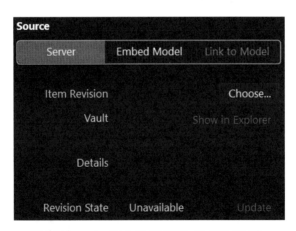

圖(41)　由雲端伺服器取得 3D 模型

- - Item Revision 欄位為所需 3D 模型項的修訂。按欄位右邊的 鈕開啟 Choose Item 對話盒，可瀏覽並選擇所需的修訂。按 鈕確定後，將在 3D 主體和 3D 模型項的目標修訂之間創建連結。
  - Vault 欄位顯示目標伺服器，可按 鈕開啟 Explorer 面板。

◆ Details 區塊顯示修訂詳細訊息。

◆ Revision State 顯示連結的項目之狀態。

◆ Update 鈕的功能是更新版本。

■ 按 Embed Model 鈕設定嵌入 3D 模型檔案，按 Choose... 鈕，然後在隨即開啟的對話盒中指定所要嵌入的 3D 模型檔案，再按 開啟(O) 鈕即可。

■ 按 Link to Model 鈕設定連結 3D 模型檔案，按 Choose... 鈕，然後在隨即開啟的對話盒中指定所要連結的 3D 模型檔案，再按 開啟(O) 鈕即可。

在此要嵌入一個 TO220AB.step 檔案，其步驟如下：

● 接續剛才的操作，若不是在 2D 顯示模式，則按 2 鍵，切換為 2D 顯示模式。再按 P 、 B 鍵，即進入放置 3D 模型狀態，然後按 Tab 鍵開啟其屬性面板。

● 在 Properties 區塊裡，如下設定：

■ Identifier 欄位裡輸入「TO220AB」，作為其識別碼。

■ Board Side 欄位裡選取 Top 選項，表示由頂層長出接腳。

■ Layer 欄位裡保持預設的選取 Mechanical 1 選項。

● 在 3D Body 面板裡，按 Generic 鈕設定採用 STEP 模型。

● 按 Embed Model 鈕設定嵌入 3D 模型檔案，按 Choose... 鈕，然後在隨即開啟的對話盒中指定所要嵌入的 TO220AB.step 檔案，再按 開啟(O) 鈕關閉對話盒。同時，屬性面板自動縮回去，游標上將出現此 3D 模型，隨游標而動。

● 將此 3D 模型移至銲點上並對準後，按滑鼠左鍵將它固定。游標上仍有一個浮動的 3D 模型，按滑鼠右鍵，結束放置 3D 模型。

● 按右邊的 Properties 標籤，按 Standoff Height 欄位右邊的 ▬鈕，同時可看到編輯區裡的 3D 模型隨之下降(插入銲點)，按 9 下 ▬鈕後(即-9mm)，如圖(42)所示，指向編輯區之空白處，按滑鼠左鍵，結束編輯 3D 模型之屬性。

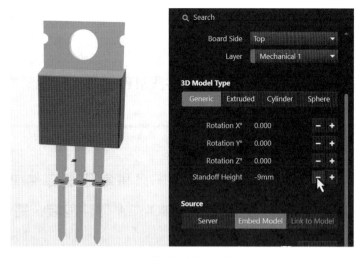

圖(42)　調整零件插入電路板

● 若要看 3D 模型，可按 ⟨ 3 ⟩ 鍵進入 3D 展示模式。按住 ⟨⇧Shift⟩ 鍵，游標上出現一個 3D 操控球。在指向 3D 操控球中間，按住滑鼠右鍵不放，移動滑鼠，即可操控 3D 畫面，如圖(43)所示。

圖(43)　3D 展示

10-3 實例演練

在本單元裡將配合第九章的電路圖零件設計四個零件，並產生整合式零件庫。

10-3-1 TO-92A

在此要設計一個 TO-92A 零件包裝，以供電路圖零件(PMOS)使用。在 Miscellaneous Devices.PcbLib 裡就有一個 TO-92A 零件包裝，將借用這個零件，並補足其 3D 接腳。

● 借用零件

在此要從 Miscellaneous Devices.PcbLib 裡複製一個 TO-92A 零件包裝，到目前編輯的電路板零件庫(CH9_PCB.PcbLib)，請按下列操作：

1. 開啟 Miscellaneous Devices.LinPkg 下的 Miscellaneous Devices.PcbLib，並切換到 PCB_Library 面板。

2. 在 PCB_Library 面板裡找到 TO-92A 項，並選取之，再按 Ctrl + C 鍵複製之。

3. 切換到 CH9_PCB.PcbLib，指向 PCB_Library 面板裡，按滑鼠左鍵，切換到面板區，再按 Ctrl + V 鍵貼上一個 TO-92A 零件包裝，編輯區也將出現此零件包裝，如圖(44)所示(若不是 3D 顯示，請切換為 3D 顯示模式)。將發現，在 3D 零件體裡並沒有 3D 接腳。

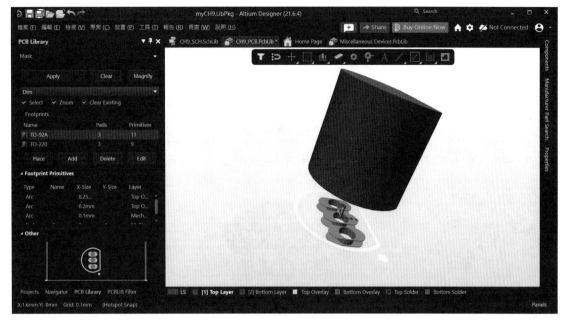

圖(44)　貼上零件

▶ 新增 3D 接腳

接續前面的操作，在此將新增 3 支圓柱體作為其接腳，如下操作：

1.　指向編輯區按一下滑鼠左鍵，切換到編輯區。再按 ⌷ 2 ⌷ 鍵將編輯區切換為 2D 顯示模式。

2.　按 ⌷ G ⌷ 鍵拉下選單，選取其中的 50mil 選項，將格點設定為 50mil(即 1.27mm)。

3.　按 ⌷ P ⌷、⌷ B ⌷ 鍵，進入放置 3D 零件體狀態，再按 ⌷Tab⌷ 鍵開啟其屬性面板，然後屬性面板裡進行下列設定：

　3.1　Identifier 欄位設定為 Pin，作為其識別碼。而 Board Side 與 Layer 欄位保持預設值(不變)。

　3.2　按 █ Cylinder █ 鈕採用圓柱模式設計 3D 零件。

　3.3　Height 欄位設定為 5mm，Radius 欄位設定為 0.25mm。

　3.4　Rotation X°、Rotation Y°與 Rotation Z°欄位保持為 0。

　3.5　Standoff Height 欄位設定為-1mm，以插入電路板。

4. 按 ❚❚ 鈕關閉面板，指向 1 號銲點中心，按滑鼠左鍵放置一支接腳；指向 2 號銲點中心，按滑鼠左鍵再放置一支接腳；指向 3 號銲點中心，按滑鼠左鍵再放置一支接腳。最後，按滑鼠右鍵結束放置 3D 零件體。

5. 按 ⌨ 3 鍵進入 3D 展示模式。按住 ⌨ ⇧Shift 鍵，游標上出現一個 3D 操控球。在指向 3D 操控球中間，按住滑鼠右鍵不放，移動滑鼠，即可操控 3D 畫面，如圖(45)所示，其中 3D 接腳已出現。

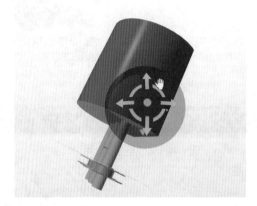

圖(45)　3D 展示(確認接腳已放置妥當)

⬤ 反應到電路圖零件編輯環境

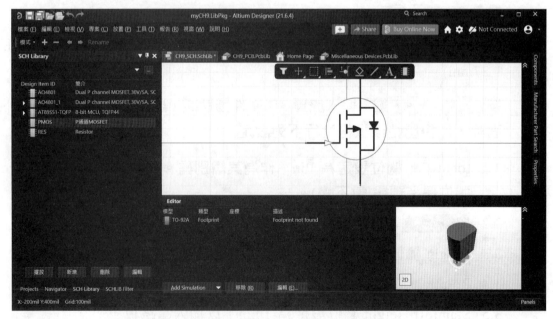

圖(46)　TO-92A 零件包裝反應到 PMOS 零件

TO-92A 編輯完成，按 ⌈Ctrl⌉ + ⌈S⌉ 鍵存檔。切換到 CH9_SCH.SchLib 編輯區，並在其右邊的 SCH_Library 面板裡，選取 PMOS 項，此項目原本就已掛載 TO-92A 零件包裝，所以在其右下方的預覽區塊裡，應可看到這個零件包裝，如圖(46)所示。在預覽區塊裡，也可以同樣的操作，進行 3D 圖件的旋轉。

10-3-2　AXIAL-0.3

AXIAL-0.3 是一種軸狀針腳式零件包裝，常用於電阻器。在建構這類零件包裝之前，先來認識針腳式電阻器與 AXIAL 系列零件包裝，如圖(47)所示為針腳式電阻器與其零件包裝。如表(2)所示為各式針腳式電阻器的尺寸，對應於圖(47)。

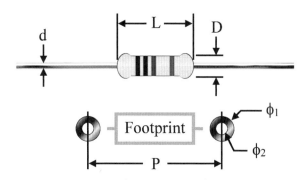

圖(47)　針腳式電阻器與其零件包裝

表(2)　各式針腳式電阻器的尺寸

電阻器種類		尺寸(單位：mm)			電路板
CF	CFS	L	D	d±0.05	Footprint
1/8W		3.2±0.2	1.5±0.2	0.40~0.45	AXIAL-0.3
1/6W	1/4W	3.2±0.2	1.5±0.2	0.40~0.45	AXIAL-0.3
1/4W	1/2W	6.2±0.5	2.3±0.3	0.40~0.50	AXIAL-0.4
1/3W	1/2W	8.5±0.5	2.8±0.3	0.50~0.55	AXIAL-0.4
1/2W	1W	9.0±0.5	3.0±0.5	0.50~0.55	AXIAL-0.5
1W	2W	11±1.0	4.0±0.5	0.75~0.80	AXIAL-0.6
2W	3W	15±1.0	5.0±0.5	0.75~0.80	AXIAL-0.7
3W	5W	17±1.0	6.0±0.2	0.75~0.80	AXIAL-0.8

註：CF 為碳膜電阻器 Carbon film resistor，CFS 為小型化碳膜電阻器

在此的表(2)資料參考自德鍵電子(TOKEN)的碳膜電阻器之 datasheet。由此可得知，多少功率的電阻器使用哪個零件包裝。而圖(47)之零件包裝尺寸，如表(3)所示。

表(3)　AXIAL 系列零件包裝針腳式電阻器的尺寸

Footprint	銲點間距(P)	銲點直徑(ϕ_1)	鑽孔直徑(ϕ_2)
AXIAL-0.3	7.62mm(300mil)	1.4mm	0.85mm
AXIAL-0.4	10.16mm(400mil)	1.4mm	0.85mm
AXIAL-0.5	12.7mm(500mil)	1.4mm	0.85mm
AXIAL-0.6	15.24mm(600mil)	1.4mm	0.85mm
AXIAL-0.7	17.78mm(700mil)	1.4mm	0.85mm
AXIAL-0.8	20.32mm(800mil)	1.4mm	0.85mm
AXIAL-0.9	22.86mm(900mil)	1.65mm	1mm
AXIAL-1.0	25.4mm(1000mil)	1.65mm	1mm

根據表(3)之尺寸，就可以手工建構所需之零件包裝(Footprint)。不過，在 Miscellaneous Devices.PcbLib 裡，已有提供這系列零件包裝，但其中並沒有 3D 模型，也沒有色碼。在此將以 AXIAL-0.3 為例，借用現成的 AXIAL-0.3，再新增其 3D 模型，包括色碼環。而此 AXIAL-0.3 將可連結到 CH9_SCH.SchLib 中的 RES 電阻器。

▶ 借用零件

在此要從 Miscellaneous Devices.PcbLib 裡複製一個 AXIAL-0.3 零件包裝，到目前編輯的電路板零件庫(CH9_PCB.PcbLib)，請按下列操作：

1.　開啟 Miscellaneous Devices.LinPkg 下的 Miscellaneous Devices.PcbLib，切換到 PCB_Library 面板。

2.　在 PCB_Library 面板裡找到 AXIAL-0.3 項，並選取之，再按 Ctrl + C 鍵複製之。

3.　切換到 CH9_PCB.PcbLib，指向 PCB_Library 面板裡，再按 Ctrl + V 鍵貼上一個 AXIAL-0.3 零件包裝，編輯區也將出現此零件包裝，如圖(48)所示(若不是 2D 顯示，請切換為 2D 顯示模式)，其中沒有 3D 零件體。

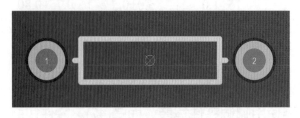

圖(48)　貼上零件

新增 3D 接腳

基本上，3D 接腳是給人看的，不具有電氣作用。在此繪製 3D 接腳的工作圖，如圖(49)所示，其中包括兩支垂直接腳、一支水平接腳，以及兩個球體。根據表(2)，在此忽略誤差值，零件體長度 L=3.2mm、零件體直徑 D=1.5mm(半徑為 0.75mm)、接腳直徑 d=0.4(半徑為 0.2mm)。

● 垂直接腳：從電路板表面到接腳頂端，至少為零件主體的半徑(即 0.75mm)，若垂直圓柱體(接腳)插入電路板 1mm(即 Standoff Height)，則總長為 1.75mm(即 Height)。而圓柱體的半徑就是接腳的半徑，即 0.2mm。

● 水平接腳：根據表(3)，銲點間距為 7.62mm，也就是水平圓柱體的總長度，而其起始高度就是零件體的半徑(即 0.75mm)，圓柱體的半徑就是接腳的半徑，即 0.2mm。

● 球體：半徑與接腳半徑相同(即 0.2mm)，起始高度與水平接腳的起始高度相同(即 0.75mm)。

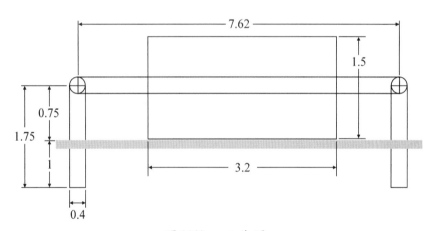

圖(49)　工作圖

接續前面的操作，在此將新增圓柱體與球體作為其接腳，如下操作：

1. 指向編輯區按一下滑鼠左鍵，切換到編輯區。再按 ❨ 2 ❩ 鍵將編輯區切換為 2D 顯示模式。

2. 按 ❨ G ❩ 鍵拉下選單，選取其中的 1.27mm 選項，將格點設定為 1.27mm (即 50mil)。

3. 按 `P` 、 `B` 鍵，進入放置 3D 零件體狀態，再按 `Tab` 鍵開啟其屬性面板，然後在屬性面板裡進行下列設定：

    3.1 Identifier 欄位設定為 Pin1，作為其識別碼。而 Board Side 與 Layer 欄位保持預設值(不變)。

    3.2 按 `Cylinder` 鈕採用圓柱模式設計 3D 零件。

    3.3 Height 欄位設定為 1.75mm，Radius 欄位設定為 0.2mm。

    3.4 Rotation X°、Rotation Y°與 Rotation Z°欄位保持為 0。

    3.5 Standoff Height 欄位設定為-1mm，以插入電路板。

4. 按 `⏸` 鈕關閉面板，指向 1 號銲點中心，按滑鼠左鍵放置一支垂直接腳；指向 2 號銲點中心，按滑鼠左鍵再放置一支垂直接腳。

5. 按 `Tab` 鍵開啟其屬性面板，然後在屬性面板裡進行下列設定：

    5.1 Identifier 欄位設定為 Pin2(即水平部分)，作為其識別碼。

    5.2 Height 欄位設定為 7.62mm，Radius 欄位設定為 0.2mm。

    5.3 Rotation Y°欄位改為 90。

    5.4 Standoff Height 欄位設定為 0.75mm。

6. 按 `⏸` 鈕關閉面板，指向 1 號銲點中心，按滑鼠左鍵放置此圓柱體，連接兩個銲點。

7. 按 `Tab` 鍵開啟其屬性面板，然後屬性面板裡進行下列設定：

    7.1 Identifier 欄位設定為 Ball(水平與垂直之連接處)，作為其識別碼。

    7.2 按 `Sphere` 鈕，採用球體模式設計 3D 零件。

    7.3 Radius 欄位設定為 0.2mm。

    7.4 Standoff Height 欄位設定為 0.75mm。

8. 按 `⏸` 鈕關閉面板，指向 1 號銲點中心，按滑鼠左鍵放置一個球體；再指向 2 號銲點中心，按滑鼠左鍵放置另一個球體。最後，按滑鼠右鍵結束放置球體。

9.　按 ⟦ 3 ⟧ 鍵進入 3D 展示模式。按住 ⟦⇧Shift⟧ 鍵，游標上出現一個 3D 操控球。在指向 3D 操控球中間，按住滑鼠右鍵不放，移動滑鼠，即可操控 3D 畫面，如圖(50)所示，其中 3D 接腳已出現。

圖(50)　3D 展示(確認接腳已放置妥當)

新增主體與色碼環

接續前面的操作，在此將新增圓柱體作為其零件體與色碼環，如下操作：

1.　按 ⟦ 2 ⟧ 鍵將編輯區切換為 2D 顯示模式，按 ⟦ + ⟧ 鍵；將工作板層切換到 Mechanical 1 板層。

2.　按 ⟦⇧Shift⟧ + ⟦ S ⟧ 鍵，切換為單層顯示模式。

3.　按 ⟦ G ⟧ 鍵拉出選單，再選取 0.025mm 選項，作為格點間距。

4.　按 ⟦ P ⟧、⟦ B ⟧ 鍵，進入放置 3D 零件體狀態，再按 ⟦Tab⟧ 鍵開啟其屬性面板，然後屬性面板裡進行下列設定：

4.1　Identifier 欄位設定為 Body，作為其識別碼。而 Board Side 與 Layer 欄位保持預設值(不變)。

4.2　按 ⟦ Cylinder ⟧ 鈕採用圓柱模式設計 3D 零件。

4.3　Height 欄位設定為 3.2mm，Radius 欄位設定為 0.75mm。

4.4　Rotation Y°欄位改為 90。

4.5　Standoff Height 欄位設定起始高度為 0.75mm。

4.6　選取 Overlay Color 選項，並在其右邊色塊中選取膚色選項。

5.　按 ⟦ ⏸ ⟧ 鈕關閉面板，將此 3D 圖件移至銲點之間的中心點，按滑鼠左鍵放置，再按滑鼠右鍵兩下，結束放置，其結果如圖(51)所示。

圖(51) 放置零件體

6. 按 [G] 鍵拉出選單,再選取 0.25mm 選項,作為格點間距。

7. 選取剛才的零件體,按 [Ctrl] + [C] 鍵複製之,再指向原點(0, 0)按滑鼠左鍵,作為參考點。再按 [Ctrl] + [V] 鍵,將游標右移兩格,按滑鼠左鍵貼上。

8. 選取剛貼上的 3D 圖件,[Tab] 鍵開啟其屬性面板,然後屬性面板裡進行下列設定:

    8.1 Identifier 欄位設定為 Ring1,作為其識別碼。

    8.2 Height 欄位設定為 0.3mm,Radius 欄位設定為 0.77mm。

    8.3 選取 Overlay Color 選項,並在其右邊色塊中,選取棕色選項(色碼 1)。

9. 回編輯區,選取剛編輯好的 Ring1,按 [Ctrl] + [C] 鍵複製之,再指向原點(0, 0)按滑鼠左鍵,作為參考點。再按 [Ctrl] + [V] 鍵,將游標右移兩格,按滑鼠左鍵貼上。以此類推,建立四個色碼環,如圖(52)所示。

圖(52) 放置色碼環

10. 將第二個色碼環的屬性設定如下:

    10.1 Identifier 欄位設定為 Ring2。

    10.2 在 Overlay Color 右邊色塊中,選取黑色選項(色碼 0)。

11. 將第三個色碼環的屬性設定如下:

    11.1 Identifier 欄位設定為 Ring3。

11.2　在 Overlay Color 右邊色塊中，選取紅色選項(色碼 2)。

12. 將第四個色碼環的屬性設定如下：

12.1　Identifier 欄位設定為 Ring4。

12.2　在 Overlay Color 右邊色塊中，選取金色選項(誤差 5%色碼)。

13. 指向編輯區，按滑鼠左鍵切換回編輯區。再按 ⇧Shift + S 鍵兩下，恢復正常顯示。

14. 按 3 鍵進入 3D 展示模式。按住 ⇧Shift 鍵，游標上出現一個 3D 操控球。在指向 3D 操控球中間，按住滑鼠右鍵不放，移動滑鼠，即可操控 3D 畫面，如圖(53)所示。

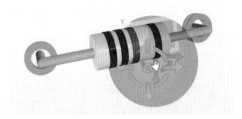

圖(53)　3D 展示(確認零件體與 1K 色碼已放置妥當)

反應到電路圖零件編輯環境

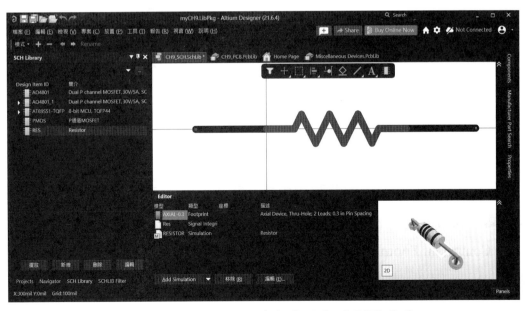

圖(54)　AXIAL-0.3 零件包裝反應到 RES 零件

AXIAL-0.3 編輯完成，按 Ctrl + S 鍵存檔。切換到 CH9_SCH.SchLib 編輯區，並在其右邊的 SCH_Library 面板裡，選取 RES 項，此項目原本就已掛載 AXIAL-0.3 零件包裝，所以在其右下方的預覽區塊裡，應可看到這個零件包裝，如圖(54)所示。在預覽區塊裡，也可以同樣的操作，進行 3D 圖件的旋轉。

10-3-3　SOIC8

在前面的單元裡，讓我們覺得很充實，但其實是很累人的！Altium Designer 提供很多省力的工具，可讓輕而易舉地建構複雜的零件。當然，也是要備妥相關的零件資料，所幸，大部分零件都有提供 datasheet，其中除了電氣特性資料外，還包含機構資料(尺寸)。對於零件包裝，也有專屬的 datasheet，例如 SOIC8 或 SOIC-8 等，如圖(55)所示就是依據 SOIC-8 datasheet。

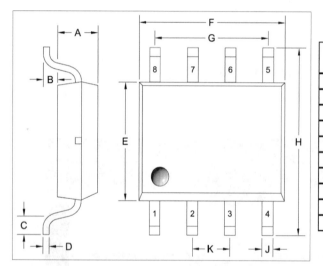

標記	英吋		毫米	
	最小值	最大值	最小值	最大值
A	0.049	0.057	1.24	1.44
B	0.000	0.011	0.00	0.27
C	0.018	-	0.46	-
D	0.006	0.011	0.16	0.27
E	0.145	0.154	3.70	3.90
F	0.189	0.198	4.81	5.01
G	0.150		3.81	
H	0.231	0.244	5.88	6.18
J	0.013	0.021	0.35	0.52
K	0.050		1.27	

圖(55)　SOIC-8 之尺寸

根據圖(55)裡的資料，如果應用前述 3D 圖件的設計方式，那肯定會花很多功夫，還不見得能有多棒的結果！所幸 Altium Designer 提供 IPC 零件包裝精靈(即 IPC Compliant Footprint Wizard)，可協助我們快速產生符合 IPC 標準的零件，包括 Footprint 與 3D 零件。在電路板零件編輯環境裡，請按下列步驟操作：

1. 啟動[工具]/[IPC Compliant Footprint Wizard]命令，或按 `T`、`I` 鍵，即可開啟如圖(56)所示之 IPC 零件包裝精靈，第 1 個對話盒是簡單的說明，按 `Next` 鈕切換到第 2 個對話盒。

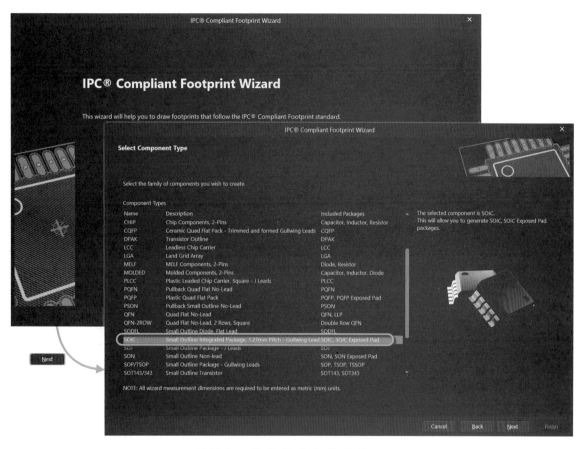

圖(56)　IPC 零件包裝精靈

2. 在第 2 個對話盒裡指定所要產生的零件包裝種類，其中所提供的零件包裝種類非常完備，在此選擇 SOIC 選項，再按 `Next` 鈕切換到第 3 個對話盒，如圖(57)所示，其中設定項目與圖(55)比對，並填入表(4)。

表(4)　資料對照表

欄位名稱	圖(55)	Minimum	Maximum	TYP
Width Range(H)	H	5.88	6.18	
Maximum Height(A)	A	1.28	1.44	
Minimum Standoff Height(E)	E	3.70	3.90	
Body Length Range(D)	F	4.81	5.01	

表(4)　資料對照表(續)

欄位名稱	圖(55)	Minimum	Maximum	TYP
Number of Pins				8
Lead Width Range(B)	J	0.35	0.52	
Lead Length Range(L)	C	0.46	-	
Pitch(e)	K			1.27

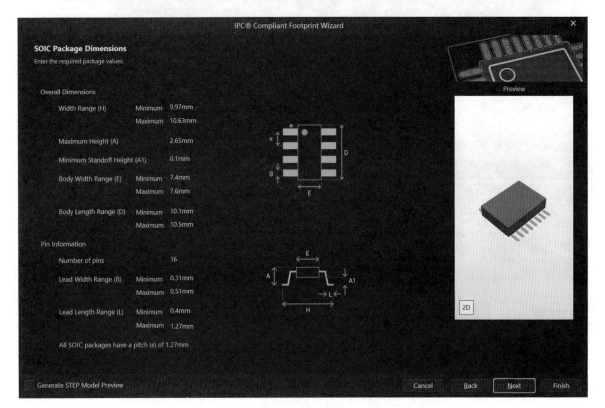

圖(57)　IPC 零件包裝精靈－指定尺寸

3. 按照表(4)資料填入各欄位，並**選取左下角的 Generate STEP Model Preview 選項**，以產生 STEP 模型。完成資料填寫後，再按 Next 鈕五下，切換到第 8 個對話盒，如圖(58)所示。

4. 選取 Rectangular 選項，設定採用矩形銲點，再按 Next 鈕三下，切換到第 11 個對話盒，如圖(59)所示。

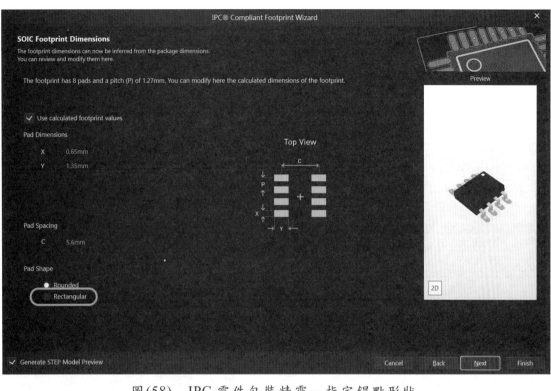

圖(58)　IPC 零件包裝精靈－指定銲點形狀

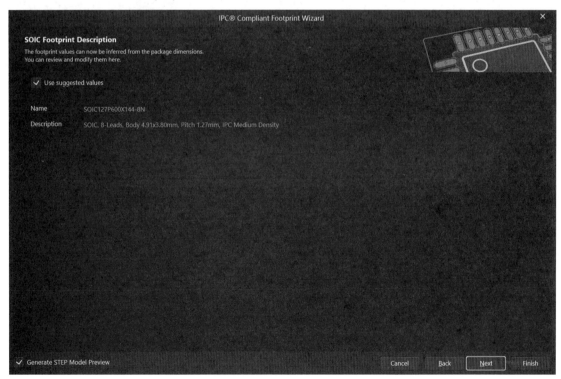

圖(59)　IPC 零件包裝精靈－指定零件包裝名稱與簡介

5. 取消 Use suggested values 選項，然後在 Name 欄位裡輸入 SOIC8，作為此零件包裝的名稱，再按 <u>Next</u> 鈕，切換到第 12 個對話盒，如圖(60)所示。

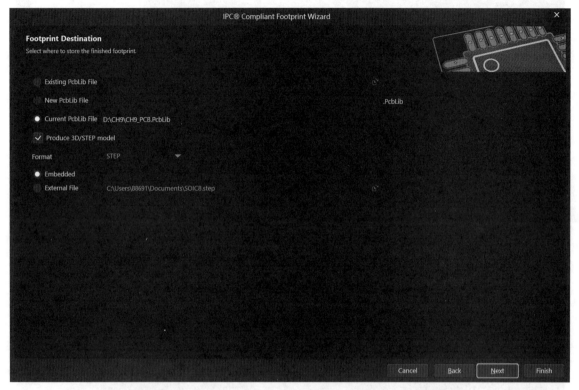

圖(60)　IPC 零件包裝精靈－指定零件包裝之儲存位置

6. 選取 Existing PcbLib File 選項，其他設定不變，儲存到目前所編輯的電路板零件檔案(CH9_PCB.PcbLib)完成編輯，按 <u>Finish</u> 鈕關閉對話盒。所產生的零件包裝，將出現在編輯區。

7. 確認切換到 3D 顯示模式，如圖(61)所示，按 Ctrl + S 鍵存檔。同樣的，在電路圖零件檔案(CH9_SCH.SchLib)裡的 AO4801 與 AO4801_1 零件裡，也都可看到此零件包裝。

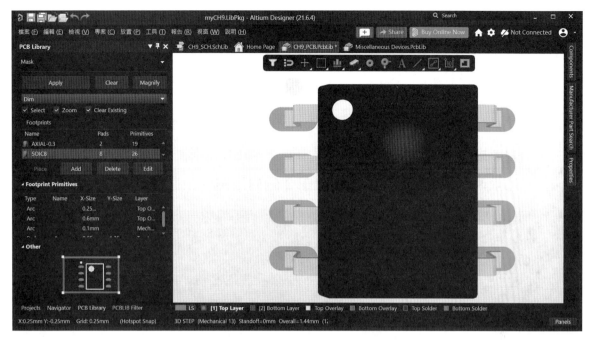

圖(61) 完成編輯

10-3-4 TQFP44

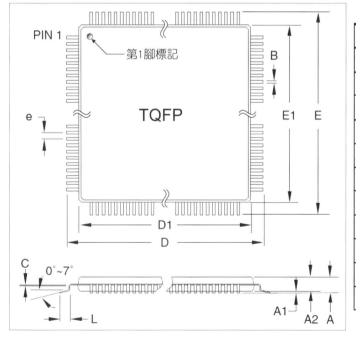

圖(62) TQFP44 之尺寸

標 記	最小值	公稱值	最大值
A	–	–	1.20
A1	0.05	–	0.15
A2	0.95	1.00	1.05
D	11.75	12.00	12.25
D1	9.90	10.00	10.10
E	11.75	12.00	12.25
E1	9.90	10.00	10.10
B	0.30	–	0.45
C	0.09	–	0.20
L	0.45	–	0.75
e	0.80 TYP		

經過前一個單元的演練，將可發現 IPC 零件包裝精靈蠻好用的！當然，事前準備好零件的 datasheet 是件重要的工作。特別是像現在所要製作的 TQFP44(或 QFP44)零件包裝，如圖(62)所示。在電路板零件編輯環境裡，請按下列步驟操作：

1. 啟動[工具]/[IPC Compliant Footprint Wizard]命令，或按 ⬚ T ⬚、⬚ I ⬚ 鍵，即可開啟如圖(63)所示之 IPC 零件包裝精靈，第 1 個對話盒是簡單的說明，按 ⬚ Next ⬚ 鈕切換到第 2 個對話盒。

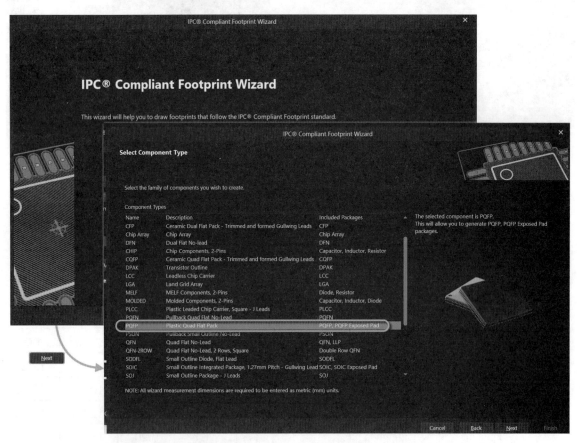

圖(63)　IPC 零件包裝精靈

2. 在第 2 個對話盒裡，選擇 PQFP 選項，PQFP 就是塑膠四邊扁平包裝，與 TQFP(薄型四邊扁平包裝)相同，再按 ⬚ Next ⬚ 鈕切換到第 3 個對話盒，如圖(64)所示，其中設定項目與圖(62)比對，填入表(5)。

表(5)　資料對照表

欄位名稱	圖(62)	Minimum	Maximum	TYP
Lead Span Range(E)	D	11.75	12.25	
Lead Span Range(D)	E	11.75	12.25	
Maximum Height(A)	A	-	1.20	
Minimum Standoff Height(A1)	A1	0.05	0.15	

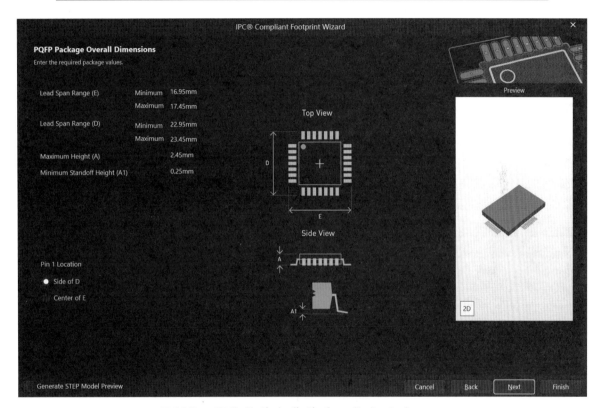

圖(64)　IPC 零件包裝精靈－指定尺寸之一

3. 按照表(5)資料填入各欄位,其中的 Minimum Standoff Height(A1)欄位填入 0.1mm(即平均值)。並**選取左下角的 Generate STEP Model Preview 選項**,以產生 STEP。完成資料填寫後,再按 Next 鈕,切換到下一個對話盒,如圖(65)所示,其中設定項目與圖(62)比對,填入表(6)。

表(6)　資料對照表

欄位名稱	圖(62)	Minimum	Maximum	TYP
Lead Width Range(B)	B	0.30	0.45	
Lead Length Range(L)	L	0.45	0.75	
Pitch(e)	e			0.80
Minimum Standoff Height(A1)	A1	0.05	0.15	
Body Width Range(E1)	D1	9.90	10.10	
Body Length Range(D1)	E1	9.90	10.10	
Number of pins(E)				11
Number of pins(D)				11

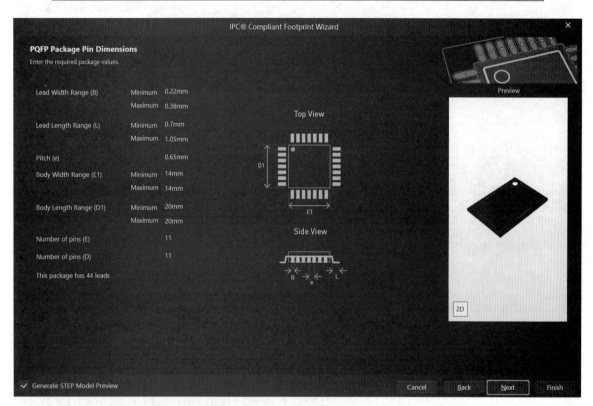

圖(65)　IPC 零件包裝精靈－指定尺寸之二

4. 按照表(6)資料填入各欄位，再按 Next 鈕六下，如圖(66)所示，在此設定銲點形狀。

5. 選取 Rectangular 選項，設定採用矩形銲點，再按 Next 鈕三下，如圖(67)所示在此設定零件包裝名稱與簡介。

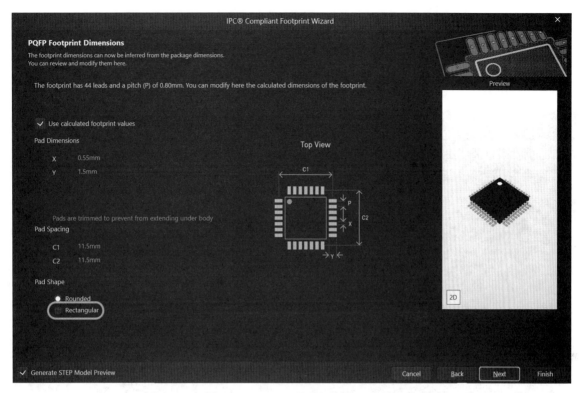

圖(66)　IPC 零件包裝精靈－指定銲點形狀

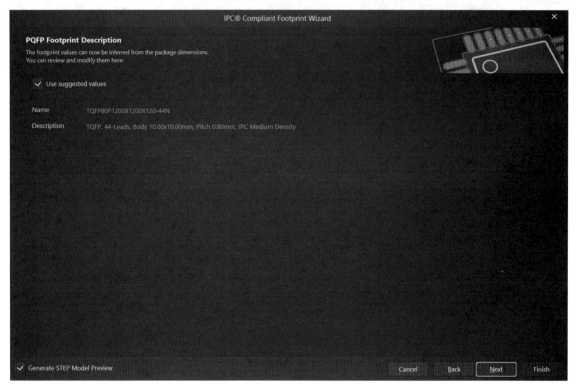

圖(67)　IPC 零件包裝精靈－指定零件包裝名稱與簡介

6. 取消 Use suggested values 選項，然後在 Name 欄位裡輸入 TQFP44，作為此零件包裝的名稱，再按 [Next] 鈕，切換到第 12 個對話盒，如圖(68)所示。

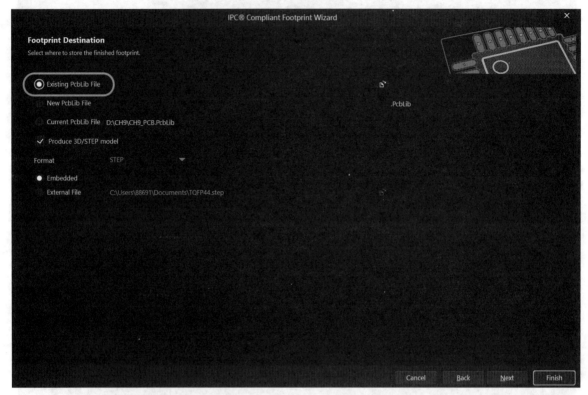

圖(68)　IPC 零件包裝精靈－指定零件包裝之儲存位置

7. 選取 Existing PcbLib File 選項，其他設定不變，儲存到目前所編輯的電路板零件檔案(CH9_PCB.PcbLib)完成編輯，按 [Finish] 鈕關閉對話盒。所產生的零件包裝，將出現在編輯區。

8. 切換到 3D 顯示模式，如圖(69)所示，按 [Ctrl] + [S] 鍵存檔。同樣的，在電路圖零件檔案(CH9_SCH.SchLib)裡的 AT89S51-TQFP 零件裡，也都可看此到零件包裝。

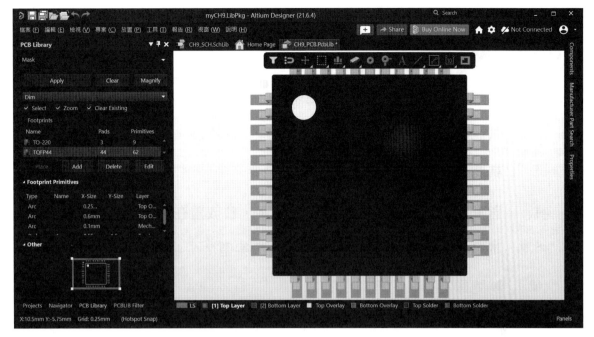

圖 (69)　完成編輯

10-3-5　產生整合式零件庫

　　若要產生整合式零件庫，首先切換到 Projects 面板，確認電路圖零件檔案與電路板零件檔案都已存檔。然後指向此專案(myCH9.LibPkg)，按滑鼠右鍵拉下選單，再選取 Compile Integrated Library myCH9.LibPkg 選項，所產生的整合式零件庫(myCH9.IntLib)在專案資料夾下的 Project Outputs for myCH9 資料夾裡。

10-4　本章習作

1　試問電路板零件，包括哪幾項屬性？

2　試說明表面黏著式銲點與針腳式銲點之不同？

3　試問銲點的形狀有哪幾種？

4　通常電路板零件的圖案、標示文字，會放置在哪一個板層？

5　試說明 Altium Designer 提供哪幾類字型？

6　試問銲點的鑽孔有哪幾種？

7　試問 Altium Designer 所提供的 3D 模型設計工具裡，可以分為哪四種設計模式？

8　在 Altium Designer 定義 3D 模型時，通常是在哪個板層設計？

9　在 Altium Designer 裡的零件設計環境下，如何產生整合式零件庫？而所產生的整合式零件庫檔案將會儲存在哪裡？

10　試問在 Altium Designer 裡，如何切換單層顯示模式？

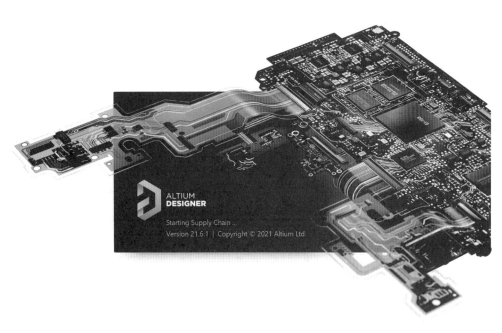

第 11 章

電路圖模擬與分析

11-1 電路圖模擬簡介

電路圖模擬(Simulation)提供電路動作的量測與分析，包含類比電路、數位電路，以及類比數位混合電路等，Altium Designer 提供下列電路圖模擬與分析功能：

● 基本模擬與分析功能：

■ 操作點分析(Operating Point Analysis)的功能是顯示電路圖中各節點的直流偏壓、各裝置的電流與功率。還可以進一步找出轉移函數(Transfer function)、零點與極點(Zero-Pole Analysis)。

■ 暫態分析(Transient Analysis)是量測指定端點的信號波形，就像是一台多軌示波器。還可以進一步進行傅立葉分析(Fourier Analysis)。

■ 直流掃描分析(DC Sweep Analysis)是量測電路之直流偏壓改變時，對於電路輸出的影響，可描繪成特性曲線。

■ 交流掃描分析(AC Sweep Analysis)是量測當電路輸入不同頻率的信號時，對電路輸出的影響，包括增益與相位，並描繪成頻率響應圖(波德圖)。還可以進一步進行雜訊分析(Noise Analysis)。

● 延伸模擬與分析功能：

■ 雜訊分析(Noise Analysis)是量測電路對雜訊的影響，包括零件本身的雜訊與外部雜訊。

■ 極點-零點分析(Pole-Zero Analysis)是找出電路的零點與極點。

■ 轉移函數分析(Transfer Function Analysis)是找出電路的轉移函數。

■ 溫度掃描分析(Temperature Sweep)是量測溫度變化時，對於電路的影響分析。

■ 參數掃描分析(Parameter Sweep)是量測零件參數變化時，對於電路的影響分析。

■ 蒙地卡羅分析(Monte Carlo Analysis)提供誤差分析功能，量測各元件隨機的誤差，對電路的影響，而可指定不同隨機分布方式的誤差。

　　在 Altium Designer 前身，也就是 Protel 時代，上述功能還算順暢。進入 Altium Designer 時代，逐漸失去原本的優勢。在 Altium Designer 裡，一路跌跌撞撞，電路圖模擬部分好像被 Altium Designer 放棄一樣。21 版，Altium Designer 號稱*電路圖模擬回來了！*好像有點作為，兩項明顯的變化：

- 新增 Dashboard，也就是電路圖的模擬操控面板，雖然是換湯不換藥，但幾乎可確保不會因為使用者模擬參數設定問題或電路模擬模型問題，而瀕臨當機。不過，模擬失敗仍很頻繁，這可能還須待時間的考驗，以及 Altium Designer 公司的努力。

- 新增 Simulation Generic Components 零件庫，其所提供的零件都具有電路模擬模型，其中的參數都很精簡，不一定能完全符合需求。當然，原本的 Miscellaneous Devices 零件庫也內建電路模擬模型，還可用來建構模擬電路，仍然好用！例如某些 BJT 電晶體電路，若使用 Simulation Generic Components 零件庫的電晶體之模型，與 Miscellaneous Devices 零件庫裡的 2N3904、2N3906 等的電晶體模型，明顯不同！Simulation Generic Components 零件庫的電晶體之模型進行模擬時，比較慢且耗記憶體，出現錯誤頻率較高；在同一個電路裡，改用 Miscellaneous Devices 零件庫裡的 2N3904、2N3906 等，模擬速度比較快，且成功率比較高。

另外，Altium Designer 的數值表示，如表(1)所示為常用的字冪。

表(1)　常用的字冪

標記	名稱	值
f	femto	10^{-15}
p	pico	10^{-12}
n	nano	10^{-9}
u	micro	10^{-6}
m	milli	10^{-3}
k	kilo	10^{3}
meg	Mega	10^{6}
g	Giga	10^{9}
t	Terra	10^{12}

11-2　基本操作介面

基本上，電路圖模擬就是從畫電路圖開始，而畫電路圖不外乎取用零件與連接線路，與一般的電路圖設計一樣。不過，所取用的零件必須含有電路模擬模型，除了原本的 Miscellaneous Devices 零件庫外，21 版起內建的 Simulation Generic Components 零件庫，就是一個可電路模擬的零件庫。當然，其他零件庫只要含有電路模擬模型，也都可用。

電源/激勵信號源與測試棒

在慣用工具列最右邊的 ◆ 鈕裡，提供繪製模擬用電路圖所需的工具，按住 ◆ 鈕即可拉下選單，如圖(1)所示，如下說明：

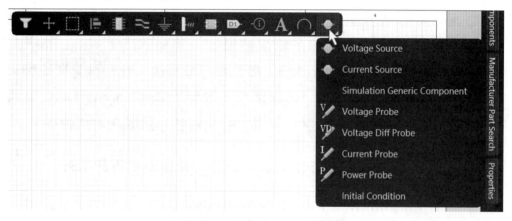

圖(1)　模擬工具選單

- Voltage source 選項設定取用模擬用電壓源/激勵信號源。

- Current source 選項設定取用模擬用電流源/激勵信號源。

- Simulation Generic Component 選項設定取用模擬用零件，選取本選項將開啟右邊的 Component 面板，其中列出 Simulation Generic Components 零件庫，供我們選用所需之零件。

- Voltage Probe 選項設定取用模擬用電壓測試棒，以測試指定端點的對地電壓信號(波形)。

- Voltage Diff Probe 選項設定取用模擬用差動電壓測試棒，以測試指定兩個端點間的電壓信號(波形)。

- Current Probe 選項設定取用模擬用電流測試棒，以測試指定裝置端點的電流信號。

- Power Probe 選項設定取用模擬用電功率測試棒，以測試指定裝置端點的功率信號。

- Initial Condition 選項設定取用初始條件，以設定某個端點在開始模擬時的狀態(電壓)，特別是電容器，最好能指定其初始狀態。

　　從 21 版起，程式提供更直覺的電源/激勵信號源之設定，按 ■ 鈕即進入放置電源/激勵信號源狀態，游標上出現一個浮動的電源/激勵信號源符號，這時候，可按 ■■■■■■ 鍵改變其方向。移至適切位置，按滑鼠左鍵即可於該處放置一個電源/激勵信號源符號。可繼續放置，或按滑鼠右鍵結束放置電源/激勵信號源狀態。

　　若要編輯電源/激勵信號源的屬性，可指向已固定之電源/激勵信號源，快按滑鼠左鍵兩下，開啟其屬性對話盒，如圖(2)所示，其中各項如下說明：

● General 區塊

本區塊裡提供電壓源/激勵信號源之一般屬性設定，如下說明：

- Designator 欄位設定此電壓源/激勵信號源之編號，同樣的，在電路圖中不可有重複的編號。

- Stimulus Name 欄位設定此電壓源/激勵信號源之名稱，可使用中文。

- Stimulus Type 欄位設定此電壓源/激勵信號源之種類，其中包括下列六種。所選取的種類，其波形將在其下預覽區塊中展示。

  - DC Source 選項設定為直流電壓源。

  - Exponential 選項設定為指數波激勵信號源。

  - Piecewise Linear 選項設定為分段線性波激勵信號源。

  - Pulse 選項設定為脈波激勵信號源。

■ Single-Frequency FM 選項設定為單一頻率的調頻波激勵信號源。

■ Sinusoidal 選項設定為正弦波激勵信號源。

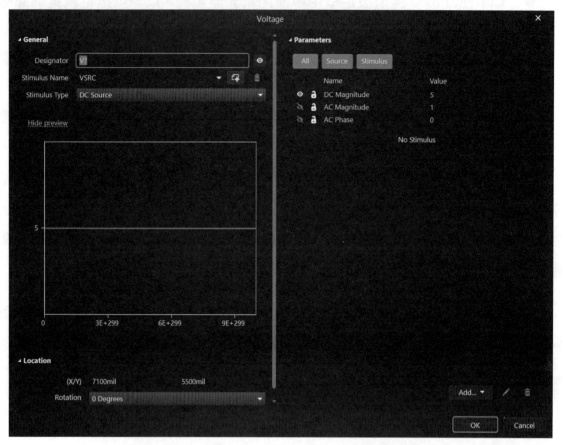

圖(2)　電壓源/激勵信號源之屬性對話盒

● Location 區塊

本區塊裡提供此電壓源/激勵信號源之位置與方向,如下說明:

● (X/Y)欄位設定此電壓源/激勵信號源所在位置之 X 座標與 Y 座標。

● Rotation 欄位設定此電壓源/激勵信號源之方向,包括 0 Degrees、90 Degrees、180 Degrees,與 270 Degrees 等角度。

● Parameters 區塊

本區塊裡為此電壓源/激勵信號源之參數,不同的種類之參數不同,如下說明:

- 若在 Stimulus Type 欄位為 DC Source(直流電壓源)，如 11-5 頁之圖(2) 所示，在本區塊裡的參數如下說明：

  - DC Magnitude 參數為直流準位，此參數用於直流電源，可在其左邊 ⊙(◎)選項設定是否顯示？ 🔒(🔓)選項設定是否鎖住。

  - AC Magnitude 參數為交流振幅，此參數用於交流電源，可在其左邊 ⊙(◎)選項設定是否顯示？ 🔒(🔓)選項設定是否鎖住。

  - AC Phase 參數為交流相位，此參數用於交流電源，可在其左邊 ⊙(◎) 選項設定是否顯示？ 🔒(🔓)選項設定是否鎖住。

- 若在 Stimulus Type 欄位為 Exponential(指數波激勵信號源)，如圖(3)所 示，在本區塊裡的參數如下說明：

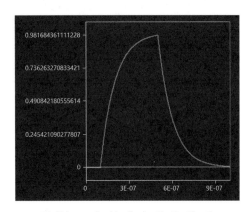

圖(3)　　指數波激勵信號源

  - DC Magnitude、AC Magnitude 與 AC Phase 參數用在電源，只會影響 操作點分析。可在其左邊 ⊙(◎)選項設定是否顯示？ 🔒(🔓)選項設 定是否鎖住。

  - Initial Value 參數設定信號織起始電壓，可在其左邊 ⊙(◎)選項設定 是否顯示？ 🔒(🔓)選項設定是否鎖住。

  - Pulsed Value 參數為信號最高電壓，可在其左邊 ⊙(◎)選項設定是 否顯示？ 🔒(🔓)選項設定是否鎖住。

  - Rise Delay Time 參數為信號上升時之延遲時間，可在其左邊 ⊙(◎) 選項設定是否顯示？ 🔒(🔓)選項設定是否鎖住。

  - Rise Time Constant 參數信號上升時之時間常數，可在其左邊 ⊙(◎) 選項設定是否顯示？ 🔒(🔓)選項設定是否鎖住。

■ Fall Delay Time 參數為信號下降時之延遲時間，可在其左邊 ⊙ (◌) 選項設定是否顯示？ 🔒 (🔒) 選項設定是否鎖住。

■ Fall Time Constant 參數為下降時之時間常數，可在其左邊 ⊙ (◌) 選項設定是否顯示？ 🔒 (🔒) 選項設定是否鎖住。

● 若在 Stimulus Type 欄位為 Piecewise Linear(分段線性波激勵信號源)，如圖(4)所示，在本區塊裡的參數如下說明：

■ DC Magnitude、AC Magnitude 與 AC Phase 參數用在電源，只會影響操作點分析。可在其左邊 ⊙ (◌) 選項設定是否顯示？ 🔒 (🔒) 選項設定是否鎖住。

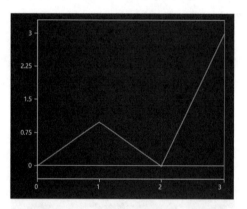

圖(4)　分段線性波激勵信號源

■ Time-Value Pairs 參數為規劃波形的數對，由時間與值構成一個點的座標，以空白分隔，如圖(4)之波形，在此的數對為「0 0 1 1 2 0 3 3」，即時間 0 秒時值為 0、時間 1 秒時值為 1、時間 2 秒時值為 0、時間 3 秒時值為 3。時間刻度也可變小，例如「0 5 1m 1.5 2m 2.5 3m -2 6m 0.5」。

● 若在 Stimulus Type 欄位為 Pulse(脈波激勵信號源)，如圖(5)所示，在本區塊裡的參數如下說明：

■ DC Magnitude、AC Magnitude 與 AC Phase 參數用在電源，只會影響操作點分析。可在其左邊選擇是否顯示？是否鎖住。

■ Initial Value 參數為信號起始值，可在其左邊選擇是否顯示？是否鎖住。

■ Pulsed Value 參數為信號脈波值，也就是高態的值，可在其左邊選擇是否顯示？是否鎖住。

■　Time Delay 參數為信號延遲時間，可在其左邊選擇是否顯示？是否鎖住。

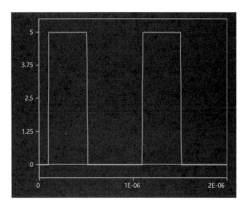

圖(5)　　脈波激勵信號源

■　Rise Time 參數為信號上升時間，可在其左邊選擇是否顯示？是否鎖住。

■　Fall Time 參數為信號下降時間，可在其左邊選擇是否顯示？是否鎖住。

■　Pulse Width 參數為脈波寬度，可在其左邊選擇是否顯示？是否鎖住。

■　Period 參數為脈波週期，可在其左邊選擇是否顯示？是否鎖住。

■　Phase 參數為脈波相位，可在其左邊選擇是否顯示？是否鎖住。

●　若在 Stimulus Type 欄位為 Single-Frequency FM(單一頻率的調頻波激勵信號源)，如圖(6)所示，在本區塊裡的參數如下說明：

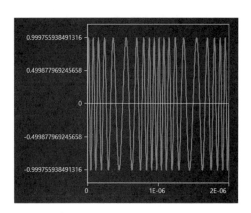

圖(6)　　單一頻率的調頻波激勵信號源

■　DC Magnitude、AC Magnitude 與 AC Phase 參數用在電源，只會影響操作點分析。可在其左邊 ⊙(⊘)選項設定是否顯示？ 🔓(🔒)選項設定是否鎖住。

- ■ Offset 參數為信號準位偏移值，若為正值，波形往上移(0 基準往下移)；若為負值，波形往下移(0 基準往上移)。

- ■ Amplitude 參數為信號振幅，例如設定為 1，則波形為 -1 到 1 之間。

- ■ Carrier Frequency 參數為載波頻率，可在其左邊選擇是否顯示？是否鎖住。

- ■ Modulation Index 參數為調變指數，可在其左邊選擇是否顯示？是否鎖住。

- ■ Signal Frequency 參數為信號頻率，可在其左邊選擇是否顯示？是否鎖住。

- ■ Carrier Phase 參數為載波相位，可在其左邊選擇是否顯示？是否鎖住。

- ■ Signal Phase 參數為信號相位，可在其左邊選擇是否顯示？是否鎖住。

- ● 若在 Stimulus Type 欄位為 Sinusoidal(正弦波激勵信號源)，如圖(7)所示，在本區塊裡的參數如下說明：

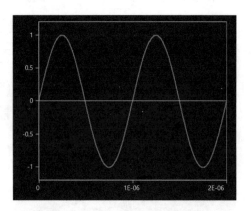

圖(7)　正弦波激勵信號源

- ■ DC Magnitude、AC Magnitude 與 AC Phase 參數用在電源，只會影響操作點分析。可在其左邊選擇是否顯示？是否鎖住。

- ■ Offset 參數為信號準位偏移值，若為正值，波形往上移(0 基準往下移)；若為負值，波形往下移(0 基準往上移)。

- ■ Amplitude 參數為信號振幅，例如設定為 1，則波形為 -1 到 1 之間。

- ■ Frequency 參數為信號頻率，可在其左邊選擇是否顯示？是否鎖住。

- ■ Delay 參數為信號延遲時間，可在其左邊選擇是否顯示？是否鎖住。

- Damping Factor 參數為阻尼因素，可在其左邊選擇是否顯示？是否鎖住。

- Phase 參數為信號相位，可在其左邊選擇是否顯示？是否鎖住。

模擬操控面板

電路圖繪製完成後，即可按下列步驟進行電路模擬：

1. Verification：驗證電路模擬的可行性。
2. Preparation：準備電路模擬的前置作業。
3. Analysis Setup & Run：設定模擬參數，並開始模擬。
4. Results：研讀/應用模擬結果。

上述步驟都可在模擬操控面板(Dashboard)中進行，若要開啟模擬操控面板，則啟動[Simulate]/[Simulation Dashboard]命令，即可開啟浮動的模擬操控面板，如圖(8)所示，可拖曳到適切位置或貼附到左邊面板區。也可拖曳其邊緣，以縮放面板大小。

圖(8)　模擬操控面板

　　在此面板上方的 Affect 欄位裡，可選擇只針對目前的電路圖，還是整個專案裡的所有電路圖。

　　首先進行驗證電路，按 [Start Verification] 鈕，程式即快速檢查電路圖，並記錄檢查結果，如圖(9)所示，通過電氣規則檢查及模擬模型檢查。

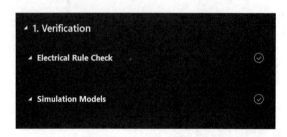

圖(9)　　通過檢查

　　第二關是檢查電路圖中是否有電源/激勵信號？是否有測試棒？若原本繪製電路圖時，就已經放置電源，也有放置測試棒(Probe)，就算通過檢查。至於電源/激勵信號是否適切？測試棒位置是否適切？並不在檢查的範圍，在此僅檢查有沒有？只要有就可以了。若需補強或修改，可按 2.Proparation，展開這個部分，如圖(10)所示。其中分為兩部分，Simulation Sources 部分為電源與激勵信號，Probes 部分為測試棒部分。每項左邊為啟用選項，取消啟用選項將停用該項電源、激勵信號或測試棒。每項右邊為 ☒ 鈕，按 ☒ 鈕刪除該項目，該項目也會在電路圖裡消失。

圖(10)　　準備階段

若要新增電源與激勵信號，可按 Simulation Sources 裡的 ▌+ Add▐ 拉出選單，再選取是 Voltage 選項新增電壓源，還是 Current 選項新增電流源，游標上就會出現一個浮動的電源符號，然後移至電路圖中適切位置，按滑鼠左鍵放置之。這樣的操作，一次只能放置一個；若要放置第二個，就又得從按 ▌+ Add▐ 開始，有點麻煩！倒不如直接應用電路圖裡的慣用工具列操作，還比較省事。而 Probes 測試棒的操作也是一樣的情況。

通過第二關後，按 3. Analysis Setup & Run 展開這個區塊，進入第三關，如圖(11)所示，其中各項如下說明：

圖(11)　設定與執行階段

Operating Point

操作點分析是一種直流偏壓的計算，電路之中，若有電容器之處，將視為開路；若有電感器之處，將視為短路。指向 Operating Point 按滑鼠左鍵即可展開操作點分析區塊，如圖(12)所示，其中各項如下說明：

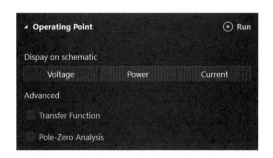

圖(12)　操作點分析設定區塊

● Display of schematic 欄位的功能是設定在操作點分析後,在電路圖上所要顯示值,其中包括三個項目,如下說明:

■ 按 ░░Voltage░░ 鈕設定直接在電路圖上顯示電壓值,如圖(13)所示。

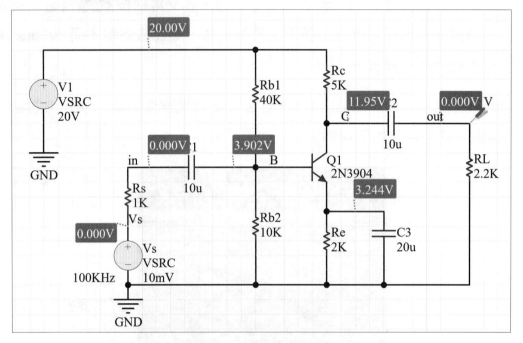

圖(13) 顯示節點電壓

■ 按 ░░Power░░ 鈕設定直接在電路圖上顯示功率值。
■ 按 ░░Current░░ 鈕設定直接在電路圖上顯示電流值。

雖然同時可顯示電壓、電流與功率,但可能會部分重疊,造成混亂,這可能又是程式待改善的地方。

● Transfer Function 選項設定產生轉移函數,選取本選項後,其下方將出現 2 個欄位,如圖(14)所示,如下說明:

■ Source Name 欄位的功能是指定電源/激勵信號源。
■ Reference Node 欄位的功能是指定參考點,通常是接地端,也就是 0。

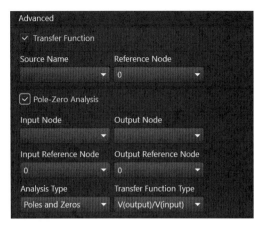

圖(14)　進階設定

● Pole-Zero Analysis 選項設定零點與極點分析。選取本選項後，其下方將
出現 6 個欄位，如圖(14)所示，如下說明：

■ Input Node 欄位的功能是指定輸入節點名稱。

■ Output Node 欄位的功能是指定輸出節點名稱。

■ Input Reference Node 欄位的功能是指定輸入端的參考節點。

■ Output Reference Node 欄位的功能是指定輸出端的參考節點。

■ Analysis Type 欄位的功能是指定所要分析的種類，如下：

◆ Poles Only 選項設定只找出極點。

◆ Zeros Only 選項設定只找出零點。

◆ Poles and Zeros 選項設定找出極點與零點。

■ Transfer Function Type 欄位的功能是指定所要產生轉移函數的種
類，如下：

◆ V(output)/V(input)選項設定產生電壓增益轉移函數。

◆ V(output)/I(input)選項設定產生互阻轉移函數。

這些年來，Altium Designer 產生轉移函數的功能，一直都沒有實現，
V21 版也不能產生轉移函數，看來 AD 電路模擬的路還很長。

設定完成後，指向右上方的 ⊙ Run 按滑鼠左鍵，即可進行分析。

DC Sweep

直流掃描分析是一種直流偏壓的計算，電路之中，若有電容器之處，將視為開路；若有電感器之處，將視為短路。指向 DC Sweep 按滑鼠左鍵即可展開直流掃描分析區塊，如圖(15)所示，其中各項如下說明：

● 掃描參數欄位提供電路圖中，可做掃描之參數選項(包括電源/激勵信號源、電阻等)，而所指定作為掃描的參數，再從其下列三個欄位中，設定其掃描參數，如下說明：

■ From 欄位設定開始掃描值。

■ To 欄位設定結束掃描值。

■ Step 欄位設定掃描步階。

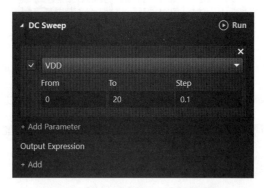

圖(15)　直流掃描分析區塊

● + Add Parameter 提供新增掃描參數，指向 + Add Parameter 按滑鼠左鍵，即可於其上方新增一個空的掃描參數設定區塊，而其中的設定方式，與前述相同。如此就可進行多掃描參數的交互掃描或網狀掃描。

● Output Expression 區塊提供掃描時，所要追蹤(描繪)的輸出項目。預設狀態下，本區塊沒有預設輸出項目，需指向其下的 + Add 按滑鼠左鍵，即可新增一項空的輸出項目區塊，如圖(16)所示，如下說明：

圖(16)　新增輸出項目

- 左邊的選項可啟用/停用本輸出項目。

- 右邊的 ☒ 鈕可刪除本輸出項目。

- 按 ⋯ 鈕可建構輸出項目，螢幕出現如圖(17)所示之對話盒，其中各項如下說明：

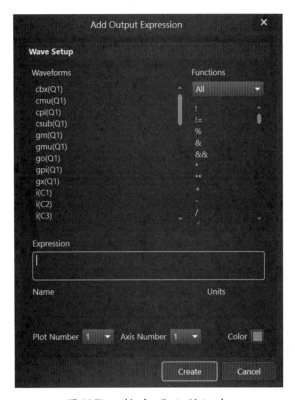

圖(17)　輸出項目對話盒

- ◆ Waveforms 區塊裡提供電路圖中所有節點，以供選用。

- ◆ Functions 區塊裡提供非常多的運算符，以供選用。

- ◆ Expression 區塊裡為所建構的輸出項目。可在 Waveforms 區塊與 Functions 區塊裡所選擇的項目，將出現在本區塊，而形成輸出項目。也可直接在本區塊鍵入信號名稱與運算符，以建構輸出項目。

- ◆ Name 欄位為此輸出項目的名稱，非必要項目，不輸入也可以。

- ◆ Units 欄位為此輸出項目的單位，非必要項目，不輸入也可以。

- ◆ Plot Number 欄位為繪圖號碼。

◆ Axis Number 欄位為軸號碼。

◆ Color 右邊的色塊，用以設定此輸出項目的曲線顏色。

完成設定後，按 Create 鈕即可產生一個輸出項目。

設定完成後，指向右上方的 ⊙ Run 按滑鼠左鍵，即可進行分析。

Transient

暫態分析是一種量測波形的工具，就像示波器一樣，相當實用。指向 Transient 按滑鼠左鍵即可展開暫態分析區塊，如圖(18)所示，其中各項如下說明：

圖(18)　暫態分析區塊

● 上方為波形描繪的相關參數，在此提供兩種設定方式，如下說明：

■ 按 🕐 鈕採用時間為單位的設定方式，而其左邊三個欄位如下說明：

◆ From 欄位設定開始描繪波形的時間。

◆ To 欄位設定結束描繪波形的時間。

◆ Step 欄位設定描繪波形的步階時間，若此時間設定太短，則速度慢，但波形比較精密。不過，除非電腦的記憶體超大(16GB 以上)，否則難免遇到記憶體不足的狀況。若此時間設定太長，則波形比較粗糙。通常是 To 欄位減去 From 欄位乘以 1/500 時間。

■ 按 √ 鈕採用波形為單位的設定方式，而其左邊三個欄位如下說明：

◆ From 欄位設定開始描繪波形的時間。

◆ N Periods 欄位設定總共要描繪多少個週期的波形,預設為 5 個週期。

◆ Points/Period 欄位設定波形每個週期有幾個描繪點,若此欄位設定的數量太少,則速度慢,但波形比較精密。不過,還是可能遇到記憶體不足的狀況。若此時間設定的數量太多,則波形比較粗糙。若 N Periods 欄位設定為 5,則本欄位預設為 25,也就是每個畫面有 125 個描繪點,不是很高。通常是每個畫面 500 個點到 1000 個點之間,若一個畫面有 N 個週期,則此欄位可設定為 500/N 到 1000/N 之間,視電腦記憶體容量而定。

● Output Expression 區塊提供掃描時,所要追蹤(描繪)的輸出項目,詳見 11-17 頁。

● Fourier Analysis 選項設定進行傅立葉分析,選取本選項後,隨即拉出一個區塊,如圖(19)所示,其中包括下列兩個欄位:

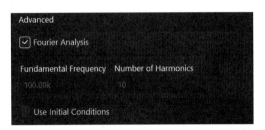

圖(19) 進階設定

■ Fundamental Frequency 欄位設定基本頻率。

■ Number of Harmonics 欄位設定諧波數。

傅立葉分析的結果將產生一個頻譜圖,而獨立放置在 Fourier Analysis 頁面裡。

● Use Initial Conditions 選項設定使用初始條件。

設定完成後,指向右上方的 ▶ Run 按滑鼠左鍵,即可進行分析。

AC Sweep

交流掃描分析是一種量測電路對頻率的反應。指向 AC Sweep 按滑鼠左鍵即可展開交流掃描分析區塊，如圖(20)所示，其中各項如下說明：

- 上方為掃描頻率的相關參數，其中包括下列兩個欄位：

  - Start Frequency 欄位設定掃描的起始頻率。

  - End Frequency 欄位設定掃描的停止頻率。

  - Point/Dec 欄位設定每個刻度描繪點數量。若右邊的 Type 欄位設定為 Decade 選項，採十倍頻率的刻度，則此欄位名稱為 Point/Dec；若右邊的 Type 欄位設定為 Linear 選項，採線性刻度，則此欄位名稱為 No. Point；若右邊的 Type 欄位設定為 Octave 選項，採八倍頻率的刻度，則此欄位名稱為 Point/Oct。

  - Type 欄位設定掃描方式，其中提供三種掃描方式，如下說明：

    - Linear 選項設定採用線性掃描。

    - Decade 選項設定採用十倍頻掃描，即以 10 為底的對數分布。

    - Octave 選項設定採用八倍頻掃描，即以 2 為底的對數分布。

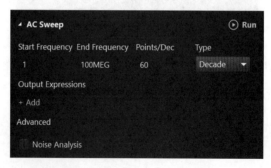

圖(20)　交流掃描分析區塊

- Output Expression 區塊提供掃描時，所要追蹤(描繪)的輸出項目，詳見 11-17 頁。

● Noise Analysis 選項設定進行雜訊分析，選取本選項後，隨即拉出一個區塊，如圖(21)所示，其中各項如下說明：

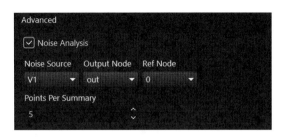

圖(21)　進階設定

　■　Noise Source 欄位設定雜訊源。

　■　Output Node 欄位設定輸出節點。

　■　Ref Node 欄位設定參考節點，通常是 0，即接地端。

　■　Points Per Summary 欄位設定每步階雜訊資料所含的點數。

設定完成後，指向右上方的 ⊙ Run 按滑鼠左鍵，即可進行分析。

延伸模擬與分析

在 3.Analysis Setup & Run 步驟的最下方提供三個延伸模擬與分析的選項，及其設定，如圖(22)所示，其中各項如下說明：

圖(22)　延伸模擬與分析

● Temp. Sweep 選項設定進行溫度掃描分析，也就是在不同的溫度下，電路所進行的基本模擬與分析(即操作點分析、直流掃描分析、暫態分析、流掃描分析)所受到的影響。

● Sweep 選項設定進行參數掃描分析，也就是在不同的參數下，電路所進行的基本模擬與分析所受到的影響。

● Monte Carlo 選項設定進行誤差分析，也就是在不同的參數誤差下，電路所進行的基本模擬與分析所受到的影響。

除了選取所要執行的延伸分析選項外，還要指向右邊的 ⚙ Settings 按滑鼠左鍵，開啟如圖(23)所示之對話盒，其中各項如下說明：

● Temperature 選項設定進行溫度掃描分析，在其下三個欄位設定溫度掃描的參數。

　　■ From 欄位設定開始掃描的溫度，可以為負值(代表零下多少度)。

　　■ To 欄位設定停止掃描的溫度。

　　■ Step 欄位設定掃描步階的溫度增量。由於溫度影響並不劇烈，在此欄位設定的值要大一點，例如 From 欄位設定為-10、To 欄位設定為 150、Step 欄位設定 20，則每個輸出項目，各出現 8 組曲線，有點複雜。

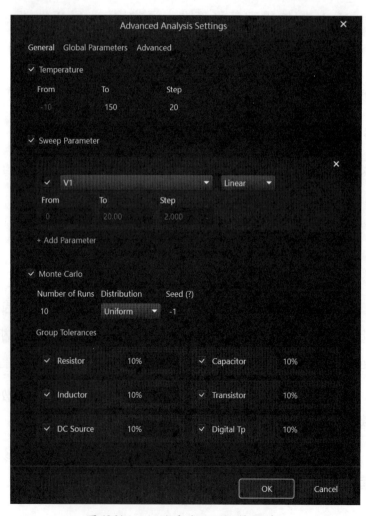

圖(23)　　進階分析設定對話盒

- Sweep Parameter 選項設定進行參數掃描分析,其中各項目與 DC Sweep 一樣,而在右邊多一個欄位,用以設定掃描的刻度,其中選項如下說明:

  - Linear 選項設定採用線性刻度掃描。

  - Decade 選項設定採用十倍刻度掃描,即以 10 為底的對數分布。

  - Octave 選項設定採用八倍刻度掃描,即以 2 為底的對數分布。

  - List 選項設定條列式掃描。

- Monte Carlo 選項設定進行蒙地卡羅分析,這是一種隨機誤差分析,其中各項如下說明:

  - Number of Runs 欄位設定隨機選擇參數時的計算次數。

  - Distribution 欄位設定隨機值分佈的包絡函數(envelope function),簡言之,就是選擇隨機分布的方式,其中包括三種分布方式,如下:

    - Uniform 選項設定採用單一分布。

    - Gaussian 選項設定採用高斯分布。

    - Worst Case 選項設定採用最壞狀況。

  - Seed 欄位設定虛擬亂數產生器的「隨機種子」。

  - Group Tolerances 區塊的功能是設定元件的誤差範圍,每個元件左邊為啟用該元件誤差的選項;右邊欄位則為其最大誤差範圍。

完成設定後,按 OK 鈕關閉對話盒。而所選用的模擬與分析,必須伴隨基本模擬與分析的執行而執行。

執行模擬與分析後,在編輯區裡將產生的波形頁(可能一頁或多頁),同時記錄在模擬操控面板的 4. Results 區塊裡,指向 4. Results 按滑鼠左鍵,即可展開這個區塊,其中列出曾經執行模擬所產生的波形頁。基本上,每次執行模擬後,將按其執行的種類為名稱,紀錄在這個區塊裡,其格式如圖(24)所示,如下說明:

圖(24)　紀錄格式

❶ 鎖住/不鎖住選項，預設為不鎖住(🔓)，同一種模擬(Operating Point、DC Sweep、Transient 或 AC Sweep)，每次執行後，將覆蓋前次同類模擬的模擬紀錄。若不想被覆蓋，可將本選項設定為鎖住(🔒)，或改變其標題名稱(Title)。

❷ 本紀錄的標題名稱，可用中文。

❸ 執行模擬的日期與時間(自動取自系統)。

❹ 命令選單(⋯)，按鈕即可拉下選單，其中各項如下說明：

　● Show Results 選項的功能是開啟此波形頁。

　● Load Profile 選項的功能是載入此紀錄的模擬參數。

　● Edit Title 選項的功能是編輯此紀錄的標題名稱，選用本選項，即可線上編輯標題名稱。

　● Edit Description 選項的功能是編輯此紀錄的簡介，選用本選項，即可線上編輯簡介。

　● Delete 選項刪除本項紀錄。

❺ 本紀錄的簡介，預設為執行的模擬指令與參數。

11-3　操作點分析實例演練

　　千變萬化的電阻網路，常令人眼花撩亂，更是基本電學、電路學裡常見的題目，以立方體型的電阻網路為例，如圖(25)所示，若其中每個電阻器都是 1KΩ，則從 V1 電源看進去的等效電阻為何？各節點(A1～A7)的電壓為何？

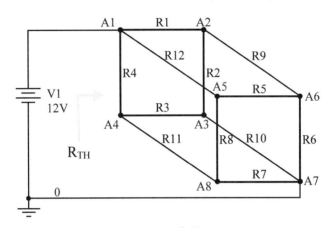

圖(25)　立方體電阻網路

　　這種電路需使用特殊解法，才能快速解出；若其中電阻值不全相等的話，更是麻煩！而使用 Altium Designer 的操作點分析，就很犀利！不過，在此比較麻煩的是繪製電路。在 Altium Designer 的電路繪圖裡，零件的角度僅限制在 0 度、90 度、180 度與 270 度。因此，繪製這個複雜的電阻器網路，就要多一點耐心，如圖(26)所示。

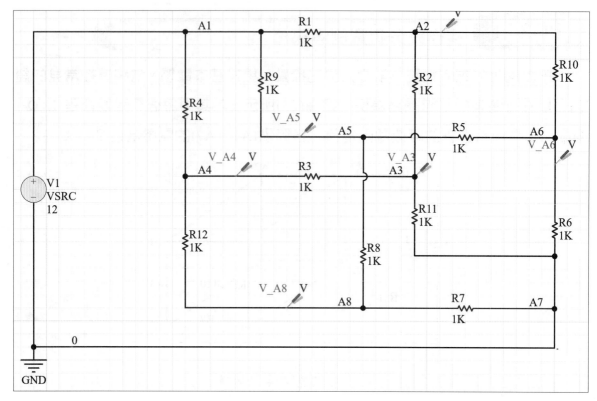

圖(26) 模擬電路圖

其中有幾點說明：

1. 仍然要從開啟新專案、建立新電路圖檔案開始。

2. 各節點都放置網路名稱(A1～A8)，有助於電路圖的繪製與讀圖。

3. 接地線要放置網路名稱 0。

4. 電源為直流 12V。

5. 各節點都放置電壓測試棒。

按圖(26)繪製完成，並按 Ctrl + S 鍵存檔後，啟動[Simulate]/[Dashboard]命令，開啟模擬操控面板，然後按下列步驟操作：

1. 若在 1. Verification 階段裡，還沒有過關，則按 Start Verification 鈕進行查驗。

2. 通過第一關後，由於電路圖中已備妥電源與電壓測試棒，所以第二關勢必通關。打開第三關(3. Analysis Setup & Run)下的 Operating Point 區塊。

3. 按 Voltage 鈕，則電路圖中的各節點將顯示其電壓，如圖(27)所示。
   若沒有顯示電壓，可指向此區塊右上方的 + Add ，按滑鼠左鍵，將出現
   CH11-1.sdf 頁，其中已列出各節點電壓。再切換回電路圖，則電壓將加
   註於各節點附近。

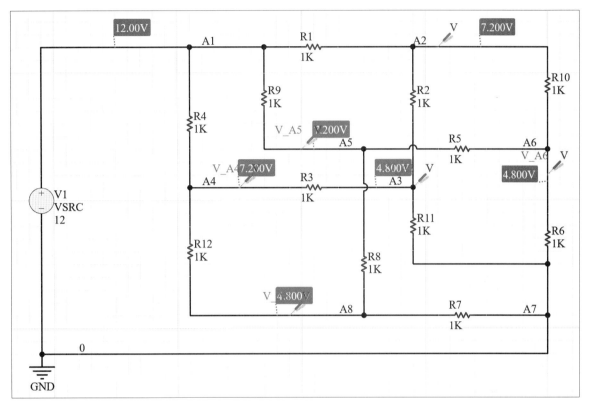

圖(27)　顯示節點電壓

4. 若要顯示電流，則按 Current 鈕，則電路圖中的各裝置上的電流，如圖
   (28)所示。若沒有關閉顯示電壓，則可能會有電壓與電流重疊。因此，最好
   能再按一下 Voltage 鈕，關閉顯示電壓，任何時候只顯示一項值為宜。

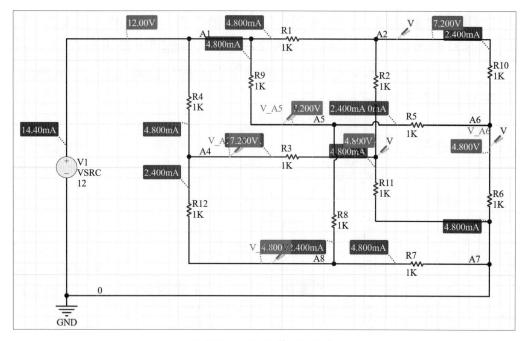

圖(28)　顯示裝置電流

5. 若要顯示功率，先確定關閉電壓與電流，則按 ▆▆▆Power▆▆▆ 鈕，則電路圖中的各裝置上的功率，如圖(29)所示。

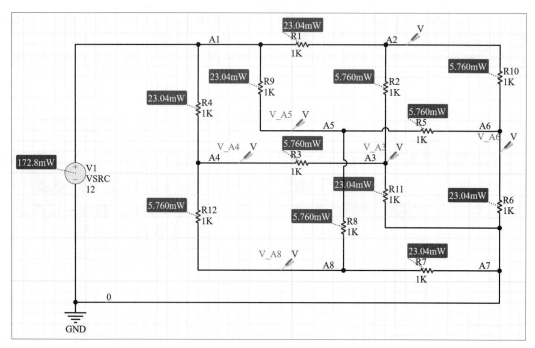

圖(29)　顯示裝置功率

11-4　直流掃描分析實例演練

　　電晶體偏壓設計是一件很有意思的工作,但由於類比電晶體電路的應用越來越少,大多被類比積體電路(IC)取代。逐漸的,「電晶體偏壓設計」只能淪為考試專用的體裁,或有心人士的消遣活動。Altium Designer 的電路圖模擬裡所提供的直流掃描分析,可協助我們進行電晶體偏壓設計,以優化設計。

　　如圖(30)所示之共射極(CE)電路,在設計偏壓時,通常會讓其靜態集極電壓為電源電壓的一半,即 $V_C=0.5 \times V_{CC}$,其中 V_{CC} 為電源電壓,即圖中的 V1(20V),希望 V_C 為 10V。

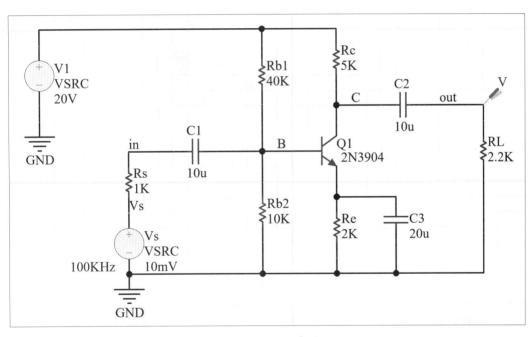

圖(30)　CE 電路

　　按圖(30)繪製完成,並按 Ctrl + S 鍵存檔後,啟動[Simulate]/[Dashboard]命令,開啟模擬操控面板,然後按下列步驟操作:

1. 若在 1. Verification 階段裡,還沒有過關,則按 Start Verification 鈕進行查驗。

2. 通過第一關後，由於電路圖中已備妥電源與電壓測試棒，所以第二關勢必通關。打開第三關(3. Analysis Setup & Run)下的 Operating Point 區塊。

3. 按 [Voltage] 鈕，則電路圖中的各節點將顯示其電壓，如圖(13)所示 (11-14 頁)，其中的 V_C 為 11.95V。

4. 在此電路圖中，會影響 V_C 的偏壓電阻器有 Rb1、Rb2 與 Re。由於距離 V_C 的目標值不遠，可將 Rb2 與 Re 之電阻值固定，然後對 Rb1 值掃描，已找出最佳化的 Rb1 值。

5. 打開第三關(3. Analysis Setup & Run)下的 DC Sweep 區塊，在欄位中指定 Rb1 為掃描對象，而從 25K(From 欄位)掃描到 45K(To 欄位)，掃描步階為 0.5K(Step 欄位)，如圖(31)所示。另外，在電路圖中，將右邊的測試棒拖曳到 Q1 的集極 C，以描繪該點的電壓變化。

圖(31)　設定掃描參數

6. 指向 DC Sweep 區塊右上方的 [⊙ Run]，按滑鼠左鍵，即可執行分析，並描繪出 V(C)波形，如圖(32)所示。

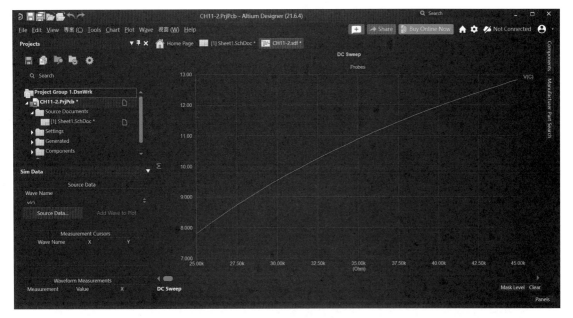

圖(32)　完成模擬

7. 除了波形頁(CH11-2.sdf)外，在左邊面板區下方，出現 Sim Data 面板。指向波形頁右邊的 V(C)波形名稱，按滑鼠左鍵選取之，整條波形亮顯。

8. 啟動[Wave]/[Cursor A]命令或按 ［ A ］鍵兩下，即可在波形頁裡放置 A 游標，而其所指波形位置之值，也將顯示在 Sim Data 面板，如圖(33)所示。

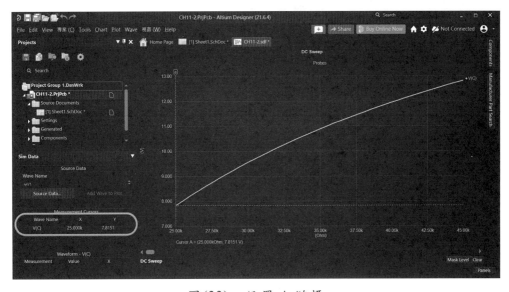

圖(33)　設置 A 游標

9. 在 Sim Data 面板的 Measurement Cursors 區塊裡，V(C)波形的 Y 欄位修改為 10，將游標 A 移至高度為 10 的位置(即 V_C=10V 的位置)，此時其 X 軸的值為 **31.580K**(即最佳化的 Rb1)，如圖(34)所示。

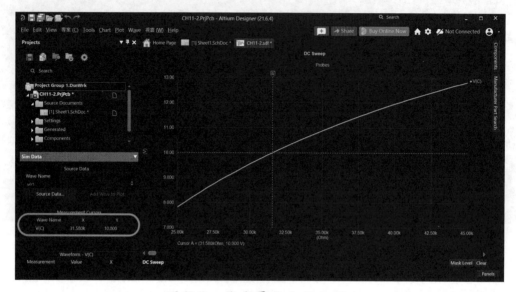

圖(34) 找出最佳化的位置

10. 切換回電路圖頁，打開 4. Results，將本次模擬波形紀錄左邊設定 🔒 選項，再按右邊的 ⋯ 鈕拉出選單，選取 Edit Title 選項，即可線上編輯此紀錄名稱，在此更名為「最佳化偏壓設計」。

11-5　暫態分析實例演練

接續 11-4 節的操作，在此將應用暫態分析來觀察這個電路中，幾個關鍵節點的波形，包括信號源(Vs)、V_B、V_C 與輸出端(out)。請按下列步驟操作：

1. 在模擬操控面板裡，打開 3. Analysis Setup & Run 下的 Transient 區塊，按圖(35)所示進行波形顯示之設定。另外，在 Output Expression 區塊裡新增 v(Vs)、v(out)與 v(B)等三個所要顯示的信號波形。

圖(35)　暫態分析之設定

2. 指向 Transient 區塊右上方的 ⊙ Run ，按滑鼠左鍵，即可執行分析，並描繪出四個波形，如圖(36)所示。

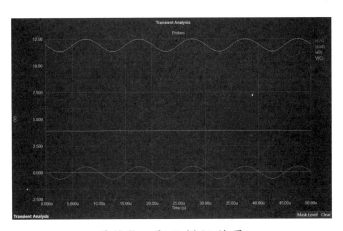

圖(36)　顯示模擬結果

3. 由於這四條波形(Wave)的大小差異很大，如下說明：

- Vs 波形僅 10mV。

- V_B 是含有直流偏壓(約 4V)的輸入信號。

- V_C 是含有直流偏壓(約 12V)的輸出信號(放大後的信號)。

- out 則是不含有直流偏壓的輸出信號。

這些波形放在同一個刻度的圖(Plot)裡，並不容易判讀。

4. 指向波形頁裡，按滑鼠右鍵拉下選單，再選取 Add Plot...選項，螢幕出現如圖(37)所示之波形圖精靈。

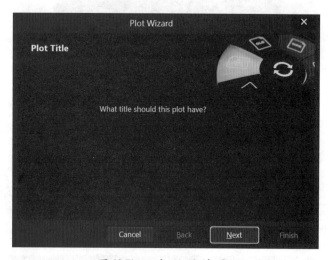

圖(37)　波形圖精靈

5. 在 What title should this plot wave? 欄位裡輸入「信號源」，作為此新增波形圖之標題。再按 Next 鈕三下，最後按 Finish 鈕關閉對話盒，即可新增一個空白的波形圖。

6. 在原來的波形圖裡，選取右邊的 v(Vs)名稱，再將它拖曳到空白的波形圖上，如圖(38)所示。再指向選取右邊的 v(Vs)名稱，按滑鼠左鍵，即可取消其選取狀態。完成 v(Vs)波形的搬移，而新的波形圖之刻度適切，很容易看清楚。

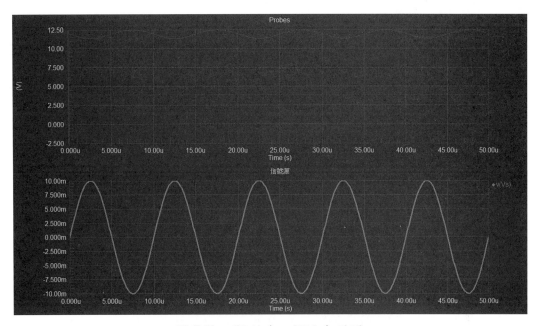

圖(38)　獨立出 v(Vs)波形圖

7. 重複步驟 4 到步驟 6 的操作，分別將 v(B)、V(C)與 v(out)波形獨立出來。
然後指向被搬空的波形圖，按滑鼠右鍵拉出選單，再選取 Delete Plot 選
項刪除之，如圖(39)所示。

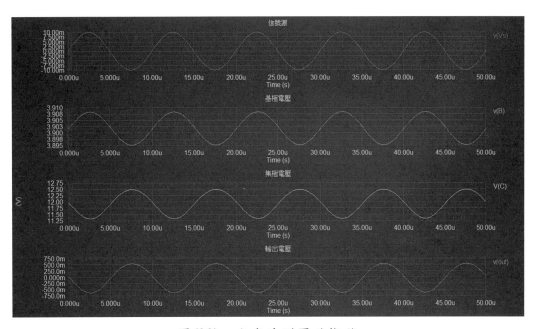

圖(39)　完成波形圖的搬移

8. 若覺得一個畫面放至四個波形圖，還是不舒服！例如最上面的信號源波形圖之垂直刻度，就有點重疊！則可改變畫面所能容納顯示的波形圖數量，指向波形頁裡，按滑鼠右鍵拉下選單，再選取 Document Options... 選項，螢幕出現如圖(40)所示之對話盒。

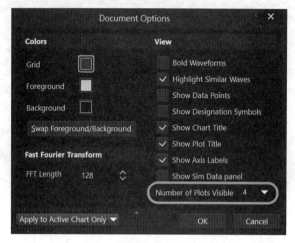

圖(40)　文件選項對話盒

9. 在 Number of Plots Visible 欄位裡選取所要顯示的波形圖數量，例如選取 **2**，再按　OK　鈕關閉對話盒，則波形頁面裡，就只顯示兩個波形圖，而可應用右邊的垂直捲軸，切換顯示不同的波形圖。

10. 切換回電路圖頁，打開 4. Results，將本次模擬波形紀錄左邊設定 🔒 選項，再按右邊的 ⋯ 鈕拉出選單，選取 Edit Title 選項，即可線上編輯此紀錄名稱，在此更名為「量測輸出入波形」。

11. 按 Ctrl + S 鍵存檔。

11-6　傅立葉分析實例演練

　　基本上，暫態分析是以時域(time domain)來描繪電路中的信號，其波形圖的 X 軸是時間。傅立葉分析則是以頻域(frequency domain)來觀察電路中，信號中所含的頻率成分，其波形圖的 X 軸是頻率，即其頻譜(Spectrum)。

　　以 11-5 節的電路為例，其輸入信號(V_s)之頻率為 100KHz，經過此電路放大後，輸出信號(V_{out})可能包含哪些頻率？這時候，就要將輸出信號進行快速傅立葉轉換(Fast Fourier Transform, FFT)，由時域轉換為頻域，以得到其頻譜。而從頻譜中可輕鬆看到除原本的 100KHz 頻率(基準頻率)，衍生出多少其他頻率，即諧波(harmonic)。接續 11-5 節的操作，請按下列步驟操作：

1. 在模擬操控面板裡，打開 3. Analysis Setup & Run 下的 Transient 區塊，選取區塊下方的 Fourier Analysis 選項，而其下的 Fundamental Frequency 欄位保持為 100k(即基準頻率)、Harmonic 欄位保持為 10，分析到 10 次諧波。

2. 指向 Transient 右邊的 ⏵ Run 按滑鼠左鍵，即可進行暫態分析與傅立葉分析，分析後所產生的波形頁，其中包括 Transient Analysis 與 Fourier Analysis 兩頁，可由下方標籤切換，如圖(41)所示為 Fourier Analysis 頁。

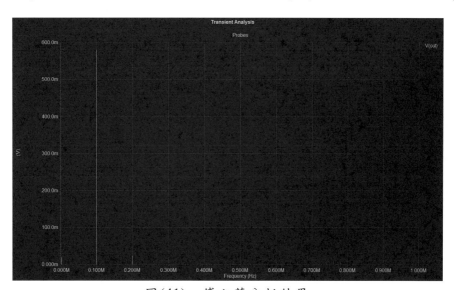

圖(41)　傅立葉分析結果

3. 在圖(41)可看出，除了基準頻率外，還有約 1KHz 與 200KHz 的成分，還算乾淨。

4. 切換回電路圖頁，打開 4. Results，將本次模擬波形紀錄左邊設定 🔒 選項，再按右邊的 ⋯ 鈕拉出選單，選取 Edit Title 選項，即可線上編輯此紀錄名稱，在此更名為「傅立葉分析」。

5. 按 Ctrl + S 鍵存檔。

11-7　溫度掃描分析實例演練

在此將分析溫度對此電路的影響，包括各關鍵節點的變化。接續 11-6 節的操作，請按下列步驟操作：

1. 在模擬操控面板裡，打開 3. Analysis Setup & Run 下的 Transient 區塊，保持圖(35)所示之波形顯示參數設定(11-33 頁)。再確認在 Output Expression 區塊裡已設定 v(Vs)、v(out)與 v(B)等三個所要顯示的信號波形。

2. 在 3. Analysis Setup & Run 下方選取 Temp. Sweep 選項，以進行溫度掃描分析。再指向其右邊的 ⚙ Settings 按滑鼠左鍵，開啟進階分析設定對話盒。

3. 在進階分析設定對話盒裡，確認選取 Temperature 選項，然後在其下的 From 欄位裡設定-10、To 欄位裡設定 150、Step 欄位裡設定 20，以進行 -10 度到 150 度的溫度掃描分析，步階為 20，所以每個信號可描繪出 8 條波形。最後，按 OK 鈕關閉對話盒。

4. 指向 Transient 右邊的 ▶ Run 按滑鼠左鍵，即可進行暫態分析，並延伸溫度掃描功能，如圖(42)所示為分析後所產生的波形頁。

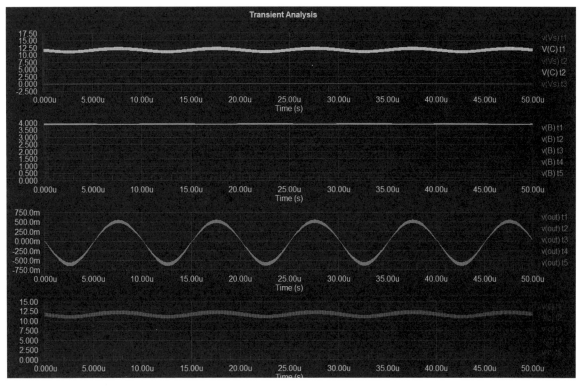

圖(42)　暫態分析附加溫度掃描之波形

5. 一個波形頁顯示四個波形圖，顯然難以看清楚。指向波形頁裡，按滑鼠右鍵拉下選單，再選取 Document Options… 選項，螢幕出現如圖(40)所示之對話盒(11-36 頁)。

6. 在 Number of Plots Visible 欄位裡選取所要顯示的波形圖數量，例如選取 1 選項，再按 OK 鈕關閉對話盒。波形頁裡，將只顯示一個波形圖，如圖(43)所示為之波形圖。可應用右邊的垂直捲軸，切換顯示不同的波形圖。

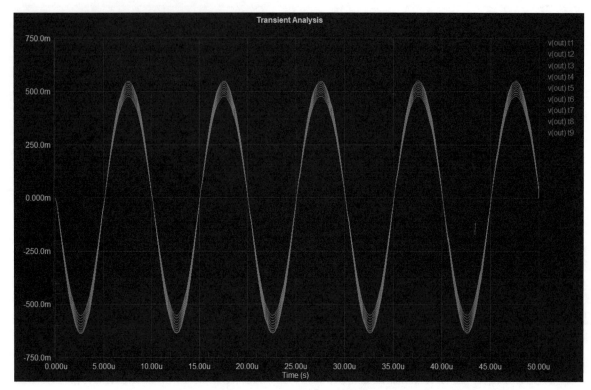

圖(43)　顯示輸出端之信號波形

7. 若要觀看其中的第一條波形，可指向右上方 v(out) t1，按滑鼠左鍵選取之，則其中將亮顯這條波形，同時，右下方也顯示「temp=-10」，也就是在-10度時的波形。

8. 在波形頁裡，有下列快速鍵可應用：

● 按 PgUp 鍵可放大波形(Wave)顯示。

● 按 PgDn 鍵可縮小波形顯示。

● 按 Ctrl + PgDn 鍵可將波形完整顯示波形圖(Plot)裡。

● 按 Ctrl + ⇧ 鍵可將切換顯示第一個波形圖。

● 按 Ctrl + ⇩ 鍵可將切換顯示最後一個波形圖。

● 若在波形圖有選取波形，則：

■ 按 ⇧ 鍵可將切換選取上一個波形。

■ 按 ⇩ 鍵可將切換選取下一個波形。

■ 按 ⇧Shift + ⇧ 鍵可將切換顯示上一個波形圖。

■ 按 ⇧Shift + ⬇ 鍵可將切換顯示下一個波形圖。

● 若在波形圖沒有選取波形，則：

■ 按 ⬆ 鍵或按 ⇧Shift + ⬆ 鍵都可將切換顯示上一個波形圖。

■ 按 ⬇ 鍵或按 ⇧Shift + ⬆ 鍵都可將切換顯示下一個波形圖。

9. 切換回電路圖頁，打開 4. Results，將本次模擬波形紀錄左邊設定 🔒 選項，再按右邊的 ⋯ 鈕拉出選單，選取 Edit Title 選項，即可線上編輯此紀錄名稱，在此更名為「暫態分析延伸溫度掃描」。

10. 按 Ctrl + S 鍵存檔。

11-8　交流掃描分析實例演練

交流掃描分析是模擬頻率對於電路的影響，又稱為小信號分析。在此將應用交流掃描分析找出電路的頻寬與波德圖(Bode plot)，波德圖包括增益圖與相位圖。在電路的增益圖裡，當電壓增益將降低為中頻段的 0.707 倍(即 $1/\sqrt{2}$ 倍)時，其輸出功率為中頻段輸出功率的一半，此點頻率稱為截止頻率(Cutoff frequency)，即半功率點頻率或-3dB 點頻率。如圖(44)所示，低截止點頻率(f_L)與高截止點頻率(f_H)之間，就是頻寬(bandwidth, BW)。

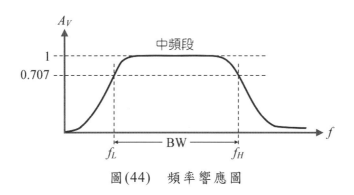

圖(44)　頻率響應圖

接續 11-1-4 節的操作，請按下列步驟操作：

1. 在電路圖裡，將測試棒拖曳移到 out 端，以追蹤輸出端信號。

2. 在模擬操控面板裡，打開 3. Analysis Setup & Run，取消下方的 Temp. Sweep 選項，在此不做溫度掃描。然後開啟 AC Sweep 區塊，按圖(45)所示設定頻率掃描參數。

圖(45)　頻率掃描參數

3. 指向 AC Sweep 右邊的 ⊙ Run 按滑鼠左鍵，即可進行交流掃描分析，如圖(46)所示為分析後所產生的波形頁。

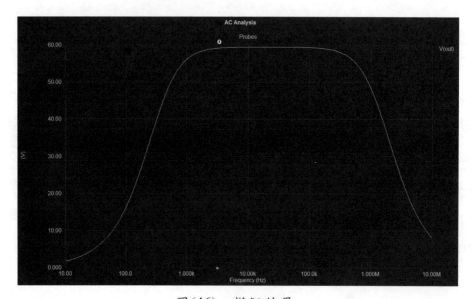

圖(46)　模擬結果

4. 選取波形圖右邊的 V(out)，使之亮顯。再拖曳左邊 Sim Data 面板的上邊，拉大 Sim Data 面板，以看到更多模擬資料，如圖(47)所示。

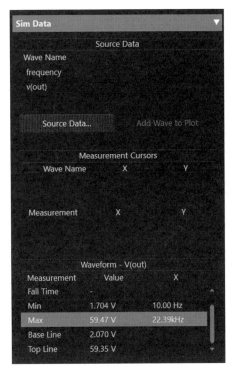

圖(47)　Sim Data 面板

5. 在 Waveform-V(out)區塊裡顯示波形的最小值(Min 欄位)是 1.704V，發生在 10.00Hz 頻率點；最大值(Max 欄位)是 59.47V，發生在 22.39kHz 頻率點。底線(Base Line)為 2.070V；頂線(Top Line)為 59.35V。頂線可視為中頻段的輸出電壓，因此，截止點電壓為 0.707×59.35=**41.96V**。

6. 指向波形頁，按滑鼠左鍵切換回波形頁。再按 ⌐A⌐ 鍵兩下設置 A 游標，再按 ⌐A⌐ 、 ⌐B⌐ 鍵設置 B 游標。

7. 將 A 游標移至**左邊** Y 值約為 41.96 的位置(即下截止點 f_L)，再將 B 游標移至**右邊** Y 值約為 41.96 的位置(即上截止點 f_H)，如圖(48)所示，兩個游標所在的頻率，也顯示在下方。

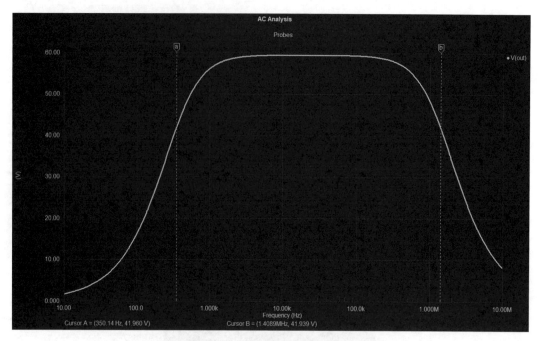

圖(48)　應用兩個游標

8. 在 Sim Data 面板裡的 Measurement 欄位就可看到兩游標之間距 (1.4085MHz)，也就是頻寬，如圖(49)所示。頻寬與高截止點頻率，相差 不多，所以，有人會直接視高截止點頻率為頻寬。

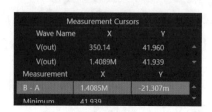

圖(49)　量測游標間距

9. 切換回電路圖頁，打開 4. Results，將本次模擬波形紀錄左邊設定🔒選 項，再按右邊的⋯鈕拉出選單，選取 Edit Title 選項，即可線上編輯此 紀錄名稱，在此更名為「量測頻寬」。

10.緊接著描繪增益圖與相位圖，在此增益圖有兩種，第一種是「輸出電壓/ 輸入電壓」，即 A_V，第二種是以分貝為單位，也就是 $20logA_V$，在此將 採用第二種。相位圖也有兩種，第一種是以度為單位，第二種是以徑為 單位，在此將採用第二種。

11. 切換回電路圖，在模擬操控面板裡的 AC Sweep 區塊，按 Output Expressions 下方的 + Add ，新增一項空的輸出項目，按其右邊的 ⋯ 鈕，開啟如圖(50) 所示之對話盒。

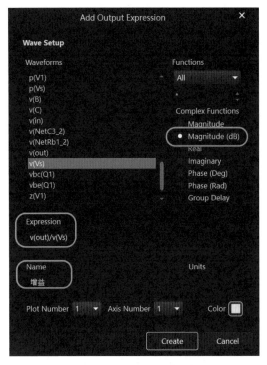

圖(50)　設定增益的輸出項目

12. 在 Complex Functions 區塊裡選取 Magnitude(dB)選項，在 Expression 區塊裡輸入 v(out)/v(Vs)，在 Name 區塊裡輸入增益，再按 Create 鈕完成設定並關閉對話盒。

13. 同步驟 11 的操作，然後 Complex Functions 區塊裡選取 Phase(Rad)選項，在 Expression 區塊裡輸入 v(out)/v(Vs)，在 Name 區塊裡輸入相位，再按 Create 鈕完成設定並關閉對話盒。

14. 指向 AC Sweep 右邊的 ⊙ Run 按滑鼠左鍵，即可進行交流掃描分析，如圖 (51)所示為分析後所產生的波形頁，其中包含三個波形。

11-45

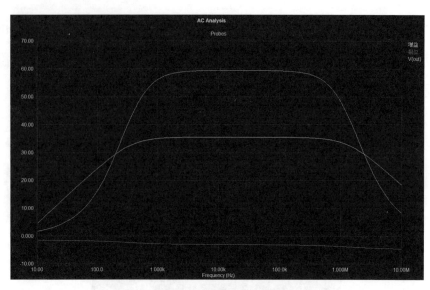

圖(51)　模擬結果

15. 新增兩個空的波形圖，分別將增益波形與相位波形，拖曳到其中。再設定一個畫面顯示 2 個波形圖，如圖(52)所示。

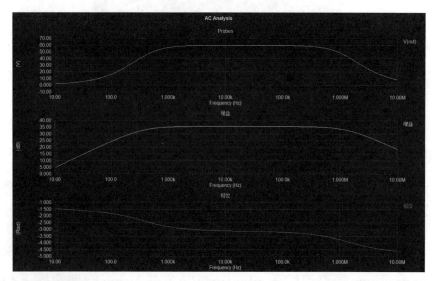

圖(52)　調整波形圖

16. 切換回電路圖頁，打開 4. Results，將本次模擬波形紀錄左邊設定 🔒 選項，再按右邊的 ⋯ 鈕拉出選單，選取 Edit Title 選項，即可線上編輯此紀錄名稱，在此更名為「增益圖與相位圖」。

17. 按 [Ctrl] + [S] 鍵存檔。

11-9　蒙地卡羅分析實例演練

蒙地卡羅分析(Monte Carlo Analysis)是一種隨機分布之誤差對電路的影響分析，而誤差之隨機分布模式也可指定，包括單一分布(Uniform)、高斯分布(Gaussian)與最壞狀況(Worst Case)等三種。

接續 11-8 節的操作，在此將進行高斯分布模式的蒙地卡羅分析，請按下列步驟操作：

1. 在模擬操控面板裡，打開 3. Analysis Setup & Run 裡的 AC Sweep 區塊，取消 Output Expressions 區塊裡的兩個選項(前面輸出的項目)，讓顯示的波形少一點，比較容易觀察。

2. 在 3. Analysis Setup & Run 下方選取 Monte Carlo 選項，以進行蒙地卡羅分析。再指向其右邊的 ⚙ Settings 按滑鼠左鍵，開啟進階分析設定對話盒。

3. 在進階分析設定對話盒裡，確認選取 Monte Carlo 選項，然後在此區塊裡按圖(53)設定，再按 ▨ OK 鈕關閉對話盒。

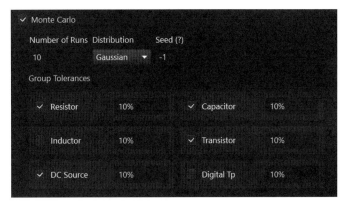

圖(53)　進階分析設定對話盒之 Monte Carlo 區塊設定

4. 指向 AC Sweep 右邊的 + Add 按滑鼠左鍵，即可進行交流掃描分析，如圖(54)所示為分析後所產生的波形頁。其中包括 10 條波形，指向右邊任一個波形名稱，將出示該波形的零組件參數。

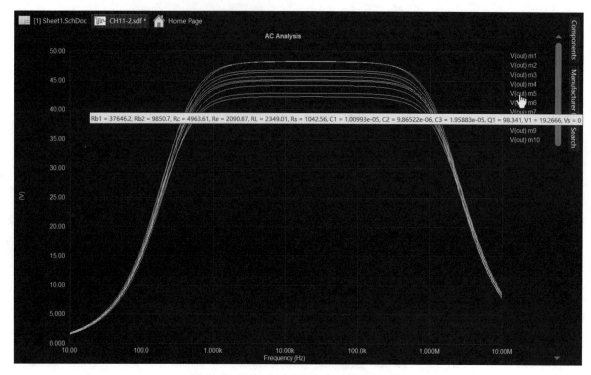

圖(54)　蒙地卡羅分析模擬結果

5. 切換回電路圖頁，打開 4. Results，將本次模擬波形紀錄左邊設定 🔒 選項，再按右邊的 ⋯ 鈕拉出選單，選取 Edit Title 選項，即可線上編輯此紀錄名稱，在此更名為「蒙地卡羅分析之高斯分布」。

6. 緊接著進行最壞狀況分析，指向 AC Sweep 區塊下方右邊的 ⚙ Settings 按滑鼠左鍵，開啟進階分析設定對話盒(圖(53)，11-47 頁)。然後在其中的 Distribution 欄位裡，選取 Worst Case 選項，再按 OK 鈕關閉對話盒。

7. 指向 AC Sweep 右邊的 ▶ Run 按滑鼠左鍵，即可進行交流掃描分析，如圖(55)所示為分析後所產生的波形頁。其中包括 10 條波形，與圖(54)比較，將可發現圖(55)的波形變化很大。

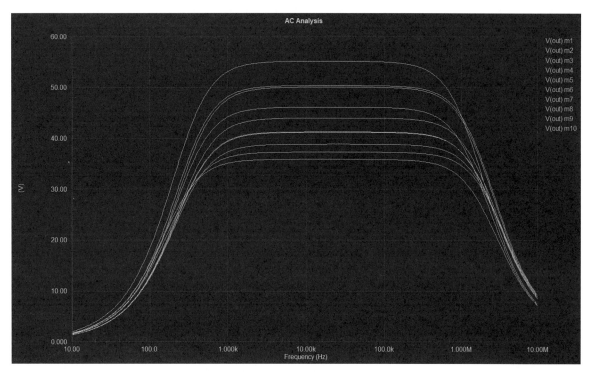

圖(55)　蒙地卡羅之最壞狀況分析

8. 切換回電路圖頁，打開 4. Results，將本次模擬波形紀錄左邊設定 🔒 選項，再按右邊的 ⋯ 鈕拉出選單，選取 Edit Title 選項，即可線上編輯此紀錄名稱，在此更名為「蒙地卡羅分析之最壞狀況」。

9. 按 Ctrl + S 鍵存檔。

11-10 本章習作

1　試問 Altium Designer 所提供的電路模擬，包括哪些基本模擬與分析功能？哪些延伸模擬與分析功能？

2　試問 Altium Designer 21 版起內建哪個電路模擬專用的零件庫？

3　在 Altium Designer 電路模擬裡，若要表達 10^6，可使用哪個次冪？

4　Altium Designer 21 版起，在 Dashboard 將電路模擬分為哪幾個步驟？

5　試問 Altium Designer 的電路模擬裡，提供哪幾種電源/激勵信號源？

6　試問 Altium Designer 的電路模擬裡，提供哪幾種測試棒？

7　在 Altium Designer 的電路模擬裡，交流掃描分析提供哪幾種掃描刻度？

8　在 Altium Designer 的電路模擬裡，蒙地卡羅分析提供哪幾種隨機分布模式？

9　在 Altium Designer 的電路模擬裡，若要波形頁裡每個畫面只顯示一個波形圖(Plot)，應如何設定？

10　在 Altium Designer 的電路模擬裡，若縮放波形頁裡的波形(Wave)，有何快速鍵？

歡迎加入 全華會員

● 會員獨享

會員享購書折扣、紅利積點、生日禮金、不定期優惠活動⋯等。

● 如何加入會員

填妥讀者回函卡直接傳真(02) 2262-0900 或寄回,將由專人協助登入會員資料,待收到E-MAIL 通知後即可成為會員。

如何購買 全華書籍

1. 網路購書

全華網路書店「http://www.opentech.com.tw」,加入會員購書更便利,並享有紅利積點回饋等各式優惠。

2. 全華門市、全省書局

歡迎至全華門市(新北市土城區忠義路 21 號)或全省各大書局、連鎖書店選購。

3. 來電訂購

(1) 訂購專線:(02) 2262-5666 轉 321-324
(2) 傳真專線:(02) 6637-3696
(3) 郵局劃撥(帳號:0100836-1 戶名:全華圖書股份有限公司)
※ 購書未滿一千元者,酌收運費 70 元。

OpenTech.com.tw 全華網路書店

全華網路書店 www.opentech.com.tw
E-mail: service@chwa.com.tw

※ 本會員制如有變更則以最新修訂制度為準,造成不便請見諒。

親愛的讀者：

感謝您對全華圖書的支持與愛護，雖然我們很慎重的處理每一本書，但恐仍有疏漏之處，若您發現本書有任何錯誤，請填寫於勘誤表內寄回，我們將於再版時修正，您的批評與指教是我們進步的原動力，謝謝！

全華圖書 敬上

勘 誤 表

書 號			
頁 數	行 數	錯誤或不當之詞句	建議修改之詞句
書 名			
		作 者	

我有話要說：(其它之批評與建議，如封面、編排、內容、印刷品質等・・・・)

龍 讀者回函卡

填寫日期： / /

姓名： _____ 生日：西元 ____ 年 ____ 月 ____ 日 性別：□男 □女

電話：( ) _____ 傳真：( ) _____ 手機： _____

e-mail： _____ (必填)

註：數字零，請用 Φ 表示，數字 1 與英文 L 請另註明並書寫端正，謝謝。

通訊處：□□□□□

學歷：□博士 □碩士 □大學 □專科 □高中・職

職業：□工程師 □教師 □學生 □軍・公 □其他

學校 / 公司： _____ 科系 / 部門： _____

· 需求書類：

□ A. 電子 □ B. 電機 □ C. 計算機工程 □ D. 資訊 □ E. 機械 □ F. 汽車 □ I. 工管 □ J. 土木

□ K. 化工 □ L. 設計 □ M. 商管 □ N. 日文 □ O. 美容 □ P. 休閒 □ Q. 餐飲 □ B. 其他

· 本次購買圖書為： _____ 書號： _____

· 您對本書的評價：

封面設計：□非常滿意 □滿意 □尚可 □需改善，請說明 _____

內容表達：□非常滿意 □滿意 □尚可 □需改善，請說明 _____

版面編排：□非常滿意 □滿意 □尚可 □需改善，請說明 _____

印刷品質：□非常滿意 □滿意 □尚可 □需改善，請說明 _____

書籍定價：□非常滿意 □滿意 □尚可 □需改善，請說明 _____

整體評價：請說明 _____

· 您在何處購買本書？

□書局 □網路書店 □書展 □團購 □其他

· 您購買本書的原因？(可複選)

□個人需要 □幫公司採購 □親友推薦 □老師指定之課本 □其他

· 您希望全華以何種方式提供出版訊息及特惠活動？

□電子報 □DM □廣告 (媒體名稱 _____)

· 您是否上過全華網路書店？ (www.opentech.com.tw)

□是 □否 您的建議 _____

· 您希望全華出版那方面書籍？ _____

· 您希望全華加強那些服務？ _____

~感謝您提供寶貴意見，全華將秉持服務的熱忱，出版更多好書，以饗讀者。

全華網路書店 http://www.opentech.com.tw 客服信箱 service@chwa.com.tw

2011.03 修訂